危险化学品企业安全管理丛书

危险化学品泄漏预防与处置

崔政斌　赵海波　编著

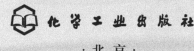

化学工业出版社
·北京·

《危险化学品泄漏预防与处置》是《危险化学品企业安全管理丛书》的一册，全书围绕“泄漏”这个危险化学品企业的“大敌”进行了阐述。书中就泄漏的分类、分级、检测等给出了答案，并就泄漏的预防、堵漏、消漏给出了措施，特别是针对危险化学品企业阀门泄漏、管道的泄漏问题进行了详尽的探讨；书中还对危险化学品企业泄漏的应急救援给出了措施和方法。

《危险化学品泄漏预防与处置》可供危险化学品企业员工、安全员、工程技术人员和管理干部在工作中使用，也可供有关院校的师生在教学中参考。

图书在版编目(CIP)数据

危险化学品泄漏预防与处置/崔政斌，赵海波编著.
北京：化学工业出版社，2018.4（2022.5重印）
（危险化学品企业安全管理丛书）
ISBN 978-7-122-31647-9

Ⅰ.①危…　Ⅱ.①崔…②赵…　Ⅲ.①化工产品-危险品-泄漏-防治　Ⅳ.①TQ086.5

中国版本图书馆CIP数据核字（2018）第041314号

责任编辑：杜进祥　　文字编辑：孙凤英
责任校对：边　涛　　装帧设计：韩　飞

出版发行：化学工业出版社（北京市东城区青年湖南街13号　邮政编码100011）
印　　装：北京捷迅佳彩印刷有限公司
710mm×1000mm　1/16　印张13½　字数257千字　2022年5月北京第1版第3次印刷

购书咨询：010-64518888　　售后服务：010-64518899
网　　址：http://www.cip.com.cn
凡购买本书，如有缺损质量问题，本社销售中心负责调换。

定　　价：48.00元

序言

我国是危险化学品生产和使用大国。改革开放以来，我国的化学工业快速发展，已形成了包括化肥、无机化学品、纯碱、氯碱等产业规模，可生产45000余种化学产品。我国的主要化工产品产量已位于世界第一。危险化学品的生产特点是：生产流程长，工艺过程复杂，原料、半成品、副产品、产品及废弃物均具有危险特性，原料、辅助材料、中间产品、产品呈三种状态（气、液、固）且互相变换，整个生产过程必须在密闭的设备、管道中进行，不允许有泄漏，对包装物、包装规格以及储存、运输、装卸有严格的要求。

近年来，我国对危险化学品的生产、储存、运输、使用、废弃制定和颁发了一系列的法律、法规、标准、规范、制度，有力地促进了我国危险化学品的安全管理，促使危险化学品安全生产形势出现稳定好转的发展态势。但是，我国有9.6万余家化工企业，其中直接生产危险化学品的企业就有2.2万余家，这些企业导致危险化学品重大事故的情况还时有发生，特别是2015年天津港发生的“8·12”危险化学品特别重大火灾爆炸事故，再次给我们敲响了安全的警钟。

在这样一种背景下，我们感到很有必要组织编写一套《危险化学品企业安全管理丛书》，以此来引导、规范危险化学品企业在安全管理、工艺过程、隐患排查、安全标准化、应急救援、储存运输等过程中，全面推进落实安全主体责任，执行安全操作规程，装备集散控制系统和紧急停车系统，提高自动控制水平，确保企业的安全生产。

本套丛书共有7个分册，分别是：《危险化学品企业安全管理指南》《危险化学品企业工艺安全管理》《危险化学品企业隐患排查治理》《危险化学品企业安全标准化》《危险化学品企业应急救援》《危险化学品运输储存》《危险化学品泄漏预防与处置》。这7个分册就当前危险化学品企业的安全管理、工艺安全管理、隐患排查治理、安全标准化建设、应急救援、运输储存、泄漏预防与处置作了详尽的阐述。可以预见的是，这套丛书的出版，会对我国危险化学品企业的安全管理注入新的活力。

本套丛书的作者均是在危险化学品企业从事安全生产管理、工艺生产管理、储存运输管理的专业人员，他们是危险化学品企业安全生产的管理者、实践者、维护者、受益者。他们有丰富的一线生产安全管理经验。因此，本套丛书是实践性较强的一套专业管理丛书。

本套丛书在编写、出版过程中，得到了化学工业出版社有关领导和编辑的大力支持和悉心指导，在此表示衷心的感谢。

丛书编委会

前言

泄漏是化工企业发生火灾、爆炸、中毒事故的主要原因。据有关统计，泄漏引起的事故占到危险化学品事故总量的 60% 以上。为有效防范危险化学品泄漏事故发生，2014 年国家安全生产监督管理总局以安监总管三〔2014〕94 号发出《关于加强化工企业泄漏管理的指导意见》的通知。针对《指导意见》的要求，危险化学品企业如何从自身实际出发，在生产运行中把握安全生产的命脉，这是每一位企业安全管理者应该思考的重要问题。笔者认为，可以从以下三个方面进行考虑。

第一，优化设计控制泄漏源头。通过优化设计，可以预防和控制泄漏的发生。因此，危险化学品企业在设计阶段，要全面识别和评估泄漏风险，从源头采取措施控制泄漏危害。

第二，阀门提质降低泄漏风险。阀门是化工生产中不可缺少的部分，使用的阀门种类多、数量大。在实际生产中，大部分阀门泄漏是看不到的，当阀门泄漏时，不仅会造成严重的原材料、能量和产品的浪费，而且会对环境造成严重威胁，甚至引发严重的安全事故。在近 30 年世界石油化工行业 100 起特大火灾爆炸事故中，因阀门和管道泄漏引发的事故比率为 35.1%。因此，提高阀门制造与检测水平，对降低危险化学品泄漏风险至关重要。防止和消除阀门泄漏，首先要在阀门制造上抓好品质关，提高对品质的掌控水准，在阀门设计选型上注重优化。目前，O 形密封圈等成型填料在阀门上应用普遍，采用合适的填料密封及填料密封组合，可以提高阀门使用的可靠性，延长阀门的使用寿命。如柔性石墨环填料的组合使用，就比单纯的柔性石墨环填料的密封效果好。目前国内用单纯的柔性石墨环填料的情况比较多，而国外对柔性石墨环填料组合的使用已开始流行，并且取得了良好的安全效果。在危险化学品生产中，大量易挥发有机化合物都是通过阀门逸出泄漏的，因此对阀门特别是阀杆进行有效密封，是控制易挥发有机化合物逸出的关键。

第三，科学密封防止事态扩大。在危险化学品企业化工用泵特别是高温热油泵上，机械密封是最脆弱、最容易出故障的部件。近年来，危险化学品企业发生多起高温热油泵泄漏着火事故。据调查，在石油化工行业用泵的维修中，机械密封的维修占维修工作的 50% 左右，密封问题是高温泵日常管理的重点及难点。由于实际生产中工况变化、机泵更新等原因，密封在设计选型方面需要不断改进，充分兼顾润滑、散热，有时需要多次试验，才能达到理想效果。防范密封泄漏，在部分高温泵部位还要加强监测，并增加应急设施的投入，如出入口增加紧急切断阀门、视频监测、泄漏气体报警以及自动消防设施等，一旦发生泄漏控制不住局势时，可以马上启动应急设施，防止事态扩大化。

基于以上的思考，我们认为很有必要编写一本关于危险化学品企业防泄漏的专著，以此来引导企业广大从业人员和管理者，在生产过程中注重防泄漏工作的科学性、实用性、针对性、持久性。通过努力，编写出这本《危险化学品泄漏预防与处置》。本书在生产实践的基础上，通过发生的各类泄漏事故的深刻教训，有针对性地编写了七章内容。第一章：概论；第二章：泄漏治理的方法与措施；第三章：各类物料及设备防泄漏安全技术；第四章：泄漏检测技术及其应用；第五章：常用阀门原理及使用方法；第六章：泄漏处置与带压堵漏；第七章：危险化学品泄漏应急措施。为危险化学品企业防泄漏工作提供一些参考方法与措施。

本书在编写过程中得到了化学工业出版社有关领导和编辑的关心和指导，在此表示衷心的感谢。

本书得到了张堃、崔敏、陈鹏、戴国冕等同志的大力支持，在此表示诚挚的谢意。在写作过程中也得到了周礼庆、张美元、胡万林、刘炳安等领导的悉心指导，在此一并表示感谢。感谢崔佳、杜冬梅二位研究生提供了大量的资料。还要感谢石跃武同志的文字输入、范拴红同志的文字校对。

编著者

2018年1月于山西朔州

目录

第一章

概 论

第一节 泄漏的定义及分级

一、定义

泄漏是指工艺介质的空间泄漏（外漏）或者一种介质通过连通的管道或设备进入另一种介质内（内漏）的异常状况。

二、分类

根据危险化学品、易燃易爆油品、易燃易爆粉体泄漏可能导致的结果不同将泄漏分为易燃易爆介质泄漏和有毒有害介质泄漏两种。

三、危害

易燃易爆介质泄漏可导致火灾、爆炸等恶性事故；有毒有害介质泄漏可导致职业病、中毒、窒息、死亡等事故。

四、液体泄漏分级

液体危险化学品和易燃易爆油品泄漏分为轻微泄漏、一般泄漏、严重泄漏和不可控泄漏四级。

1. 轻微泄漏

指静密封点的渗漏（无明显液滴）和滴漏（大于 5 分钟 1 滴）以及动密封点每分钟滴漏超过指标 5 滴以内。

轻微泄漏一般是因法兰密封面或垫片失效、阀门不严或密封失效或管线、设备上存在微小砂眼等导致的物料轻微外漏。轻微泄漏因泄漏量少，冷却散发快，一般不会导致着火、爆炸等事故；轻微内漏会导致高压侧介质对低压侧介质的轻微污染。

2. 一般泄漏

指静密封点泄漏的液滴小于 0.5 滴/s，但尚未形成连续液滴的状态，或动密封点每分钟滴漏超过指标 5 滴以上。

一般泄漏会形成累积，落到高温管线或设备上可引起冒青烟或小火，短时间内一般不会造成较大危害；一般内漏会导致高压侧介质对低压侧介质的较小污染。

3. 严重泄漏

指静密封点泄漏的液滴大于等于 0.5 滴/s，并达到了液滴成线的状态，或动密封点每分钟滴漏超过指标 10 滴以上。

严重泄漏可能会引发火灾，并导致周边管线、设备损坏，从而导致更大的火灾事故；严重内漏会导致高压侧介质对低压侧介质的较大污染。

4. 不可控泄漏

指因为密封失效或者管线设备严重腐蚀穿孔、断裂导致的危险化学品突然间大量泄漏的情况。

不可控泄漏会因泄漏介质或周边环境不同导致重大火灾、爆炸、人员窒息、中毒死亡等恶性事故的发生。特别严重时，还会对周边居民、厂矿企业、机关学校等造成严重威胁；不可控内漏会导致高压侧介质对低压侧介质的严重污染。

五、气体危险化学品泄漏分级

气体危险化学品泄漏分为一般泄漏、严重泄漏和不可控泄漏三级。

1. 一般泄漏

指管线、设备上有气体泄漏，用可燃气体和有毒有害气体检测仪能够检测出，但尚未达到超标的情况。

一般泄漏短时间不会造成中毒、窒息或者爆炸等事故，但若不及时处理，则有可能导致泄漏增大，并引发着火、爆炸、中毒和窒息事故。一般内漏会导致高压侧气体介质进入低压侧介质中，并轻微污染低压侧介质。

2. 严重泄漏

指管线、设备上有气体泄漏，用可燃气体和有毒有害气体检测仪检测，达到超标的情况。

严重泄漏根据泄漏气体的性质不同，有可能造成人员中毒、窒息及空间闪爆事故。严重内漏一般会导致高压侧气体介质大量进入低压侧介质中，并污染低压介质，或者导致气体从冷却介质中突然析出，引起爆炸、人员中毒或窒息。

3. 不可控泄漏

指因为密封失效或者管线、设备严重腐蚀穿孔、断裂，致使气态危险化学品突然间大量泄漏的情况。

不可控泄漏根据泄漏气体的性质不同可造成剧烈闪爆、严重火灾、人员中毒或窒息死亡等恶性事故，可能对周边居民、厂矿企业、机关学校等形成严重威胁，导致群死群伤或大面积人员中毒情况。

惰性气体泄漏分级参照危险化学品气体泄漏标准。

六、真空设备（管道）泄漏分级

一般指空气进入真空设备（管道）内部，属于气体泄漏的一种。根据其可能导致的后果分为一般泄漏和严重泄漏两种情况。

1. 一般泄漏

是指真空泄漏导致设备（管道）内真空度达不到操作要求，但进入设备内的空气对生产安全不构成威胁或设备内含氧量低于可构成爆炸环境最小含氧量的20%（含）时，认定为一般泄漏。

2. 严重泄漏

是指真空泄漏导致设备内的含氧量高于可构成爆炸环境最小含氧量的20%时，认定为严重泄漏。

七、易燃易爆粉体泄漏分级

易燃易爆粉体泄漏分为一般泄漏、严重泄漏和不可控泄漏三级。

1. 一般泄漏

指易燃易爆粉体未明显从设备、管线中泄漏，但造成周边环境易燃易爆粉体明显堆积。

2. 严重泄漏

指易燃易爆粉体明显地从设备、管线中漏出，但并未达到该介质的爆炸下限且易燃易爆粉体堆积最大厚度小于5mm（受限空间堆积最大厚度小于2mm），或者泄漏堆积面积小于受限空间水平截面积的20%。

3. 不可控泄漏

指易燃易爆粉体从设备、管线中漏出，并达到或超过该介质的爆炸下限或者易燃易爆粉体堆积最大厚度大于等于5mm（受限空间堆积最大厚度大于等于2mm），或者泄漏堆积面积大于等于受限空间水平截面积的20%。

八、内漏的分类

1. 阀门内漏

指因杂质堵塞、卡塞、阀芯磨损、内密封破损等原因导致阀门关闭不严，介质流量和流向得不到有效控制。

2. 冷换设备内漏

冷换设备密封面或换热管、板因焊接质量或腐蚀造成开裂、断裂、局部减薄穿孔等，使得高压侧物料进入低压侧，污染低压侧物料。

3. 介质互串

指两种或两种以上介质在流程设置上均能够进入同一管道或设备中，实际操作中不允许同时进入或混合比例有严格限制，但因某种原因不同介质进入了同一管道、设备中或混合比例超标的情况。

九、泄漏的危害

危险化学品泄漏会严重威胁人民群众的生命安全，造成巨大的经济损失，使生态环境受到破坏，还会影响社会稳定。

第二节 泄漏管理的基本要求

一、设计要求

在危险化学品装置设计阶段，应选择具有相关行业国家甲级设计资质，并具有类似（同类）装置相同业绩的设计单位进行设计，确保生产装置的设计水平。在煤化工装置设计中，应综合考虑压力容器和压力管道以及相关转动设备的操作条件及介质腐蚀特性，并按照相关选材规范根据实际情况按上限或升级考虑设备选材和规格，以提高煤化工装置的可靠性。

优化设计以预防和控制泄漏。在设计阶段，要全面识别和评估泄漏风险，从源头采取措施控制泄漏危害。要尽可能选用先进的工艺路线，减少设备密封、管道连接等易泄漏点，降低操作压力、温度等工艺条件。在设备和管线的排放口、采样口等排放阀设计时，要通过加装盲板、丝堵、管帽、双阀等措施，减少泄漏的可能性，对存在剧毒及高毒类物质的工艺环节要采用密闭取样系统设计，有毒、可燃气体的安全泄压排放要采取密闭措施设计。

二、施工要求

在危险化学品装置建设施工阶段，应选择具有中华人民共和国住房和城乡建设部（以下简称住建部）颁发的相关工程一级资质和相关专业一级资质，以保证装置施工质量。

在危险化学品装置建设施工阶段，应选择具有住建部颁发的工程监理企业资质证书（甲级）的监理单位代表业主对工程进行日常管理，确保施工安全和施工质量。

危险化学品装置设备、材料采购上要严把质量关，确保所采购的设备、材料质量合格。

三、人员要求

多数泄漏是由于人员失误、设备故障或自然现象造成。人员失误包括缺乏培训、不完善的设计、不正确的操作程序及粗心等，所有这些都会导致工艺和操作问题；设备故障包括泄漏、故障控制、破裂及停电；自然现象包括闪电、暴雨和洪水。当进行工艺设计或试验时必须考虑到所有的这些可能的原因。

建立和不断完善泄漏检测、报告、处理、消除等闭环管理制度。建立定期检测、报告制度，对于装置中存在泄漏风险的部位，尤其是受冲刷或腐蚀容易减薄的物料管线，要根据泄漏风险程度制定相应的周期性测厚和泄漏检测计划，并定期将检测记录的统计结果上报给企业的生产、设备和安全管理部门，所有记录数据要真实、完整、准确。企业发现泄漏要立即处置、及时登记、尽快消除，不能立即处置的要采取相应的防范措施并建立设备泄漏台账，限期整改。加强对有关管理规定、操作规程、作业指导书和记录文件以及采用的检测和评估技术标准等泄漏管理文件的管理。

在危险化学品装置生产准备过程中，应根据工程进度提前制订压力管道和设备的打压试验方案、系统吹扫方案、单机试车方案、联动试车方案、各类气密方案、热膨胀监测方案等等。装置“三查四定”阶段要组织人员对所有的动、静密封点进行检查，并做好记录。

在危险化学品装置开工前，应编制详细的开工方案，对升温、升压等操作进行详细的规定；同时下发生产单位主管技术或生产的领导签发的工艺卡片，并严格执行，确保装置在开工和正常生产过程中运行平稳，避免大幅度的温度和压力变化造成的泄漏；生产技术管理部门应制订工艺防腐方案，做好装置防腐蚀工作。

危险化学品生产单位应加强设备防腐蚀管理，明确装置防腐蚀重点部位及监测方案，及时消除因设备腐蚀导致的泄漏事故的发生。

危险化学品生产单位应加强密封点防泄漏管理，制订相关制度和日常管理考核办法，努力降低密封点泄漏率。

针对可能发生严重泄漏和不可控泄漏的情况进行辨识，加强日常维护和检查，制订相应的应急处置方案，确保在发生严重泄漏或不可控泄漏时不发生次生事故。

四、管理要求

危险化学品生产单位应根据内部分工，由生产技术管理部门牵头制订防内漏管理办法。加强日常生产管理，发现内漏及时处理。同时，制订因设备内漏导致的紧急停工处置方案。

危险化学品生产单位应采用先进技术和泄漏检测设备，对一般泄漏情况进行日常检查，确保做到早发现、早治理，防止泄漏扩大。

在危险化学品存在可能严重泄漏和不可控泄漏的场所，增加视频监视、检漏仪器，必要时增设事故蒸汽、事故喷淋等联锁应急手段，缩短从泄漏到应急处置的时间。

可能发生危险化学品泄漏或释放的区域必须进行定期检查。危险品仓库、化学品仓库等区域必须按照公司标准进行定期检查，泄漏可能性较大的区域和存放高危险物品的区域，必须进行特护的检查。

在对有泄漏可能的物质进行运输和装卸时必须格外注意，将泄漏的潜在可能降到最小，员工也要定期进行培训。

煤化工各生产单位安全管理部门应加强火灾报警系统和可燃气、有毒有害气体报警器的管理，制订相应的安全管理制度，规范设计、采购、使用、校验、报警处置、考核等各环节的工作要求及内容。

所有设备及工艺的操作程序中必须有适当的规定来预防泄漏或将泄漏减至最少，标准程序中必须提供总体的要求及细节说明，如操作顺序、设备或管道减压、管线断开、设备净化、停电补救等。煤化工各生产单位公用工程介质（如水、汽等）的防泄漏日常管理参照上述要求执行；因公用工程介质大量泄漏导致生产装置局部或大范围停工的，参照危险化学品不可控泄漏进行处理。

危险化学品生产单位要结合安全信息化建设，把本企业所有火灾报警器、可燃气和有毒有害气体报警器的信号纳入进来，以实现对泄漏的实时监控。

因发生泄漏并导致火灾、爆炸、人身伤害、人员疏散或装置停工等事故的，各生产单位要于2h内报安全生产监督管理局；未造成严重后果的危险化学品（含易燃易爆油品和易燃易爆粉体）不可控泄漏及真空（惰性气体保护或输送的）设备（管线）的严重泄漏，应在12h内报公司安全监察部门。

第三节 预防泄漏的基本措施

泄漏治理的关键是要坚持预防为主，采取积极的预防措施，有计划地对装置进行防护、检修、改造和更新，变事后堵漏为事前预防，可以有效地减少泄漏的发生，减轻其危害。各个企业应根据自己的实际情况，对泄漏发生的原因进行认真分析，采取有针对性的防范措施。

一、提高认识，加强管理

强化全员参与意识，树立预防泄漏就等于提高经济效益的思想，保证泄漏预防设施和检测设备的投入；按照设备报废标准，及时报废有关设备；控制正常生产的操作条件，减少人为操作所导致的泄漏事故；加强设备、管网的管理，防止误操作造成泄漏，避免施工挖断等外力的破坏；加强职工业务培训和堵漏技术学习，做到及时发现问题及时解决，见漏就堵。

全面开展泄漏危险源辨识与风险评估。企业要依据有关标准、规范，组织工程技术和管理人员或委托具有相应资质的设计、评价等中介机构对可能存在的泄漏风险进行辨识与评估，结合企业实际设备失效数据或历史泄漏数据分析，对风险分析结果、设备失效数据或历史泄漏数据进行分析，辨识出可能发生泄漏的部位，结合设备类型、物料危险性、泄漏量对泄漏部位进行分级管理，提出具体防范措施。当工艺系统发生变更时，要及时分析变更可能导致的泄漏风险并采取相应措施。

规范工艺操作行为，降低泄漏概率。操作人员要严格按操作规程进行操作，避免工艺参数大的波动。装置开车过程中，对高温设备要严格按升温曲线要求控制温升速度，按操作规程要求对法兰、封头等部件的螺栓进行逐级热紧；对低温设备要严格按降温曲线要求控制降温速度，按操作规程要求对法兰、封头等部件的螺栓进行逐级冷紧。要加强开停车和设备检修过程中泄漏检测监控工作。

加强泄漏管理培训。企业要开展涵盖全员的泄漏管理培训，不断增强员工的泄漏管理意识，掌握泄漏辨识和预防处置方法。新员工要接受泄漏管理培训后方能上岗。当工艺、设备发生变更时，要对相关人员及时培训。对负责设备泄漏检测和设备维修的员工进行泄漏管理专项培训。

二、从源头上、本质上消除泄漏隐患

当前，越来越多的危险化学品企业出现的安全问题，严重影响了企业员工的安全，为了搞好危险化学品企业的安全生产，国家要求危险化学品企业要依据国家有关标准和规范进行装置设计和设备选型，加强设备采购管理，保证装置和设备的本质安全，从源头上消除事故隐患；要加强试生产阶段的安全管理，及时认真分析、研究解决试生产过程中出现的异常情况，对于反复出现的问题要先停产查清原因并消除隐患后再恢复生产。

1. 督促危险化学品企业深入开展隐患排查治理工作

地方各级安全生产监管部门要进一步建立健全化工事故隐患排查治理制度，持续深入地开展隐患排查治理工作，严格做到治理责任、措施、资金、期限和应急预案“五落实”；对重大隐患要实行挂牌督办，并跟踪落实。要进一步加强对危险化学品生产、储存设施的安全监控和危险化学品重大危险源的安全管理，切实落实责任、强化安全措施。

2. 狠抓危险化学品企业检查维修环节安全管理

危险化学品企业要加强危险场所直接作业环节安全管理，尽量避免交叉作业，建立和完善拆装盲板、动火、进入受限空间等危险作业安全管理制度和操作规程，明确作业流程和审批制度。作业过程中要加强现场的监管和安全检查，严防物料“跑、冒、窜、爆”，尽量减少现场作业人员数量。

3. 强化冬季安全生产管理

危险化学品企业要针对冬季企业事故高发的特点，进一步加强安全生产工作。要落实领导干部现场带班制度，加强基层领导干部、技术人员和操作人员对生产现场的巡回检查，发现隐患和异常现象及时处理，把事故消灭在萌芽状态。要切实加强防冻防凝工作，对防冻防凝的重点部位要落实责任，加大检查频率，确保保温伴热措施发挥应有功效，防止因冻裂、冻凝引发泄漏、火灾事故。

为减少泄漏的发生，在设计时就应依据适当的设计标准，采取可靠的措施，采用合理的工艺技术，正确选择材料材质、结构、连接方式、密封装置和相应的保护措施；企业要把好采购、招标的物资进厂关，控制好设备的现场制作、安装过程，出现缺陷立即整改，确保设备、管线的质量；新管线、新设备投用前要严格按照规程做好耐压试验、气压试验和探伤，严防有隐患的设施投入生产。

三、做好设备监测，预测泄漏趋势

泄漏事故的发生往往跟生产设备状况不良有直接的关系。利用有关仪器对生产装置进行定期检测和在线检测，分析并预测发展趋势，提高对问题设备的监测频率。在泄漏发生之前对设备、管线进行维修，及时消除事故隐患，使检修有的放矢，避免失修或过剩维修，减少突发性泄漏事故的发生，提高经济效益。常规的无损检测技术与超声波、涡流、渗透、磁粉、射线和红外热成像、声发射、全息照相等监测技术结合起来，可使状态监测与故障诊断更加准确、快速。信号分析与数值处理技术的发展，以及计算机技术的发展，产生了诸如状态空间分析、对比分析、函数分析、逻辑分析、统计和模糊分析等方法，推动了故障分析技术的进步。随着信息化和智能技术的飞速发展，各种数据处理软、硬件的出现使实时在线监测及故障分析成为可能，并将进一步朝智能化方向发展。

为了减少泄漏的发生，在设计时就应该依据现行的设计规范，采用合理的工艺技术，正确选择装置的材料材质、结构、管道连接方式、管件密封形式，并根据装置所处的外界环境、所用介质的物化性质、生产条件等采取相应的保护措施。企业在采购、招标过程中要把好质量关，控制好设备的现场制作、安装，采用新型的防腐管材取代传统管材。例如在自来水、化工产品等流体输送过程中，采用以热浸镀锌钢管作基体、经粉末熔融喷涂技术在内壁涂覆塑料而成的钢塑复合管，其抗腐、耐压、耐热性能较好，使用寿命为镀锌管的3倍以上，是替代镀锌管的升级换代产品；在大口径螺旋焊管和高频焊管基础上涂覆塑料而成的涂覆钢管可耐强酸、强碱及其他化学腐蚀，因而广泛应用于石油、化工、医药、天然气、自来水等工程领域。在新装置开车投产前要严格按照规程做好焊缝无损检验、压力试验、泄漏性试验及管道的吹扫、清洗。

1. 在阀门的设计选购中，应注重其密封性

阀门的密封性是指阀门各密封部位阻止介质泄漏的能力，是阀门最重要的技术性能指标，阀门的密封部位有三处：启闭件与阀座两密封件面的接触处；填料与阀杆和填料函的配合处；阀体和阀盖的连接处。其中前一处的泄漏叫作内漏，将严重影响阀门截断介质的能力；后两处的泄漏叫作外漏，即介质从阀内泄漏到阀外。内漏对截断阀类来说是不允许的；外漏会造成物料损失，易燃易爆介质外漏更是不允许。

2. 管件连接方式的选择（除材质与介质相匹配外）

施工安装过程中，管道组成件常见的四种连接方式中对焊连接（BW）、承插焊连接（SW）接头密封性好，在注重密封性的前提下为首选；螺纹连接（PT）、法兰连接（FLG）接头密封性较差，适用于要求拆卸的管道元件之间的连接。使用法兰连接选择垫片时，垫片性能指标中的压缩率、回弹率、应力松弛率反映其密封性能，选购时应慎重比较。

3. 埋地设备、管道预防泄漏

在施工过程中应根据土壤腐蚀性等级确定设备、管道防腐蚀等级，可选用石油沥青或环氧煤沥青作为防腐蚀涂层，对于埋地钢制管道还应同时实施阴极保护。

4. 有计划地做好生产装置监测，预测泄漏趋势

泄漏事故的发生常常与生产设备状况有直接关系，因此定期使用常规的无损检测技术与渗透、磁粉、超声波、涡流、射线、红外热成像、声发射、全息照相等监测技术结合起来，对生产装置进行定期检测，分析、预测发展趋势。随着电脑技术的发展，产生了诸如状态空间分析、对比分析、统计和模糊分析等方法，使得监测信息的分析能更准确地预测泄漏趋势。

（1）设备监测技术

由于设备的设计阶段，加工阶段，安装调试阶段以及应用、运行阶段都存在泄漏监测问题，因此各个阶段均应分别考虑漏率及控制问题。在设计阶段除了考虑漏率合理分配外，还要考虑工艺的设计安排及加工阶段不同材料与工艺对检漏的要求。在安装调试与应用阶段重点在于及时跟踪检漏。设备泄漏监测技术种类较多，常用的有气泡法、卤素检漏仪法、氨检漏法、超声波检漏法、氦质谱检漏仪法、真空计检漏法、荧光检漏法等等。各种泄漏监测方法都各有优缺点，在选取时要考虑以下原则：

① 检漏灵敏度要求合理；

② 反应时间短，检漏速度快；

③ 能定位、定量检漏；

④ 能无损检漏；

⑤ 稳定性好，在足够长的时间内要求灵敏度可靠；

⑥ 监测仪器应结构简单，操作维修方便，经济适用；

⑦ 加压法检漏时应考虑被检件的机械性能；

⑧ 检漏用示踪物质应无毒无害，不腐蚀被检料。

（2）管道监测技术

国内外应用的管道泄漏监测方法有许多种，即使同样监测的是流量、压力、温度等常规信号，由于采用的算法不同，做出的管道泄漏监测系统也会有质的不同，目前国内占主导地位的是负压力波法，国外占主导地位的是统计法。负压力波法不但解决了泄漏定位的问题而且误报少，从本质上看它是一种声学方法，即利用在管内输送介质中传播的声波进行检测的方法。当管道发生泄漏时，由于管道内外的压差，泄漏点的流体迅速流失，该点管道内压力下降，流体密度变小，泄漏点两边密度大的流体向该点补充，从而产生了一个新波源，该波以一定速度依次向管道的两端传播，即负压力波，根据负压力波到达上下游监测点的时间差和管道内压力波传播速度就可以计算出泄漏点的位置。统计法是1995年壳牌公司开发出来的，到目前为止该法仍被世界公认为是最先进的管道泄漏监测方法，其最大特点是不用复杂的模型就能发现较小的泄漏，当泄漏确定之后，就用测量的流量和压力统计平均值估算泄漏情况，用最小二乘法来定位。

四、正确使用和维护保养设备

设备交付投用后，必须正确使用与维护，要严格按操作规程操作，不得超温、超压、超振动、超位移、超负荷生产，严格执行设备维护保养制度，认真做好润滑、盘车、巡检等工作，做到运转设备振动不超标，密封点无漏气、漏液。出现故障时，要及时发现，及时按维护检修规程进行维修，及时消除缺陷，防止问题、故障及后果扩大。

1. 设备的维护保养

通过擦拭、清扫、润滑、调整等一般方法对设备进行护理，以维持和保护设备的性能和技术状况，称为设备的维护保养。设备维护保养的要求主要有四项：

① 清洁　设备内外整洁，各滑动面、丝杠、齿条、齿轮箱、油孔等处无油污，各部位不漏油、不漏气，设备周围的切屑、杂物、脏物要清扫干净。

② 整齐　工具、附件、工件（产品）要放置整齐，管道、线路要有条理。

③ 润滑良好　按时加油或换油，不断油，无干磨现象，油压正常，油标明亮，油路畅通，油质符合要求，油枪、油杯、油毡清洁。

④ 安全　遵守安全操作规程，不超负荷使用设备，设备的安全防护装置齐全可靠，及时消除不安全因素。

设备的维护保养内容一般包括日常维护、定期维护、定期检查和精度检查，设备润滑和冷却系统维护也是设备维护保养的一个重要内容。

设备的日常维护保养是设备维护的基础工作，必须做到制度化和规范化。对设备的定期维护保养工作要制订工作定额和物资消耗定额，并按定额进行考核，设备定期维护保养工作应纳入车间承包责任制的考核内容。设备定期检查是一种有计划的预防性检查，检查的手段除人的感官以外，还要有一定的检查工具和仪器，按定期检查卡执行，定期检查又称为定期点检。对机械设备还应进行精度检查，以确定设备实际精度的优劣程度。

设备维护应按维护规程进行。设备维护规程是对设备日常维护方面的要求和规定，坚持执行设备维护规程，可以延长设备使用寿命，保证安全、舒适的工作环境。其主要内容应包括：

① 设备要达到整齐、清洁、坚固、润滑、防腐、安全等的作业内容，作业方法，使用的工器具及材料，达到的标准及注意事项；

② 日常检查维护及定期检查的部位、方法和标准；

③ 检查和评定操作工人维护设备程度的内容和方法等。

2. 设备的三级保养制度

三级保养制度是我国20世纪60年代中期开始，在总结前苏联计划预修制在我国实践的基础上，逐步完善和发展起来的一种保养修理制度，它体现了我国设备维修管理的重心由修理向保养的转变，反映了我国设备维修管理的进步和以预防为主的维修管理方针的明确。三级保养制度内容包括：设备的日常维护保养、一级保养和二级保养。三级保养制度是以操作者为主，对设备进行以保为主、保修并重的强制性维修制度。三级保养制度是依靠群众、充分发挥群众的积极性，实行群管群修、专群结合，从而搞好设备维护保养的有效办法。

（1）设备的日常维护保养

设备的日常维护保养，一般有日保养和周保养，又称日例保和周例保。

① 日例保　日例保由设备操作工人当班进行，认真做到“班前四件事”“班中四注意”和“班后四件事”。

a. 班前四件事：消化图样资料，检查交接班记录；擦拭设备，按规定润滑加油；检查手柄位置和手动运转部位是否正确、灵活，安全装置是否可靠；低速运转检查传动是否正常，润滑、冷却是否畅通。

b. 班中四注意：注意运转声音，设备的温度、压力、液位、电气、液压、气压系统，仪表信号，安全保险是否正常。

c. 班后四件事：关闭开关，所有手柄放到零位；清除铁屑、脏物，擦净设备导轨面和滑动面上的油污，并加油；清扫工作场地，整理附件、工具；填写交接班记录和运转台账记录，办理交接班手续。

② 周例保　周例保由设备操作工人在每周末进行，保养时间为：一般设备2h，精、大、稀设备4h。

a. 外观：擦净设备导轨、各传动部位及外露部分，清扫工作场地。达到内外洁净无死角、无锈蚀，周围环境整洁。

b. 操纵传动：检查各部位的技术状况，紧固松动部位，调整配合间隙。检查互锁、保险装置。达到传动声音正常、安全可靠。

c. 液压润滑：清洗油线、防尘毡、滤油器，油箱添加油或换油。检查液压系统，达到油质清洁，油路畅通，无渗漏，无研伤。

d. 电气系统：擦拭电动机、蛇皮管表面，检查绝缘、接地，达到完整、清洁、可靠。

(2) 一级保养

一级保养是以操作工人为主，维修工人协助，按计划对设备局部拆卸和检查，清洗规定的部位，疏通油路、管道，更换或清洗油线、毛毡、滤油器，调整设备各部位的配合间隙，紧固设备的各个部位。一级保养所用时间为4～8h，一保完成后应做记录并注明尚未清除的缺陷，车间机械员组织验收。一保的范围应是企业全部在用设备，对重点设备应严格执行。一保的主要目的是减少设备磨损，消除隐患、延长设备使用寿命，为完成到下次一保期间的生产任务在设备方面提供保障。

(3) 二级保养

二级保养是以维修工人为主，操作工人参加来完成。二级保养列入设备的检修计划，对设备进行部分解体检查和修理，更换或修复磨损件，清洗、换油、检查修理电气部分，使设备的技术状况全面达到规定设备完好标准的要求。二级保养所用时间为7d左右。

二保完成后，维修工人应详细填写检修记录，由车间机械员和操作者验收，验收单交设备动力科存档。二保的主要目的是使设备达到完好标准，提高和巩固设备完好率，延长大修周期。

实行三级保养制度，必须使操作工人对设备做到“三好”“四会”“四项要求”，并遵守“五项纪律”。三级保养制度突出了维护保养在设备管理与计划检修工作中的地位，把对操作工人“三好”“四会”的要求更加具体化，增加了操作工人维护设备的知识和技能。三级保养制度突破了原苏联计划预修制的有关规定，改进了计划预修制中的一些缺点，更切合实际。在三级保养制度的推行中还学习吸收了军队管理武器的一些做法，并强调了群管群修。三级保养制度在我国企业当中取得了好的效果，由于三级保养制度的贯彻实施，有效地提高了企业设备的完好率，降低了设备事故率，延长了设备大修理周期、降低了设备大修理费用，取得了较好的技术经济效果。

3. 精、大、稀设备的使用维护要求

(1) 四定工作

① 定使用人员。按定人定机制度，精、大、稀设备操作工人应选择本工种

中责任心强、技术水平高和实践经验丰富者，并尽可能地保持较长时间的相对稳定。

② 定检修人员。精、大、稀设备较多的企业，根据本企业条件，可组织精、大、稀设备专业维修或修理组，专门负责对精、大、稀设备的检查、精度调整、维护、修理。

③ 定操作规程。精、大、稀设备应分机型逐台编制操作规程，加以显示并严格执行。

④ 定备品配件。根据各种精、大、稀设备在企业生产中的作用及备件来源情况，确定储备定额，并优先解决。

(2) 精密设备使用维护要求

① 必须严格按说明书规定安装设备。

② 对环境有特殊要求的设备（恒温、恒湿、防震、防尘），企业应采取相应措施，确保设备精度性能。

③ 设备在日常维护保养中，不许拆卸零部件，发现异常立即停车，不允许带病运转。

④ 严格执行设备说明书规定的切削规范，只允许按直接用途进行零件精加工。加工余量应尽可能小。加工铸件时，毛坯面应预先喷砂或涂漆。

⑤ 非工作时间应加护罩；长时间停歇，应定期进行擦拭，润滑、空运转。

⑥ 附件和专用工具应有专用柜架搁置，保持清洁，防止研伤，不得外借。

4. 动力设备的使用维护要求

动力设备是企业的关键设备，在运行中有高温、高压、易燃、有毒等危险因素，是保证安全生产的要害部位。为做到安全、连续、稳定供应生产上所需要的动能，对动力设备的使用维护应有如下特殊要求：

① 运行操作人员必须事先培训并考试合格。

② 必须有完整的技术资料、安全运行技术规程和运行记录。

③ 运行人员在值班期间应随时进行巡回检查，不得随意离开工作岗位。

④ 在运行过程中遇有不正常情况时，值班人员应根据操作规程紧急处理，并及时报告上级。

⑤ 保证各种指示仪表和安全装置灵敏准确，定期校验。备用设备完整可靠。

⑥ 动力设备不得带病运转，任何一处发生故障必须及时消除。

⑦ 定期进行预防性试验和季节性检查。

⑧ 经常对值班人员进行安全教育，严格执行安全保卫制度。

5. 设备的区域维护

设备的区域维护又称维修工包机制。维修工人承担一定生产区域内的设备维修工作，与生产操作工人共同做好日常维护、巡回检查、定期维护、计划修理及故障排除等工作，并负责完成管区内的设备完好率、故障停机率等考核指标。区域维修责任制是加强设备维修为生产服务、调动维修工人积极性和使生产工人主动关心设备保养和维修工作的一种好形式。

设备专业维护主要组织形式是区域维护组。区域维护组全面负责生产区域的设备维护保养和应急修理工作，其工作任务是：

① 负责本区域内设备的维护修理工作，确保完成设备完好率、故障停机率等指标；

② 认真执行设备定期点检和区域巡回检查制，指导和督促操作工人做好日常维护和定期维护工作；

③ 在车间机械员指导下参加设备状况普查、精度检查、调整、治漏，开展故障分析和状态监测等工作。

区域维护组这种设备维护组织形式的优点是：在完成应急修理时有高度机动性，从而可使设备修理停歇时间最短，而且值班钳工在无人召请时，可以完成各项预防作业和参与计划修理。

设备维护区域划分应考虑生产设备分布、设备状况、技术复杂程度、生产需要和修理钳工的技术水平等因素。可以根据上述因素将车间设备划分成若干区域，也可以按设备类型划分区域维护组。流水生产线的设备应按线划分维护区域。

区域维护组要编制定期检查和精度检查计划，并规定每班对设备进行常规检查的时间。为了使这些工作不影响生产，设备的计划检查要安排在工厂的非工作日进行，而每班的常规检查要安排在生产工人的午休时间进行。

6. 提高设备维护水平的措施

为提高设备维护水平，应使维护工作基本做到“三化”，即规范化、工艺化、制度化。

规范化就是使维护内容统一，哪些部位该清洗、哪些零件该调整、哪些装置该检查，要根据各企业情况按客观规律统一考虑和规定。

工艺化就是根据不同设备制订各项维护工艺规程，按规程进行维护。

制度化就是根据不同设备不同工作条件，规定不同维护周期和维护时间，并严格执行。

对定期维护工作，要制订工时定额和物质消耗定额并按定额进行考核。设备维护工作应结合企业生产经济承包责任制进行考核。同时，企业还应发动群众开展专群结合的设备维护工作，进行自检、互检，开展设备大检查。

五、设置防护监控设施，保障安全生产

设置齐全可靠的安全阀、呼吸阀、压力表、液位计、爆破片、放空管等安全设施，当出现超高压力等异常情况时，紧急排泄物料，防止突然超压对设备造成

损害和产生设备爆炸的危险；对密封面、阀门、疏水器、安全阀等部位采取适当的防护措施，防止杂质和异物进入，损坏设施及设备，减少泄漏发生；采用控制系统、电视监视系统和报警系统等先进的信息技术，使操作人员在操作室内既能掌握流量、压力、温度、液位等信息，又能清楚地实时观察到装置区的现场情况，并实现报警和自动控制；对安全防护设施要进行维护，保证灵敏可靠，因为如果失灵，危险性更大。

1. 安全防护装置

机器设备的危险区，应根据机器特性和事故发生率划定防护范围。

采用横杆、拉绳、开关等简易装置，安装在操作点附近人手容易接触到的部位，只要发生紧急事故，人手或身体触碰到这些装置，就能立即停车。

2. 联锁装置

联锁装置是一种多功能的安全防护装置。

当采用防护罩还不能保证安全时，则在机器的防护罩、防护门、控制箱上安装机械的、电动的、气动的或机械电动复合的联锁装置。联锁装置应具备以下性能：

① 有联锁装置的防护门，关上后才能启动机器。机器开动后，防护门就打不开了。

② 防护门打开时，机器的启动机构被锁住，或与电气开关脱离接触，机器无法开动。

③ 联锁装置本身失灵时，能阻止机器开动。

使用联锁装置时，还应考虑由于突然停电等情况而引起装置失灵，发生意外事故。联锁装置如果应用不适当，仍不能保证安全。把触点开关安装在机床盖的边缘，把开关接触柱伸出厢体表面或凹入厢体内部，这样的部位都易受人为影响，如用手指、重物压住，或被黏胶布等塞住，开关接触柱仍处于接通状态，打开机床盖时起不到切断电源的作用。因此要求与联锁装置连接的开关，必须与防护罩、防护门等开或关的动作直接联系，避免受人为动作的影响而失去联锁作用。

3. 安全防护装置的性能要求

① 性能可靠，安装牢固，并有足够的强度和刚度。

② 适合机器设备操作条件，不妨碍生产和操作。

③ 经久耐用，不影响设备调整、修理、润滑和检查等。

④ 耐腐蚀，不易磨损，能抗冲击和振动。

⑤ 防护装置本身不应给操作者造成危害。

⑥ 机器异常时，防护装置具有防止危险的功能。

⑦ 自动化防护装置的电气、电子、机械组成部分，要求动作准确，性能稳定，并有检验线路性能是否可靠的方法。

4. 机器设备安装维修时的安全要求

机器设备安装、维修时生产管理者应向参加这项工作的人员指明有效的安全措施，并选派受过专门训练的、有经验的操作人员和监护人（如有必要）。在维修工作开始前，应使机器设备完全处于零点状态，即

① 完全切断机器设备的动力源（电、气、水管）和压力系统介质的来源。

② 把机器设备各部分的位能放到操作时的最低阈位。

③ 把储存气体的柜、槽等容器内的压力降到大气压力，并把动力源切断。

④ 排出机器管路、气缸内的油、气及其他介质，使之不能推动机器工作。

⑤ 机器运动部分的功能，都应处于操作控制器的最低阈位。

⑥ 对机器中松动和仍能自由移动或偶然移动的构件加以固定。

⑦ 应防止由于机器移动而使原来的支撑件或支撑材料产生移动。

⑧ 防止附近的外部能量引起机器维修部位突然运动。

5. 机器设备控制装置的安全要求

① 机器设备控制装置的设置，应使操作者易于看到整套机器设备的运行情况，否则应设报警信号或联系信号。

② 控制装置在能源（电、气、水等）供应发生异常时，应具有自动切换或自动控制的作用，以避免事故发生。

③ 复杂和危险的控制系统，应配置自动监控装置，以便及时了解各危险部位的操作和安全情况。

④ 离合器与制动器结合的控制机构，应具有强制执行的功能。

⑤ 控制装置电气（电子）线路中需要确保安全可靠的执行机构部分，应设计成双回路线路。

⑥ 多人共同操作的机器设备或系统应在人手易摸到的部位设置紧急停车开关，供发生危险时使用。

⑦ 机器设备中的气动或滚动装置，必须密封良好，不泄漏，动作准确。不允许介质超过允许压力运行，一旦超压，应有自动泄压安全排放装置。当系统压力突然下降时，应有自动制动或自锁作用。气动液动装置自身应有防护性能，不因外界环境影响而产生不安全因素。

⑧ 气体燃烧加热炉的控制装置能准确调节燃料与空气的混合比，使燃烧完全。

六、美国石油和油品泄漏预防措施

美国在长期实践的基础上，形成了一套严密的油品泄漏预防和应急反应措

施。这套措施包括国家规范、行业标准、组织措施、处罚措施、技术措施。有效地遏制了泄漏事故的发生，大大减轻了泄漏事故造成的危害，取得了显著的成效。

1. 储罐泄漏预防和应急反应措施

1984 年美国国会资源保护与恢复法案第 1 条，要求美国环保署制定综合计划，保护地下储罐、检测和防止泄漏。美国环保署遂成立了地下储罐办公室，制定技术标准，并于 1988 年 9 月发布了一个规范。该规范要求所有盛装石油产品的地下储罐都要进行改造，包括改进泄漏检测系统，保护储罐，防止腐蚀。而旧罐则要更新。法律规定了一个 10 年期限，截止到 1998 年 12 月 22 日必须完成。规范发布后，美国石油协会（API）各成员公司抓住机遇，为企业提供防漏、早期检测、保护地下水等技术服务，做了大量工作。

API 出版了一系列标准，指导地下储罐和地上储罐的操作。API 推荐的 1621 规程详细地说明了正确安装地下罐的方法，其推荐的 16221 规程确认了罐的类别的划分方法，其推荐的 1637 规程确立了地下储罐按辛烷值正确收油的标准。

美国环保署依据清洁水法案的泄漏预防、控制及防范措施（SPCC）计划监管地上储罐。SPCC 计划要求大多数地上储罐要围以防护堤和围堰，拦截泄漏。除了政府规范之外，API 主持制定了储罐建造和操作的标准。API 650 标准指导储罐建设；API 653 标准指导储罐操作、维护、修理和整体保障，API 653 标准还要求定期检查储罐；API 2610 标准规定了地上罐、储存设施的所有操作。许多政府规范要参照 API 标准，政府规范由行业专家定期评述和修订。

2. 管道泄漏预防和应急响应措施

美国有大约 17 万英里（1mile＝1609.344m，下同）管线，每年输送 125 亿多桶（1 桶＝158.987dm^3，下同）油品。所输送的成品油占所有成品油的一大半。

最初，靠步行巡视查找管线漏点，后来用检测大气的办法，现在使用一种称为“检测清管器”的设备，其传感器与计算机相连，用来检查管线腐蚀状况和其他缺陷，这样在泄漏发生之前就可以对管线及时进行维修。

API 已经制定了管道安全输送油品的全行业标准。在最近 25 年中，企业环保意识明显提高，在管道设计和操作方面越来越注重预防泄漏。各管道公司做的比政府环境保护的要求还要好：对管道新材料进行严格的试验；在水道和河流交汇处所用管道，其管壁更牢固；钢管做涂层处理，抗腐蚀性能更好。

从 1992 年至 1997 年，报告给管道安全办公室的泄漏事件约 200 起，泄漏量约 14 万桶，大约每百万千米泄漏 0.6gal（1gal＝3.79L，下同），大约为 25 年前的 40％。最主要的泄漏原因是外力损坏，如建筑人员无意中挖破管线。美国开通了“一呼通”免费热线电话，挖掘之前可先打电话咨询。

3. 国家石油和危险物质意外事故计划

要减轻油品泄漏对环境、野生生物和有关社区造成的影响，需要有关公司和联邦、州和地方部门的快速、协调反应。美国国家石油和危险物质意外事故计划明确了油品泄漏的管理目标和管理责任。

每一艘油轮，每个设施、平台和管线都制订了泄漏处理人员、所需设备和材料明确的计划，其中包括储存容量、环境和经济敏感区域、人员培训、实战演习和“最坏案例”情况等内容。为了充分利用新技术，提高人员反应技能，定期按计划进行演练。

美国各石油运输公司已经成立了石油泄漏反应合作组织，称为石油泄漏清除机构。这些机构与石油公司签约后，就负责提供石油泄漏反应所需的设备、人员和技术。例如，1990年一些进出美国水域的运油公司成立了海上泄漏反应公司(MSRC)，MSRC船队有16艘船，分布于美国沿岸水域，夏威夷和Virgin岛的16个补给地。除MSRC之外，还有数百个小船队，负责当地石油泄漏清除作业的机构，遍布全国。

1991年，API发起成立了石油协作网（petro assist network），有38家成员公司加入，使石油行业又增加了一个全行业的安全网。目前，石油协作网经常向各公司提供最新的专业知识，并进一步制订所需的法律协议。

4. 应急响应措施

一旦美国水域发生泄漏，责任公司和海岸警卫队的国家反应中心会通知联邦事故现场协调员和州官员。责任公司启动其响应计划，国家反应中心则监督该公司恰当地执行各项计划。联邦事故现场协调员也可启用后备措施。如果泄漏很严重，认为需要采取进一步措施或该公司处理不了，可以请示美国商务部和内政部。

重大的泄漏，特别是发生在靠近海岸的泄漏可能影响到鱼、鸟和水生哺乳动物及植被。因此，应急响应人员必须包括兽医、海洋生物学家、动物学家、植物学家和其他有相关专业知识的人。经联邦事故现场协调员准许，可以使用化学清洗剂清理现场。

第二章

泄漏治理的方法与措施

危险化学品企业在生产、储运和销售等环节，常常会发生泄漏，给企业带来了极大的危害，对企业的长周期安全平稳运行极为不利，还威胁到职工的生命安全。泄漏既损失了物料，又污染了环境，严重的还会引起火灾、爆炸、中毒等事故。毒气、易燃、易爆、易腐蚀品的堵漏问题，是当今世界科学实验和生产领域中经常遇到的重大问题之一。目前，很多企业对泄漏的治理还不够重视，有的企业虽然也开展了“创建无泄漏工厂”活动，但是，对泄漏的治理技术研究不够，堵漏人员技术力量不足，对有些泄漏无能为力，“跑、冒、滴、漏”现象屡见不鲜，“小白龙”随处可见。

当危险化学品泄漏，有毒物质进入人的机体后，即能与细胞内的重要物质如酶、蛋白质、核酸等作用，从而改变细胞内组分的含量及结构，破坏细胞的正常代谢，致使机体功能紊乱，造成中毒。而且，由于各种有毒物质的危害状态不同，中毒的途径也不同。如受污染的空气可经呼吸道吸入和皮肤吸收中毒；毒物液滴可经皮肤渗透中毒，如沙林液滴落到皮肤上即很容易渗入皮肤之中；误食、误饮染毒食物、水，可经消化道吸收中毒。再则，由于各种有毒物质的理化特性不同，能产生不同的中毒症状，造成不同的伤害效应。如沙林、苯、有机磷农药、氯代烃等神经性毒物，可经呼吸道、皮肤毒害神经系统；氯气、二氧化硫、氨气、光气、硫化氢、硫酸酯类、氮氧化物、异氰酸酯类毒物，可经呼吸道（酯类毒物还可通过皮肤吸收）而导致呼吸系统中毒；一氧化碳、苯胺、硝基苯、氢氰酸吸入人体后会造成血液系统毒害（即全身性中毒）。1984 年 12 月 2 日子夜，位于印度博帕尔市郊的联合碳化物公司农药厂，一个储存 45t 剧毒液体——异氰酸甲酯的储罐压力骤然升高，使阀门失灵，异氰酸甲酯外泄汽化，致 3150 人死亡，5 万多人失明，2 万多人受到严重毒害，15 万人接受治疗，受此事件影响的多达 150 余万人，约占该市总人口的一半。又如，2003 年 12 月 23 日，重庆市开县高桥镇发生特大天然气井喷事故，由于喷泄出的天然气中剧毒的硫化氢气体浓度过高，造成 243 人中毒死亡，2142 人不同程度中毒住院治疗，引起了党中央、国务院的高度关注。还有不少危险化学品泄漏后，遇引火源发生爆炸、火灾，也会造成大量人员伤亡。如 1998 年 3 月 5 日，我国西安市液化石油气管理所液化气泄漏后，遇电火花引起爆炸、燃烧，导致现场 7 名消防官兵和 5 名液化气管理所职工牺牲、10 余名消防官兵重伤致残。

第一节　泄漏产生的原因

一、自然原因

自然界的地震、海啸、火山爆发、台风、龙卷风、洪水、山体滑坡、泥石流雷击以及太阳黑子周期性的爆发，引起地球大气环流变化等自然灾害，都会对化工企业造成严重的影响和破坏。由此导致的停电、停水，使化学反应失控而发生火灾、爆炸，导致危险化学品泄漏。

二、密封失效导致泄漏

在危险化学品企业的生产过程中，大多设备管线的压力与温度是影响其密封性的重要原因。例如在高温作用下，工艺介质的黏度小，渗透性增加，介质对垫片和法兰的溶解与腐蚀作用将大大加剧，这在客观上对密封的要求提高了。同时，密封组合件各部分也存在较大温差，由此产生的温差应力使密封组合件各部分的热膨胀不均匀，在危险化学品生产中，在操作温度与操作压力的联合作用下，要求的密封比压增加，导致压紧面松弛，致使密封比压下降而产生泄漏。

三、设备本身的缺陷导致泄漏

受我国机械制造技术的影响，一方面，由于机械加工的结果，机械产品的表面必然存在各种缺陷和形状尺寸的偏差，在机械零件连接处不可避免地会产生间隙，工作介质就会通过间隙面而产生泄漏。另一方面，在危险化学品生产中必然发生腐蚀、裂纹、磨损、老化、外力破坏、设计不尽合理、制造质量欠缺、安装不够精确、工艺条件变化、操作出现失误等问题，这些问题均可导致材料失效，进而出现泄漏。

四、异常工况导致泄漏

在危险化学品企业的生产运行过程中，常常会出现如下情况：一是在生产遇到紧急情况时，系统温度的急升和急降，致使各个部件产生的膨胀不均匀，导致密封失效；二是操作人员未按操作规程进行操作，致使设备超温、超压，严重时可导致设备本体发生物理性爆炸，从而发生工艺气体、液体、固体的泄漏。

五、人的因素导致泄漏

国家安全生产监督管理总局对危险化学品企业的操作人员有严格的规定，因为危险化学品生产的操作要求操作者技术熟练、安全意识强、安全技能高、安全培训到位，并取得安全操作证才能上岗作业。但是，在执行的过程中，某些危险化学品企业做得不到位，表现在如下几个方面：一是操作人员素质差，安全教育培训不到位，员工对规章、制度、规程等不了解，致使操作不平稳，甚至误操作，这样发生工艺泄漏的可能性增大；二是操作者思想麻痹，安全防范意识不强，在工作中常常表现出违章操作、侥幸心理、有章不循、盲目蛮干，由此发生的泄漏事故不胜枚举；三是管理不到位，在危险化学品生产过程中，责任不明确，管理制度不健全，指定的规程不详细，不具可操作性，这种状况下导致的泄漏事故也时有发生；四是操作者责任心不强，没有强烈的主人翁意识，对生产工艺设备不按要求保养，巡回检查走过场，发现问题不报告也不及时处理，这样极有可能发生泄漏。

不少危险化学品企业，尤其是私营危险化学品企业急剧增多，许多从业人员素质不高，又未经过严格、系统的培训，加上规章制度不落实，劳动纪律涣散，也会导致危险化学品泄漏事故的发生。如某年 4 月 20 日，位于北京市怀柔区的京都黄金冶炼厂，因 2 名当班工人违反规定，同时离岗用餐，导致 20 余吨含氰化物的液体泄漏，造成 3 人死亡、8 人中毒受伤的严重后果。

六、交通运输事故导致泄漏

运输单位不按规定申办准运手续，驾驶员、押运员未经专门培训，运输车辆达不到规定的技术标准，超限超载、混装混运，不按规定路线、时段运行，甚至违章驾驶等，都极易引发交通运输事故而导致危险化学品泄漏。据统计，近几年在运输过程中发生的危险化学品泄漏事故已约占总次数的 30%。

七、战争导致泄漏

战争中，交战双方往往也会将对方的危险化学品生产、储存场所作为攻击和破坏的目标，致使危险化学品泄漏。还有些被联合国裁军委员会称为“双用途毒剂”的化合物，如氢氰酸、光气、氯气、磷酰卤类等，和平时期是化工原料，战时即可迅速转化为军工生产而作为军用毒剂用于战争，这类化学物质一旦泄漏，其杀伤威力不亚于使用化学武器。抗日战争时期，侵华日军就曾多次使用毒气杀害我同胞。

第二节 泄漏的常用检测技术

在生产过程中要对泄漏进行有效的治理，就要及时发现泄漏，准确地判断和确定产生泄漏的位置，找到泄漏点。特别是对于容易发生泄漏的部位和场所，通过检测及早发现泄漏的蛛丝马迹，这样，就可以采取控制措施，把泄漏消灭在萌芽状态。

较明显的泄漏，人们可以通过看、听、闻、摸直接感知发现，这种方法主要是依赖人的敏感性、经验和责任心。在人看不着、听不见、摸不到的场合或者比较危险的场合，往往要借助仪器和设备，进行泄漏检测。使用泄漏检测仪器能够做到在不中断生产运行的情况下，诊断设备的运行状况，判断故障发生部位、损伤程度、有无泄漏，并能准确地分析产生泄漏的原因。如热像仪在夜间也能很清楚地发现泄漏异常；超声波、声脉冲、声发射技术，采用高灵敏的传感器能够捕捉到人耳听不到的泄漏声，经处理后，转换成人耳能够听到的声音，判断是否泄漏并进行定位；在介质中加入易于检测的物质作为示踪剂（如氦气、氢气、臭味剂、燃料等），发生泄漏时可以快速地检测到；光纤传感器检测法根据泄漏物质引起的环境温度变化，对管道进行连续测量，就可以判断是否发生了泄漏。

现代科学技术的飞速进步，使管道泄漏检测技术的新方法、新成果层出不穷，特别是传感器技术、计算机技术、控制技术、人工智能技术等科学发展，推动了检漏技术向智能化、多样化、系统化的方向发展。负压波法、压力梯度法、质量平衡法、统计决策法等基于软件的检测方法和基于硬件的检测方法相结合，大大提高了检测能力、灵敏度和准确度。

一、泄漏检测的一般方法

1. 查清管道位置

采用管道探测仪查清管网的确切位置，这是泄漏检测的前提。由于天然气“乱窜”的特点，往往会在根本没有管道的地方发现它的踪影。如果我们据此来确定漏点位置，就会闹出很多笑话。因此，搞清管道的位置，并引导我们在地面沿着管道路径进行泄漏检测，就可避免因燃气“乱窜”而造成漏点的错误判断。通常情况下，城市地下埋设的管网都较为密集，管道之间不可避免地会发生信号传递和干扰，这显然就增加了将目标管道和非目标管道区别开来的难度；同时，对目标管道的深度测量也难以做到精确、可靠，这就会大大增加对漏点准确定位时的危险性。因而，对管道探测仪的选择，仅仅要求较高的灵敏度是远远不够的，它优良的抗干扰性也必须受到足够的重视。日本富士公司生产的PL-960金属管线探测仪因其内部的双水平天线的差动式结构，使其在探测实践中管道信号感应面相对狭窄，形成信号波峰具有瘦尖、高耸的特征，可有效地在管网密集地段准确地捕捉到目标管道的信号。

2. 发现异常点

采用手推式埋地管道泄漏检测仪，在地面沿管路推行，仪器的采样吸气口与地面始终保持接触状态。这样的方式，既可避免在没有管道的地方去进行无意义的检测，同时，因为吸气口紧贴地面，燃气一旦窜出地面还未及扩散就已被吸入，即使是微小的泄漏也会被检出。如在实验中检查出的漏点有很多是用肉眼看不出来的，只有当洗衣粉水浇上去，慢慢地才会冒出一个小泡。

二、泄漏检测仪的选择

1. 高灵敏度

推荐多个量程中包含 100×10^{-6} 挡的检测仪。许多燃气公司就将已有的报警仪［量程为 0～100%LEL，如果检测对象是天然气，量程即为 500×10^{-6} 或 0～5%（体积分数）］当成检漏仪来用。例如，在某次查漏演示中，使用日本新宇宙公司生产的 XP-707 手推式检漏仪查出一个异常点，浓度显示为 150×10^{-6}。甲方单位很快拿来一台也是日本新宇宙公司生产的检测仪，型号是 XP-311A（量程为 0～100%LEL），进行测试，结果指针纹丝不动，并据此认为没有泄漏。但后来的开挖结果是一个微漏。殊不知，100×10^{-6} 和 50000×10^{-6} 在灵敏度上相差 500 倍。

2. 采气孔

必须是贴地的。

3. 采用内置泵吸式

泵吸式液化气检测仪产品如 HD5S 泵吸式液化气检测仪，它是一款内置微型采样泵的彩色液晶显示屏、高精度气体检测仪，采用高性能催化燃烧气敏元器件和微控制器技术，具有良好的重复性和温湿度特性、使用寿命长、操作方便等优点。仪器标配 3000 条历史数据存储功能，可通过数据列表或曲线图查看历史数据。气体浓度值可用 10^{-6}、mg/m^3 等多种浓度单位切换表示；彩色液晶显示技术支持图文描述；中英文操作界面可切换。

三、漏点

发现异常点后就要在异常点上方的地面打出探孔，目的是导引泄漏出的燃气向地面自由、垂直上升，为确认漏点的准确位置提供客观依据。打孔前必须再次对管道进行精确定位，以保证管道的安全。探孔的数量至少在三个以上，探孔的深度应尽可能地接近或超过管道的埋深（考虑到漏点有可能是在管道的下方）。根据不同的地面情况，采用多种地面钻孔设备：对水泥、沥青等坚硬密实地面进行穿透性钻孔的较大功率电锤（建议燃气公司在有管道的混凝土路面钻出永久性探孔，定期在探孔口检测可能出现的泄漏）；对土壤、砾石层地面进行深部钻孔的钻洞棒。钻洞棒的长度会影响钻孔的深度，一般情况下，北方城市可采用能钻 1.5m 深的钻洞棒；南方城市则选择能钻 1m 深的钻洞棒就行了。钻洞棒的选择既要有相当的钢性，以针对干燥密实的老土层；同时，为对付土层中较大的砾石和片石，钻洞棒还要有能够自动转向绕过砾石或片石的柔性。探孔打好后，就要逐个测量各探孔的气体浓度。这时的探孔因深及管道，泄出的气体会顺着探孔窜出地面，因而，通过对各探孔所测浓度大小的比较，即可判断漏点的准确位置。对于较大漏点的浓度测量（测试浓度超过 5%），有必要采用量程为 0～100%（体积分数）的高浓度的可燃气体检测仪。根据经验，80%以上漏点的上方探孔所测浓度都超过了 5%（体积分数）。

第三节　堵漏技术与方法

企业掌握全面的堵漏技术，对泄漏进行治理非常重要。只有熟练掌握各种堵漏技术，才能在发现泄漏后，灵活运用，及时堵住泄漏点，做到见漏就堵，减少泄漏造成的危害。一旦发现泄漏应及时进行处理，堵漏人员要先到现场详细了解泄漏现场的情况，包括介质的性质、系统的温度和压力、泄漏部位形状、大小、壁厚和其他相关尺寸等，然后制订正确的堵漏方案，选择适宜的堵漏方法，设计出合适的堵漏用具，再采取相应的防护措施，在确保安全的情况下，争取不停工堵漏。

一、焊接堵漏

出现泄漏进行抢修焊接时需要动火作业。易燃、易爆管线、设备动火焊接前一定要保证安全，必要时局部停产，经过泄压、置换、扫线、隔离等处理程序，经检测达到动火要求后，在保证通风的条件下，方可动火焊接来解决堵漏问题。有时也采用常压和带压进行动火焊接，虽然有一定的危险性，但只要合理运用，严格控制含氧量，使可燃气体浓度大大超过爆炸上限，不能形成爆炸混合物，并在保持稳定正压条件下，让可燃气体以稳定不变的速度从裂缝处扩散逸出，与周围空气形成一个燃烧系统，保持稳定的着火状态，就不会发生爆炸。不置换焊接堵漏，可减少损失，但必须要求“稳定”条件来保持这个扩散系统，焊工要正确焊接操作，戴好防护用品和器具，做好各项准备，引燃外泄气体后，再开始进行焊补。不置换焊接堵漏要胆大心细，不敢干则会造成损失，蛮干则可能会造成更大的损失。

在危险化学品生产中，某些连续运转的设备，由于种种原因产生了泄漏，如管道、阀门、容器等是泄漏的易发生点。这些泄漏的介质既影响正常生产工艺流程的稳定性和产品的质量，又污染干扰文明生产的环境，造成不必要的浪费。有些介质如有害气体、油脂等泄漏后，还对安全生产造成较大的危害，如不能及时处理，就可能造成安全事故，给企业、社会带来巨大的损失。因此，带压堵漏焊接技术的应用有时是不可避免的。

带压焊接是在非正常工作情况下特殊的焊接技术，与正常的焊接规范不同，十分强调在操作过程中的安全。施焊前必须制订一整套安全施工、预防意外的措施，以确保焊接工作能够顺利实施。同时要求经验丰富、技术熟练的焊工来进行焊接。

1. 锤击捻压焊接法

此方法适应于低压容器及管道的裂纹或砂眼、气孔的焊接。施焊尽量使用小直径焊条，焊接电流比正常增加10%左右，操作采用快速焊法。用电弧的热量加热漏点处的周边，熄弧后，用手锤或尖铲迅速向泄漏处挤压，边焊边锤击捻压。

2. 铆接焊接法

有些裂纹较宽或砂眼、气孔直径较大时，采用锤击捻压法有困难，可先用合适的铁丝或焊条头将裂纹或孔洞铆住，以减少外漏的压力和流量，然后再快速焊。有些裂纹的周边不规则时，可采用破布、薄木片、竹片塞进去再快速焊。此法操作的要点是一次只能先堵塞一段，然后快速焊，堵塞一段焊一段，如图2-1所示。

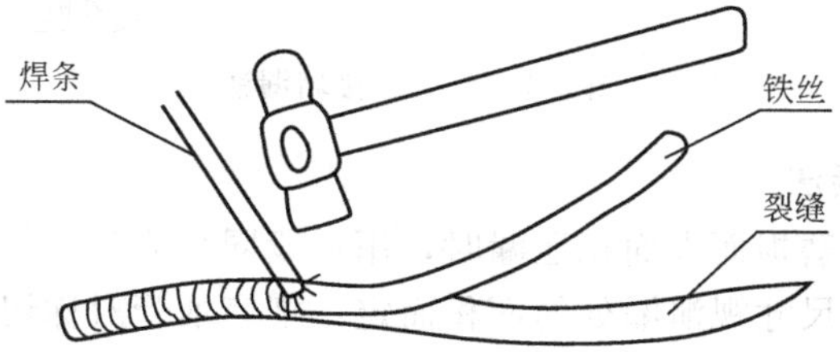

图2-1 铆接焊接堵漏法

3. 顶流焊接法

有些泄漏是因为腐蚀、磨损减薄管壁而造成的，此时不要直接对泄漏处焊接，否则容易造成越焊漏洞越大。应在泄漏处的旁边或下边施点焊，这些地方没有泄漏，先建立起一个熔池，然后像燕子衔泥垒窝一样，一点一点向泄漏处围焊。逐渐缩小泄漏处的面积，最后再用小直径的电焊条，较大的焊接电流封焊泄漏处，如图2-2所示。

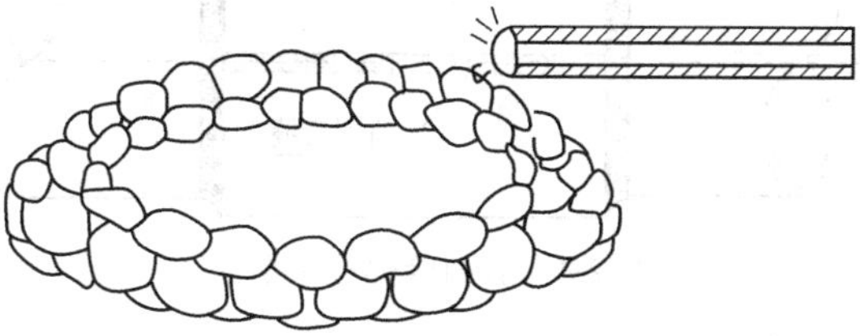

图2-2 顶流焊接堵漏法

4. 导流焊接法

适用于泄漏面积较大或者流量较大或者压力较大时的焊接，如图 2-3 所示。根据泄漏处的形状制作一块带截流装置的补板。泄漏较为严重时，截流装置用一段导流的管子，在上面装一个阀门，泄漏较小时，补板上预留一个螺母即可。补板的面积一定要大于泄漏处，截流装置在补板上的位置一定要正对着泄漏处，补板与泄漏处接触的一面涂上一圈密封胶，让泄漏的介质从导流管流出，以减少补板周围的泄漏。补板焊好后，关闭阀门或拧紧螺栓即可。

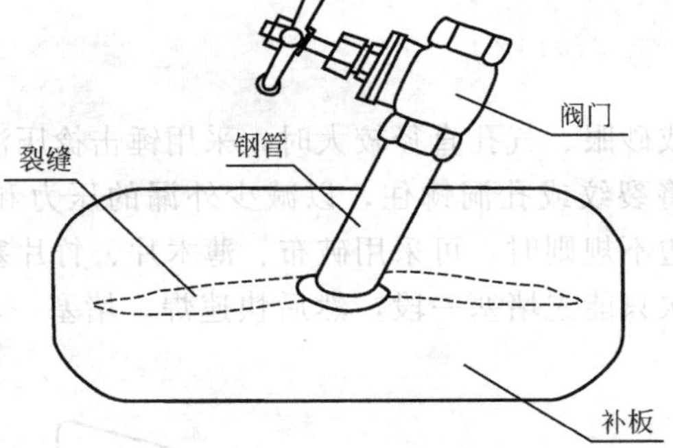

图 2-3 导流焊接堵漏法

5. 套袖管焊接法

管道因腐蚀或磨损而大面积泄漏时，用一段同径或正好包住泄漏管径的管子作为套袖管，长短尺寸视泄漏处的面积而定。把套袖管对称切割成两半，焊上一个导流管，具体焊法与导流焊接法相同。在焊接顺序上应先焊接管子与套袖的环缝，最后焊接套袖的焊缝，如图 2-4 所示。

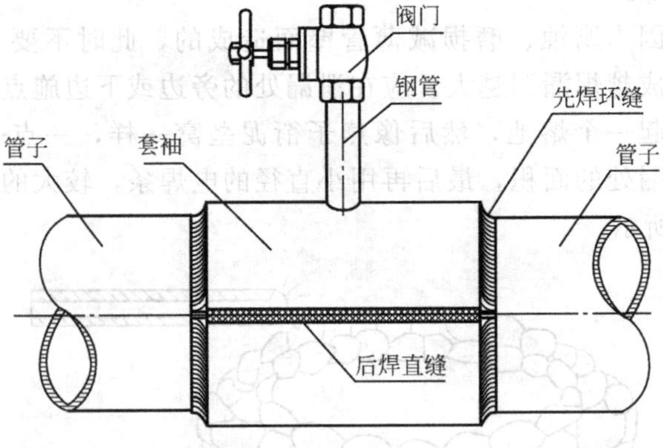

图 2-4 套袖管焊接堵漏法

6. 对渗油容器的焊接

不能采用连续焊接，要保证焊缝的温度不能升得太高，采用点焊法，可采用降温冷却法。如用破布浸水点焊完，马上对焊点降温。在高油区焊接要有严格的安全措施和应急措施，不可贸然施焊。

二、带压堵漏

1. 不停车带压堵漏技术常识

带压堵漏是许多行业普遍采用的一门技术。在化工生产中，有时一处泄漏影响全局，造成被迫停车的局面。带压堵漏技术是在不妨碍生产系统的运行下而进行堵漏的一项技术。它不用停车、不需动火即可消除泄漏，操作简便、安全、迅速、可靠。在有些情况下，带压堵漏涉及高温高压、易燃易爆、有毒剧毒等工况，若是方法不当、措施不良、技术不佳或责任心不强，不但堵不了漏，反而会扩大泄漏，危及生产和人身安全。

不停车带压堵漏技术是以流体介质在动态下（不停车状态）建立密封结构，即介质处于有温度有压力和流动状态下，建立起密封结构，从而消除泄漏。当生产装置某一部位因某种原因造成泄漏时，应将特定的夹具安装在泄漏部位，使夹具与泄漏部位的部分表面构成一个新的密封空间，然后用专门的高压注射枪或挤出工具将具有热固性或热塑性的密封剂注入并充满密闭空间，堵塞泄漏缝隙和通道。密封剂在一定温度下迅速固化，在泄漏部位外围建立起一个硬固的新的密封机构层，从而消除泄漏。

2. 不停车带压堵漏技术的安全问题

（1）不停车带压堵漏技术的适用范围

不停车带压堵漏技术适用的泄漏部位包括腐蚀穿孔、局部摩擦穿孔、法兰、填料函、裂缝、焊接缺陷等。

不停车带压密封技术适用的泄漏介质、介质温度和压力如下：

泄漏介质：水、水蒸气、压缩空气、氮气、氢气、氧气、煤气、石油液化气、烃类、酸、碱、氨、热油载体、溶剂及各种化学气体和液体等流动介质；

泄漏介质温度：－100～500℃；

泄漏介质压力：真空约 20MPa 或更高。

（2）带压堵漏中应注意的安全问题

① 避免燃烧　常见的可燃物有氢、一氧化碳、氨、甲烷、乙烷、丙烷、丁烷、乙烯、丙烯、丁烯、丁二烯、乙炔、石油气、天然气、水煤气、煤气、汽油、煤油、石油醚、柴油、溶剂油、工业润滑油、二硫化碳、乙醚、丙酮、苯、甲苯、乙苯、甲醇、乙醇、石脑油等。在堵漏时如果这些物质是介质或与这些物质离得较近，我们就应该采取相应的措施，主要就是把构成燃烧的三要素与工作对象分开。在引起燃烧的可燃物、助燃物、火源三个要素中，每一项都不能忽视。

② 避免爆炸 爆炸分为物理性爆炸和化学性爆炸两大类。物理性爆炸是指密闭容器承受的压力超过容器材料的机械强度而发生的爆炸，如蒸汽锅炉超过允许压力而爆炸。在带压堵漏时，切记不要对需要堵漏的部位进行高温加热，一定要防止因容器内的介质受热膨胀而引起的爆炸。化学性爆炸是指气体在极短的时间内发生剧烈化学反应引起的爆炸。化学性爆炸必须同时具备三个条件才能发生：一是有易燃易爆物质；二是易燃易爆物质与空气混合达到爆炸极限；三是爆炸性混合物有火源的作用。要防止化学性爆炸就得阻止这三个条件存在。在堵漏时需采用通风换气、隔热降温、防止静电、严禁明火等措施。

③ 避免中毒 对人体有毒的物质主要有氰、氢氟酸、光气、氟化氢、氯气、氢氰酸、二氧化硫、氨、一氧化碳、氯乙烯、甲醇、氧化乙烯、硫化乙烯、二硫化碳、乙炔、硫化氢等。堵漏中遇到带毒物质时，应采用监护、轮换操作、通风、站上风位、穿戴防护用品等措施。对某些既有毒又易燃易爆的物质，如硫化氢、苯、一氧化碳、汽油等，不但要防毒，还要采取防火防爆措施。

④ 避免放射性损伤 放射性损伤有内照射、外照射和本底辐射等。内照射是因防护不当，放射性物质经呼吸道、消化道、伤口、皮肤等侵入人体造成的。在体内 α 射线危害最大，其次是 β 射线。外照射是指体外的 β 射线、γ 射线、X 射线、中子等对人体的照射。本底辐射是指宇宙射线和地球上存在的天然放射性核素的辐射。

为了防止放射性损伤，堵漏时要穿戴好防护用品、设置防辐射障碍，防止放射性烟气灰尘伤害人体。

⑤ 避免烫伤、冻伤、灼伤等 为了防止烫伤和灼伤，堵漏时人体应避开高温介质的射向，设置挡板，穿戴好防护用品；为了防止冻伤，堵漏时应避免人体与介质接触。

(3) 带压堵漏及动火安全操作技术

带压堵漏、密封及动火作业，就是在不停产的情况下，对泄漏险情进行及时处置，保障生产的正常运行。但是，由于火灾、爆炸危险特性突出，这种不停车带压堵漏、动火作业具有很高的危险性，必须制订严密可靠的安全技术措施。

危险化学品生产中出现的泄漏，最常见的是因腐蚀、介质冲刷造成的管线泄漏。在对管线的带压堵漏中，相对于法兰、阀门、螺纹接头、管道与设备连接部、管道与法兰连接部来说，卡具包裹的管线强度较为薄弱，受力情况也较为特殊，所受外压很大，所以，在对其实施带压堵漏时，操作工艺也相对特殊。很多人在对管线带压堵漏中没有注意到这一点，常因为堵漏泵注胶压力过高，或管线没有补强而致使被堵漏管线断裂，造成严重事故。对此，安全操作如下：

① 制作合适的夹具。夹具是不停车带压密封技术的重要工具。它紧固在泄漏部位的表面构成密闭空间，其作用是包容注入的密封剂，防止外逸，并能使密

封剂保持一定的压力，以保证堵漏的成功和密封的可靠性。夹具制作的合理与否，会直接关系到堵漏的成败，也会影响到密封剂的消耗量和带压堵漏操作的时间。夹具制造应满足如下要求：

a. 夹具应能承受泄漏介质压力和密封的注射力，应有足够的机械强度和刚度。

b. 夹具与泄漏部位表面之间要留有一定的封闭空间，便于注入密封剂后形成一定厚度的新密封结构层。

c. 为把密封剂注入到空腔的泄漏部位，夹具上应多开几个注入孔，孔的数目要考虑能顺利地注入密封剂并能充满整个密封空间，同时便于在操作时排放泄漏介质。

d. 夹具装在泄漏部位上，一般要做成两等份，也可根据设备尺寸的大小和现场实际情况做成三等份或四等份，以便于安装为宜。

② 科学确定注胶液压油泵工作压力。根据泄漏管线所能够承受的最高外压 $P_{管外max}$ 和介质压力 $P_{介质max}$ 算出注胶泵最高工作压力 $P_{注胶泵工作max}$。

$$P_{注胶泵工作max}=P_{介质max}+P_{管外max}$$

式中 $P_{注胶泵工作max}$——注胶泵最高工作压力，MPa；

$P_{介质max}$——管线内介质最高压力，MPa；

$P_{管外max}$——管线所能承受的最高外压，MPa。

由于危险化学品生产装置的管线都较长，因此，一般情况下，被卡具包住管线所能够承受的最大外压强为

$$P_{管外max}=2.2E(S_0/D_0)^{3/m}$$

式中 S_0——被带温带压堵漏圆桶的厚度，mm；

D_0——被带温带压堵漏圆桶的外径，mm；

E——被带温带压堵漏管线工作温度下的弹性模数，MPa；

m——稳定系数，类似于强度计算的安全系数。

③ 选择合适的密封剂。密封剂是带压堵漏技术中的关键材料。它直接与堵漏介质接触，承受着泄漏介质的温度、压力和化学介质的腐蚀。因此，密封剂的性能直接决定了堵漏技术的应用范围，关系到堵漏的可靠性，甚至成败。由于介质种类、温度、压力条件各不相同，密封剂也有多种型号。堵漏用的密封剂分为热固型和非热固型两大类。对密封剂的性能要求，以固化速度、耐温性能、抗介质侵蚀性和挤出压力为主要物质指标，使用时应根据具体情况加以选择。

④ 带压堵漏的安全操作

a. 方案的确定。堵漏人员必须先到现场详细了解介质的性质，系统的温度和压力，以选择合适的密封剂。观察泄漏部位及现场情况，准确测量有关尺寸，以选择或设计制造夹具及堵漏方案。

b. 夹具安装。在泄漏比较严重，作业空间狭小，高温高压、易燃易爆及有

毒有害物质泄漏时，夹具的安装是很困难的。操作规程人员要穿戴好防护用品，站在上风方向，必要时要用鼓风机或压缩空气机把泄漏气体吹向一边。

c. 安装时要避免机具的激烈敲击，绝对禁止出现火花。夹具上应预先接好注射接头，以方便密封剂的注射。

d. 密封剂的注入。在注射接头上安装高压注射枪，枪内装上密封剂，把注射枪和手揿油泵连接起来，注射时，先从远离泄漏点开始，如果有两点泄漏，应从中间开始，逐渐向泄漏点移动。一个注射点注射完毕，立即关闭该注射点上的阀门，把注射枪移至下一个注射点，直至泄漏点被消除为止。注射后，应保持一定的压力，对高压系统（4MPa 以上）堵漏时，应采用高压注射枪，用油泵升压，使油压大于介质的压力，注射完毕后保持 15min，即可完成堵漏。

如果环境温度很低，或对于挤出压力较高而难以注射的密封剂，可对注射枪和密封剂进行加热以便于注射，当泄漏介质温度较低时，注完密封剂后采取外加热源，促使密封剂固化，一般加热到 150℃，保持 30～60min。

(4) 带压不置换动火

石油化工生产管线、设备中的诸多液体、气体介质所具有的易燃易爆性，决定了带压不置换动火比带压堵漏具有更大的危险性，因此，必须更加严格控制。

① 科学判断是否可用带压不置换动火

a. 首先要查清设备、管道等泄漏的根本原因。如果管道、设备等器壁大面积减薄，就不能采用带压不置换动火。因为这样可能使泄漏扩大，或暂时修复，不久即有泄漏扩大，或暂时修复，不久即有泄漏爆炸的可能。如经过检验分析能断定泄漏是由单位的点腐蚀或微波裂纹所致，修复后可恢复原安全性能的，可以试用此法。

b. 分析介质理化特性，泄漏的设备、管道内的可燃物料中，不得含有自动分解的爆炸物质、自聚物质、过氧化物质等或已与氧化剂混合的可燃物。否则不得采用带压不置换动火。

c. 考察使用温度与泄漏面积情况。使用温度很低的设备和泄漏处缺陷过大，不要使用此法。

② 动火环境要符合安全要求。带压不置换动火的环境是已发生可燃气体泄漏的地方。泄漏点周围已经有可燃气，即便在外部管架上也要注意风力风向，不让气体在泄漏点周围积集。如是室内泄漏，更要及时采取强制通风，将可燃气体排除。点燃可燃气体之前不得使用铁质工具，以防碰撞产生火花，引起火灾爆炸，伤害现场人员。做好动火准备后，一定要在环境中做动火安全分析，一旦合格立即动火点燃可燃气体，不得拖延。点火环境的安全控制是带压不置换动火的重要环节。

③ 焊接过程中始终保持正压。整个焊接过程，系统内要始终有不间断气源维持正压。如可燃气体补充数量不足时，可用事先准备的不燃气体补充。要有专

人负责维持正压，绝不允许出现负压。其压力宜保持在490～1470Pa。压力骤然波动，应立即停止动火。

对于原油、成品油介质管道、储罐，可先对泄漏部位做一个带阀门的模具，让阀门保持打开，并接通管线，将管线、设备内的介质转移到远处，再对模具周边用氮气做保护进行焊接，焊接完毕，将阀门关死。

④ 动火作业人员安全注意事项

a. 施焊人员必须取得焊工操作资质，持证上岗；

b. 动火作业人员必须严格办理动火作业票，并对相关操作要求清楚明了，并严格执行；

c. 动火施工人员要站在焊接部位的上风向，并佩戴空气呼吸器或长管呼吸器，以防不测；

d. 对可能出现的险情应做充分的估计，并熟悉相应的应急处置措施；

e. 监护人员必须责任心强，技术水平高，熟悉现场情况及各项安全注意事项，严格监督各项安全措施实施到位，对突发险情能及时正确地处理。

带压堵漏和动火是危险化学品生产中的一项危险性大、但应用并不广泛的特殊作业。随着专用设备的研发和安全操作技术的进步，带压堵漏和动火的安全可靠性越来越高。只要能够制订科学详细的操作方案，并保证落实到位，做到带压堵漏和动火的安全可靠是完全可以的。如此，就能用很低的成本，避免、减少生产中断的次数，大大消减在停产、开工过程中因生产大幅波动对安全生产构成的威胁，大大消减因停产造成的损失及巨额开、停工费用，对企业的安全生产与经济效益无疑是件一举两得的好事，应大力研究和推广应用。

三、化工常用容器泄漏治理技术

在现代化危险化学品企业中，高塔林立，储罐成群，还有各种各样的釜、桶、槽等容器，数量众多，不可或缺。压力容器的工作条件（如高压、高温、腐蚀介质等）比较恶劣，极易发生腐蚀、磨损、变形、疲劳等缺陷，若不能及时发现和排除这些缺陷，便可能发生泄漏。

1. 油罐

油罐是储存石油的重要设备，有圆柱形油罐、汽车拉油用的车载罐、油桶等。随着石油工业的发展，石油储罐越来越大，我国目前最大的油罐达到$10\times10^4m^3$。

油田使用的油罐主要有固定拱顶油罐和浮顶油罐两种。

国内油田二十世纪七八十年代建成投产的油罐，大部分是拱顶油罐。由于附件问题（如呼吸阀冬天易冻，多数被拿掉阀瓣，变成通气管）而造成敞口，使石油中大量的伴生气挥发进入大气。另外，拱顶油罐在运行过程中不可避免地存在着“大小”呼吸损耗。

浮顶油罐消除了油面以上的气体空间，也就没有了呼吸损耗，大大减少了气体泄漏。浮顶罐在储存汽油时大约能控制挥发量的90%。因此，应尽量使用浮顶油罐。

(1) 油罐油气挥发的防止措施

对于固定拱顶油罐，可应用油罐抽气装置回收油罐挥发气体，或采用氮封，以减少油罐气泄漏损失，实现油气密闭集输处理。

① 油罐抽气装置　胜利油田设计院研制的“油罐抽气装置”，由皮囊缓冲系统、压缩机、分离器等组成。它通过玻璃钢管线与油罐连接，挥发气体沿管道进入分离器，分离出气体中的轻质油，再由压缩机加压外输。橡胶皮囊以及变频控制系统，可有效地控制气压的波动变化，使密闭油罐始终处于微正压状态(0.05MPa)，从而保证油罐安全运行。

② 氮封　将氮气充填在固定拱顶油罐的油气空间，这时因氮气的密度小于油气的密度而浮在油气之上，从而形成氮封，阻止油气泄漏，可以减少油品蒸发损耗98%左右，并且能够防止油罐内气体爆炸，且对储存油品的性质没有任何影响。

氮封用的氮气通过管道输入固定顶油罐的油气空间，氮气压力应根据油罐的耐压程度而定，尽量降低压力，压力一般为355～1750Pa。当氮气压力达到设定值时，自动停止供给。为了保证油罐内压力平衡和油罐安全，油罐顶部安装呼吸阀。呼吸阀负压时吸入空气，正压时排出气体。排出的气体可直接排入大气或与氮气回收系统连接进行回收。

氮封系统可控制几个罐，这样更加经济合理。油罐之间用管线连接，管线上安装单向阀，以防倒流，油罐之间互不影响。

(2) 罐体泄漏的原因

对于钢制油罐安全运行最大的威胁就是罐体腐蚀穿孔，以罐底居多。油罐腐蚀穿孔、泄漏，势必污染周围环境，特别是对地下水的污染尤为严重。一般建罐7年后就开始出现罐底腐蚀穿孔，10年以后穿孔次数会急剧增多，罐底板内侧和外侧腐蚀所占比例差不多。

罐底板内侧腐蚀，原因是储存的石油中含有水，水沉积到底部，形成腐蚀环境。

罐底板外侧腐蚀是因为底板与土壤接触，长期处于腐蚀环境之中，虽然事先设有沥青防腐涂层，但是由于焊接过程的高温造成焊缝处涂料烧坏。典型形式是溃疡状大面积减薄，尤以焊缝处最为严重。

罐壁泄漏，主要是由于焊接质量差造成的。对于浮顶油罐来说，则往往是罐中部受到严重腐蚀，这是因为浮顶长时期经过该部位，且浮顶的刮擦作用不断刮走罐壁的氧化膜，加剧了腐蚀。

(3) 油罐的泄漏检测

目前，油罐的渗漏检测方法有两种：一是直接检漏法，采用油检测元件监测环境变化；二是间接检漏法，即使用油罐液位自动检测系统。

这两种方法都有缺陷，前者只有当石油渗到探头处才能发现，难以找出渗漏源；后者由于油罐的尺寸太大及测量的精度有限，要发现微小的渗漏是相当困难的，也不能定位。

① 直接检漏法　在油罐排水沟或设检测井（通常安装在地下土壤或地下水中），通过油检测元件检漏。

日本的罐区都设有泄漏监测报警系统，一般在储罐基础外1m左右的地方设一圈200mm宽的水沟，在沟的最低处设置油传感器。一旦油罐漏油，传感器就发出信号，传到值班室报警。

② 间接检漏法　通过测量油罐液位的变化，或在油罐收发作业时比较实际进出量的差值来检测泄漏情况。目前，一般由计算机自动完成油罐液位的扫描监测。收发油时，可每3min检测一次；静止时可每20min检测一次。如果静止时两次液位差值超过10mm，就报警。

如美国空军机场油库每年都要进行一次泄漏检测，关掉所有进出口阀门，测量油罐数据（包括液位、水位、温度、密度）后，保持48h，然后重新对油罐计量，通过总体积和静体积的对比，判断油罐是否存在泄漏。

美国Tanknolog公司开发的高精度油罐泄漏检测装置，测量罐底压力，通过管道将低压惰性气体传送到罐底，由压力传感器测定惰性气体压力，并自动记录跟踪、检漏。

（4）泄漏预防措施

对于金属油罐，最有效的防止泄漏办法就是改革油罐结构，特别是罐底结构，即使用夹层结构。为了防腐，首选的方法是在罐内采用玻璃钢衬里，另一种就是采用阴极保护技术进行防腐，即在油罐表面安装锌阳极。

① 改进罐体结构　美国Marmac公司研制出一种对新建及原有油罐进行“二次封闭及渗漏检测”的技术，它集密闭、检漏、回收于一体，能够方便地进行检漏和回收泄漏油品。

这种油罐就是在现有油罐钢底板下面铺设高密度聚乙烯衬垫层，中间填充混凝土或沥青砂层。还设有导管用来监测油罐底板，若已监测到渗漏时，还可以用来冲洗二次封闭面。

高密度聚乙烯垫层2～2.5mm厚，有一定的坡度，倾向油罐中间的钢制集油槽，槽通过管道与油罐外侧的立管连通，操作人员从立管里就能发现泄漏。混凝土层厚100～300mm，起支撑作用。在混凝土表面开一些细沟，能使罐底板上任意一点渗出的油品迅速地排入集油槽中。

在油罐基础的圈梁上还安装有6mm的聚乙烯导管，直通上层罐底下面，在新罐底板安装之前预先插到罐壁中。该导管与混凝土表面上的集油细沟处于同一水平面上，其用途有三个：一是在试水前检验油罐底板的完整性或确定油罐底板渗漏点。当油罐一开始进水时，从导管处注入空气，然后监视罐底板上有无气泡就可知道有无渗漏。二是油罐使用中发现底板渗漏时也可使用这个导管。油罐放空后取下导管盖，排出残余油品，在清洗混凝土层表面时，该导管可作为水观测点。清洗水可通过渗漏监测系统进入，从导管处可观测到注入的水。三是可用来安装石油检测传感器（如导电性粉体元件等），便于更换。

这种油罐形式也存在一些缺点，比如混凝土方式安装容易，但不能设阴极保护，且易出现裂纹；油砂一旦出现泄漏，沥青即被溶解，使得罐底处于无保护状态。

对此，美国俄克拉荷马州Conoco公司所属的Ponca城炼油厂建造了10座双层钢底板的新型油罐，采用真空检漏技术，能测出微小渗漏。

② 玻璃钢（GRP）双层罐　玻璃钢（GRP）双层罐的出现，是基于人们对于泄漏引起的环保问题的高度重视。欧美及日本等国已广泛将这种GRP双层罐，用作地下油罐、加油站、敏感区域的储槽等。

双层结构之间的间隙，有利于监测泄漏，它借助于外层结构的液位计设置，保障了内层罐泄漏的及时发现与报警，避免了单层罐因泄漏造成的污染事故。当然，强度也明显高于单层结构。油罐夹层中可充入乙二醇，一旦发生泄漏，乙二醇液位会发生变化，监测系统会自动报警。

2. 液化石油气储罐

液化石油气常以液体形式储存在罐内，大容积的有球罐、卧式罐，小容积的就是家用气瓶。

液化气罐的危险性比油罐要大得多，操作条件严格，容易发生超温、超压、液位失控、材料破坏等事故造成泄漏。

液化气储罐根部排污阀、液相管、压力表连通管和液位计管的第一道阀门法兰口和储罐根部短管接口处，是容易发生泄漏事故的关键点。一旦泄漏，极易造成无法控制的局面，应重点防范。

液化气的泄漏一般不易发现，只有当大量泄漏时，才能见到白雾或听到“嘶嘶”声。如果在法兰盘上或阀门上有白霜，就要特别警惕，因为液化气蒸发造成的局部降温，会使空气中的湿气冻结成霜；大量泄漏时，也会使容器上结霜；地上的“水印”也要当心。

要防止泄漏，就要做好定期检查、检测，把好充装关，坚决不能充装太满；我国北方地区的液化气罐应考虑冬季储罐根部阀门的伴热保温问题。

液化气储罐泄漏后，一般常用边强行堵漏边进行倒罐或者打开液化气罐的放空阀放空的方法，但是堵漏时火灾、爆炸和冻伤的危险性很大，不少单位用注水的办法，就是将储罐的回流管和排污管与消防喷淋管线之间加装阀门和高压快装接头。江苏苏州市消防支队推出了专用的液化气储罐消防注水器，一旦储罐根部出现泄漏，及时启动消防水泵，将水通过排污管打入液化气罐内，由于水比液化气密度大，而沉在储罐底部，起到水封作用，顶替液化气泄漏，争取倒罐时间。

3. 轻油装车

我国铁路、汽车成品油装车大都是敞口、高位喷溅灌装方式，在灌装过程中，大量油气挥发进入大气。据测试，装一个 $60m^3$ 的槽罐，就得挥发掉 70～80kg 油。这是极大的安全隐患，泄漏油气与空气混合形成燃爆混合物，而且液体自由下落、喷溅，都会产生静电；另外，还造成资源浪费和环境污染，影响职工的身体健康。

控制装卸泄漏的措施有：

① 实行密闭装车，增设油气回收措施。将气相引入一个简单的吸收塔，用油加以吸收，或利用冷冻方法回收。

② 改进鹤管结构，增设分流头，实行低位液下装车。

当然，实现液下密闭装车有两个技术难题：一是装油的槽车规格不一，口径结构不一，密闭难；二是密闭装车后，看不见液面位置。

湖南长岭炼油厂研制的“小鹤管密闭定量装车系统”成功地解决了这两个问题。这套系统由横向对位机构、升降气缸、密封器（也就是橡胶大盖）、液位控制、涡轮流量计、排气金属软管和进油金属软管等组成，装车过程中杜绝了油气挥发泄漏，液位由干簧管控制，所以在装车过程中不会出现跑、冒事故。

4. 气瓶

气瓶是移动式压力容器，常用于储存石油液化气、液氨、氧气、氮气等高压气体。

（1）气瓶泄漏的原因

造成气瓶泄漏的原因，第一是超装，第二是质量低劣。

所谓超装，就是实际充装的液化气超过国家标准规定的标准充装量。超装有非常大的爆炸危险性。超装在环境温度升高时，瓶内液体受热膨胀，就可能出现“满液”，如果温度继续升高，必然造成满液后的温升压力，这个压力是很大的。如液化气的体积膨胀系数比水大 10～16 倍，由理论计算和试验可知，满液后，温度每升高 1℃，瓶内压力升高 2MPa，而液化气瓶设计压力是 1.6MPa，因此温度仅升高 1℃，就可能使压力超过气瓶承受压力，造成液化气泄漏。

质量低劣的主要表现是钢板质量不合格。国家技术监督局颁布的强制性标准，对制造液化石油气瓶钢板有明确的规定。钢板必须是专用的“钢瓶”板，这种钢板有足够的延伸率，万一瓶内液体受热膨胀，气瓶体积可以在一定程度内随之增大，提高了安全系数。但是这种钢板比非专用钢板贵，于是一些不法厂家为了节约成本，会用其他钢板代替。也有的厂家使用厚度不合格的钢板。按标准，10～15kg 瓶用 3mm 厚钢板，50kg 瓶用 3.5mm 厚钢板。但是有些 10kg 瓶用的却是 2.5mm 厚钢板。有的焊接技术差，存在砂眼、气孔等。存在这些问题的气瓶，一旦遇热，就可能发生泄漏。

（2）气瓶漏气和着火的紧急处置

气瓶的瓶阀和接管处容易泄漏，这主要是产品质量不合格或使用不当造成的。

在运输和使用过程中，气瓶漏气一般有以下 5 种情况：角阀关闭不严，从瓶嘴漏气；角阀盘根没压紧，从盘根压紧螺母处漏气；由于阀座、阀芯或阀杆有缺陷，使角阀不能关严而漏气；角阀与瓶体紧固不严而漏气；瓶体钢材或焊缝有缺陷或裂缝而漏气。对于前两种情况，只要关紧角阀即可制止；其余情况应迅速将车开至液化气站附近空旷处，由专业人员处置、放空。

（3）液氯危瓶处理

氯气（Cl_2）应用广泛，工业用水和自来水杀菌消毒基本上都使用液氯，而且氯气还是制造盐酸、光气、氯化苯、过氯乙烯等化工产品的原料。

在氯气泄漏事故中，钢瓶问题占 2/3。传统的堵漏办法是用竹签、木塞或橡胶垫片堵漏，临时凑合。对于那些因储存时间过长或因阀门锈蚀打不开或者打开又放不出氯气的“死瓶”，处理方式大都是封锁河道，用手锤、锉刀等工具钻孔、放氯，既危险，又污染环境，必须禁止。

5. 锅炉

锅炉的泄漏主要是“四管”：水冷壁、过热器、再热器、省煤器，它们大部分都装在炉内，泄漏不严重时很难从炉外发现。“四管”在炉内的排列很密集，特别是过热器和再热器的汽压高、温度高，泄漏后的冲力强。我国的电厂和大型化工厂锅炉多次因一根管泄漏未被发现，没有及时停炉，而造成把对面的第二根管刺漏，又刺向第三根管、第四根管，甚至刺坏一大片管的恶性事故。

蒸汽泄漏发展很快，初期常常是细小的针状孔眼，仅有微量的蒸汽泄漏，8～10h 以后就会发展到较大的尺寸。

（1）人工判断泄漏

虽然操作规程要求锅炉膛内出现泄漏立即停炉，但是要做到及时发现泄漏十分困难。目前，锅炉泄漏主要靠肉眼和耳朵。曾有丰富经验的工人，能听出泄漏的部位，并能通过泄漏声判断出是砂眼泄漏还是裂纹泄漏，从而为确定是否停炉检修提供依据。

汽包、封头以及其他附属压力部件的外部泄漏，比较容易发现。泄漏的第一个迹象是保温层外滴水。

燃烧室内部检漏，对于水管锅炉，可以从燃烧室一侧观察到管子泄漏。当然，小的泄漏不明显；大的泄漏会有一些迹象，如水从管内跑出、火焰过度飘动、烟气和蒸汽温度不正常、烟气中带有蒸汽等。

对于火管式锅炉，应对固定螺栓进行检查以发现燃烧室内部的泄漏。实际上可能看不见蒸汽，但是在固定螺栓头部可以看见沉积物。炉板或外壳板凸起则显示出其损坏已达到了危险程度。某些火管炉只能看见管子的端部，应对胀管处进行检查。

但是对于工业锅炉，工人监视最频繁的一般是控制室内的仪表，而不是每时每刻专人守在受热面，所以，运行人员更多的是借助水位计、压力表和温度计等仪表来首先发现故障或事故苗头，然后有针对性地检查，再确认故障处。

其中要特别注意观察排烟温度，如果排烟温度低，且炉膛（或过热器等）处有“吃吃”声，则一定是水冷壁管漏。另一个特征是蒸汽产量降低，压力下降。如果蒸汽生产和出口温度两项都低，则肯定管子泄漏。

(2) 自动监测方法

炉管泄漏的自动监测报警，主要是监测泄漏声。

锅炉运行时，炉膛发出的背景噪声虽然很大，但大部分是2000Hz以下的低频声音，而炉管泄漏时产生的声波是高频波。根据这种频率差别，利用滤波电路就可将炉管泄漏的声音提取出来。

传感器采用压电陶瓷，安装在一段直径6～10mm、长300mm的圆形不锈钢棒上的一端，另一端焊接在被监测的管子上，这段钢棒可以将管道泄漏声传到传感器上。在传声棒与传感器之间，加上特氟隆塑料，不仅可确保声音信号的传送，还可保证传感器的电绝缘性能。收到的信号经放大处理后，由计算机识别、发出报警信号。

也可像工人靠简单的听筒或耳朵直接监听一样，在锅炉四边、四角的开孔部位，装设传感器，采集的信号经处理以后进行分析、鉴别，并进行报警。

炉墙上装设的探测器听筒是一个喇叭形接收器，喇叭口的直径约700mm，用一根500mm长的ϕ50mm钢管引到炉外传感器上。

因为声音在炉膛内传播时衰减很快，监测点不能距离炉管太远，大型锅炉要在四面炉墙上布置多个点。由于声波在传播时有很大的衰减，装在不同部位的传感器收到的信号的强度不同，经过比较分析，就能判断出泄漏点的位置。

要准确地识别和判断泄漏位置，首要条件就是要掌握锅炉的背景噪声。各种型号锅炉的背景噪声各不相同，所以在正常运行没有泄漏的情况下，应先测出背景噪声的数据。过热器联箱处受涡流影响背景噪声频率较高，也随负荷变化。水冷壁的背景噪声频率较低，不随负荷变化。锅炉停止供汽时，可以直接看见水冷壁的泄漏，但是过热器、再热器等管排密集部位的泄漏点仍不能立即查清，此时只要把风机停下来，背景噪声就会突然降到极低，用传感器就能收到较好的效果。

用频谱分析仪分析泄漏声时，做有无泄漏时的频谱对比，有助于排除外界的干扰。

上述办法也可以用于监测锅炉、汽轮机的主汽阀、给水阀、加热器旁通阀等阀门的内部泄漏。

6. 换热器

空冷系统是生产过程中的一个重要环节，做过功的汽轮机乏汽需要在凝汽器中冷却凝结，然后重新开始循环。空气冷却就是以空气取代水为冷却介质的一种冷却方式，主要有海勒式间接空冷、表面式间接空冷、直接空冷等。在间接空冷系统中，从汽轮机表面式凝汽器来的冷却水在冷却塔中得到冷却；直接空冷是汽轮机的排汽直接用空气来冷却，空气与蒸汽间进行热交换。

常压蒸馏、芳烃异构化装置湿式空冷器，运行中的冷却水依靠厂区锅炉房钠离子交换器提供 $8m^3/h$ 的软化水进行补充，单台空冷器循环冷却水量 $20m^3/h$。空冷器介质为汽油。在生产运行过程中，循环水不断浓缩，并产生大量污物、杂质，同时产生以下问题。

① 设备腐蚀：冷却水在循环使用过程中，水在冷却塔内和空气充分接触，使水中的溶解氧得到补充，水中溶解氧造成金属电化学腐蚀。

② 结垢：水在循环过程中蒸发，使循环水中含盐量逐渐增加，当其达到过饱和状态，或经过传热表面水温升高时，会分解生成碳酸盐，沉积在管线表面，形成致密的微溶性盐类水垢。

③ 黏泥垢：冷却水和空气接触，吸收了空气中的灰尘、泥沙、微生物及其孢子，使系统的污泥增加。光照、适宜的温度、充足的氧和养分都有利于细菌和藻类的生长，从而使系统黏泥增加并在管线表面沉积下来，造成高温下黏泥板结。

循环冷却水长期使用对设备带来腐蚀、结垢和黏泥问题，使设备的水流阻力加大，水泵的电耗增加，并使生产工艺条件处于不正常状况。如果不进行有效处理，将会造成空冷设备传热效率下降，严重时产生垢下腐蚀，甚至可能发生泄漏、穿孔等重大设备安全事故，造成经济损失。对空冷器及循环冷却水进行阶段性处理和清洗维护保养工作，可以提高设备换热效率，改善工艺条件，保证长生产周期，降低能耗和延长设备使用寿命。

(1) 循环水状况调查

原油常压蒸馏、芳烃异构化装置的湿式空冷器，由于其循环水系统为敞开式，冷却水暴露于空气中，水的浓缩倍数不断升高，导致空冷器光管、翅片管表面产生了大量的铁锈，加上水中氯离子、钙镁离子及悬浮物、泥沙等杂质的存在，循环水中的运行环境不能得到有效改善，致使空冷器光管和翅片管发生穿孔、泄漏。

(2) 危险性辨识

由于管程内的介质为中间反应物、油气和液态烃，是极其危险的介质，泄漏如果达到一定的浓度，遇空气会发生燃烧爆炸，造成非常严重的后果。因此，一旦发生空冷器穿孔、泄漏应立即采取紧急措施实施高压堵漏方案进行抢险，以便把生产损失降低到最小，把不安全状态控制在萌芽，防止意外的发生。

(3) 高压水射流试压堵漏操作流程

试压堵漏工作流程：隔离→连接管路→充水升压→稳压→查找漏点→卸压放水→堵漏→充水升压→稳压→排水→恢复现场。具体操作步骤如下。

① 隔离：用盲板隔断与空冷器水系统、油气系统相连接的进出口管线阀门，使空冷器成为一个独立的安全个体，并对盲板进行标示。

② 连接管路：拆除空冷器翅片管一个高位堵头，与高压清洗机高压水管连接，形成闭路循环系统。在高位堵头连接管处安装精密压力表，以便于及时观察压力。在空冷器光管低位拆除一个堵头，连接管路到排污，作为排水泄压系统。

③ 试压：利用高压水射流进行充水升压，压力升至空冷器设计压力的1.25倍后稳压30min。

④ 找漏：在稳压过程中，按纵横坐标图仔细查找漏点，进行准确定位。

⑤ 堵漏：找到漏点后，从空冷器泄压系统卸压排水，泄压后，按找出的泄漏管束坐标点进行封堵。

⑥ 再次试压：堵头封堵完成后，再次充水试压，重复步骤③，直至压力不下降，检查无泄漏管束，整个试压堵漏结束。

⑦ 恢复：堵漏结束后，拆除连接管路，抽取所有盲板，恢复流程。生产单位进料试车。

⑧ 出具试压堵漏报告，生产单位签字确认。

⑨ 撤离现场。

其中，为确保精确查找和封堵所有泄漏管束，以上③～⑥步骤要重复进行。根据现场具体情况，按照生产单位提供的最大设计压力和规定的时间进行稳压，稳压时间之内再无任何管束出现泄漏之后，将判定为试压堵漏工作成功。

为了能够对泄漏管束得到最有效的封堵，堵头材质应选用硬度低于或等于管子硬度的材料。工作中先后选取了金属铅、四氟乙烯、杂木、青铜、紫铜等材料进行对比实验，结果证明紫铜具有强度高、韧性好、防爆等特点，因此选取紫铜作为首选堵头材料。制作规格：长度通常为大端直径的2倍，小端直径应等于0.85倍的管子内径尺寸，锥度为1∶10。

高压水射流清洗的原理是用高压泵打出高压水，经管路到达喷嘴，喷嘴则把高压低流速的水转换为低压高流速的射流，正向或切向冲击被清洗件的表面；恒定流量的射流在管束内不断冲击管壁，在空冷器等设备的管束内产生压力，通过压力逐渐上升、达到恒压等程序，进行快速查找漏点。

高压水射流试压堵漏与一般堵漏相比较，具有不污染环境、快速、安全、可靠等特点。因此，高压水射流试压堵漏技术在设备清洗堵漏领域中成为一支后起之秀，在很大程度上代替了传统的人工机械清洗堵漏。

第三章

各类物料及设备防泄漏安全技术

第一节　油桶和化学品容器泄漏的预防

一、油品的分类

油品包括工业油（液压油、齿轮油、汽轮机油、压缩机油、冷冻机油、电绝缘油、真空泵油），汽车用油（汽油机油、柴油机油、车用齿轮油、内燃机用油、车用脂、传动液），摩托车油（二冲程汽油机油、四冲程摩托车机油、摩托车减震器油、摩托车链条油、其他摩托车用油），船用油（船用气缸油、船用中速机油、船用系统油），润滑油（全损耗系统用油、轴承油、导热油、机械油、高温链条油、其他润滑油），金属加工液（成型加工、切削加工、热处理油、其他金属加工液），防锈润滑油（脂型防锈油、防锈油），润滑脂，特种脂，车用化学品（制动液、防冻液、其他车用化学品），基础油（矿物油、硅油、白油、其他基础油）等。

这里所涉及的油桶和化学品桶以及其他化学容器，包括最常见的55gal（1gal=3.79L，下同）圆桶（钢桶、铁桶、塑料桶等）、3.5gal小提桶、5gal小提桶、6gal小提桶、6.5gal小提桶、16gal圆桶、30gal圆桶、275gal圆桶、550gal圆桶、大型变压器、IBC集装桶、蓄电池、试剂瓶、罐子、化学品运输槽罐车等。

二、铁桶、钢桶的泄漏

汽车厂、汽车配件厂、机械制造厂等所用的润滑油脂，以铁桶包装为主。常用55gal（200L）大桶与18L提桶（听）两种，且以前者为多。

大桶包装者，油桶的大小尺寸都已标准化，直径多为610mm，高度880mm，装入208L或55gal机油之后，尚有2%的空间，供油料膨胀及伸缩的余地。

从近十年来钢桶包装的发展情况来看，质量已有了很大的改善。但由于设备及工艺方法没有得到彻底的更新和发展，质量也难以再上一个档次。

众所周知，钢桶最严重的质量问题就是泄漏，这曾引起过许多制桶专家的重视和研究，但至今仍未解决。钢桶所盛装的内容是多种多样的，有食品、石油类产品、化工原料、药品等，有的还有剧毒，有的易与外界反应产生腐蚀或污染，有的易燃易爆。多年来，由于钢桶的泄漏问题，不知发生了多少事故，造成了多少严重的环境污染。钢桶泄漏问题不容忽视。

钢桶的泄漏主要是由钢桶的桶身焊缝和与桶底顶的卷封结合质量问题所引起的。为了解决这个问题，我国的钢桶结构由原来的五层矩形卷边改进为七层圆弧卷边，有的也将缝焊机由手工半自动改为全自动，从而提高了钢桶的质量，减少了泄漏，而且产品全数的气压检验大大地杜绝了渗漏钢桶的出厂。但由于原料的质量问题和设备的落后及不稳定性，以及工艺方法的限制，使钢桶泄漏仍难以杜绝，尤其在使用中经过碰撞或跌摔，质量事故就发生更多。

目前，许多发达国家为了杜绝钢桶的泄漏，把钢桶的接缝全部用激光焊接等新技术来生产，用新工艺生产出的钢桶，其抗跌落强度和抗渗漏能力比原工艺提高二倍以上，这将是钢桶走向绿色包装的发展方向。

目前，我国的55gal钢桶，多数都是用来盛装石油化工类产品的，这些油品都是易燃易爆的产品，加上钢桶包装有质量问题时容易产生渗漏现象，仓库和场地经常有油气积聚，而油桶着火时又往往炸裂桶身钢板，导致油品四溅流淌，使储存场所的桶装油品出现燃烧连锁反应的严重事故。国内由于油桶储存不当而发生的火灾和爆炸事故时有发生，所以加强钢桶包装油品的仓库和场地管理是钢桶包装防火和安全使用的重要环节之一。

另外，其他的IBC集装桶、塑料桶、化工桶、化工容器、小油桶在运输、使用过程中，经常也因为碰撞、腐蚀等各种原因发生损坏，造成泄漏。

三、油桶的储存

小桶小听装油品，必须储存室内。大桶装油品最好存放于室内，免受气候影响。直立放置于露天环境，“呼吸”效应可能导致水分杂物的入侵，致使油品被污染。

已开用的润滑油桶必须存储在仓库内。闪点低于45℃的易燃油品（如电器用油品、汽轮机油、听装油品和润滑脂）不宜露天存放，要存放在仓库内或至少是简易敞篷内。工业汽油、溶剂汽油、灯用煤油等易燃油品，如因条件限制，必须露天存放时，夏天天气炎热时要注意采取喷淋降温。含有清净剂的车用机油，吸水后容易乳化，或变得浑浊，不能再用，以储存室内为宜，非不得已而需要露储时，应慎防水分吸入。各种溶水油经微量水分侵入后，乳化性能减退，亦应避免室外露储。

1. 油桶的室内储存

一般工厂多利用厂房的一角散置油品，甚不合理，主要因为难于保持清洁，而且容易侵入工厂废品或污物，甚或泄漏油品，而难发觉。是以工厂的油品仓库，以独立建筑为宜。室内地面以坚固又能保持清洁为宜。

油桶存放仓库和油桶储存的要求如下：

① 油桶存放场地要坚实平整，高出周围地面 0.2m，有 0.005 的排水坡度。

② 存放场地四周有排水和水封隔油设施。

③ 油桶存放场地的垛长不能超过 25m，宽度不超过 15m，垛与垛之间的净距不小于 3m，每个围堤内最多 4 垛，垛与围堤的净距不小于 5m，这样有利于火灾扑救和人员疏散。垛内油桶要排列整齐，两行一排，排与排之间留出 1m 通道，便于检查处理。

④ 55gal 大桶包装产品最好横放，堆放高度不要超过四层。每排桶的两端均须用木楔楔紧，以制止其滚动。因条件所限在室外放置时，要向桶口处倾斜一定角度，以免外界水分积聚在桶口渗入油中。18L 中等桶包装产品在堆放时，码放高度不要超过四层。如果外包装物为铁桶，更应注意轻取轻放，以免引起碰撞变形。4L、1L 等小包装产品在堆放时，码放高度不要超过六层，长期存放地面要铺上油毡或用木架隔开地板，以免地板水汽上升，潮湿纸箱。

⑤ 室内储存油桶可直立放置，但宜将桶略为倾斜，以免雨水聚积于桶面而掩盖铜栓。水对于任何润滑油均有不良影响。轻质油品要斜放，桶身倾斜与地面呈 75°，呈鱼鳞式相靠，下加垫木，以防地面水锈蚀油桶。

竖立放置的油桶最好放在盛漏托盘上，这样即使油桶有泄漏或渗漏，漏油全部被控制在盛漏托盘里的盛漏槽里，不会流到地面，产生危险。可以用铲车、叉车搬动盛漏托盘。也可以把油桶放在盛漏平台上，防止泄漏。另外，IBC 桶盛漏托盘、盛漏盆、盛漏衬垫、防漏围堤、经济型盛漏托盘都是防止油桶化学品桶泄漏的比较好的油品化学品储存方式。

⑥ 油品应远离明火，存放于干燥、阴凉、通风处。油桶绝不应储存在靠近蒸汽管道或加热的区域。发动机清洗剂、油路清洗剂或燃油添加剂类产品以及摩托车 2T 油为易燃品，存放及使用时一定要注意避免火源。温度对润滑脂的影响比对润滑油的大，长期暴露于高温下可使润滑脂中的油分分离，太低或太高的温度皆对润滑油有不良影响，因而不宜将润滑油长久储存于过热或过冷的地方。

⑦ 拧紧封口盖，保持油桶密封。最好使用油桶盖保持油桶口干净，不受水分、杂质影响。

⑧ 保持桶身、桶面清洁，标识清晰。应经常检查油桶有无泄漏及查看桶面上的标识是否清晰。

⑨ 保持地面清洁，便于漏油时及时发现并处理。

⑩ 做好入库登记，遵循先到先用的原则。

⑪ 新油与废油分开放置，并做好警告标志。

⑫ 装过废油的容器不可装新油，以防污染新油的储存。

⑬ 储油仓库最好远离污染来源，譬如煤屑、泥尘、毛纱、烟尘等。仓库及所有配油器材应保持清洁。

⑭ 避免使用镀锌的铁桶盛装润滑油，因为有些润滑油中的添加剂可与锌铁发生作用，产生肥皂物质，堵塞油管。

2. 油桶的户外储存

将润滑油或其他油品储存于户外是不良的做法。但若基于空间的原因必须存放于室外时，就应采取一些预防措施，将不良的后果降低至最低。

① 临时架起的帐篷或防水的帆布可保护油桶免受雨水的侵蚀。在揭开桶盖前，必须将桶头清洁及抹干，以防污染物质进入润滑油中。

② 可以将油桶放在盛漏箱、防泄漏卷帘式油桶柜、油桶工作柜、油桶储存屋中。防水、防泄漏、耐候、有锁、防火、防杂质侵入、安全可靠。

③ 油桶应该横放，放在油桶架上。使其桶盖上的两个桶塞在同一水平线上。在此位置时，桶塞的内侧浸在润滑油内不会吸入空气中的湿气，且水分亦不会积聚在桶面边沿。为了达到最佳的保护效果，可以将油桶倒竖，将有桶塞那一端朝下放在排水良好的地面上。如油桶身有桶塞，则可以将油桶横放或竖立，但桶塞必须朝下。将油桶横放，桶盖应放在最低点，但不可被任何水面覆盖。桶内的油品压力，可增进桶盖的密封性。每行底部两边的桶应用木块卡着，防止其滚动。

④ 若油桶以桶塞朝上的方向垂直摆放，水可能经由桶塞间隙涌入，污染或损坏润滑油。同时，雨水或凝结的水汽会积聚在桶面。尽量勿让油桶受到阳光直接照射，以减低桶内白天和晚上的温度变化。当气温升降时，冷缩热胀的作用会使水分经由桶塞逐渐流入桶内。水分除了污染桶内的润滑油，亦会造成油桶内部生锈，产生另外的污染。

当油桶必须桶塞朝上的方向摆放时，应该木条撑着油桶的一边底部使其倾斜，而且两个桶塞连起的直线要与木条平行，使得积水远离桶塞的开口处，这样水分不会积聚在桶盖周围。油桶不可直立露储室外，否则桶面积水，当油桶温度受四周温度变化时，因桶内压力降低而由口盖微隙吸入水分。尤其油桶长期露储室外时，桶盖的人造橡皮垫圈因日晒雨淋而发生裂缝时，更易吸入多量水分。

四、油桶的装卸和搬运

200L 大桶装是工业上最普遍使用和最经常需要搬运的油品容器。

① 必须小心谨慎处理，盛满润滑油的油桶，约重 170kg，若不小心搬移，则很容易碰伤人或损坏工厂设备。

② 卸货时，将油桶从卡车或火车上推下来的方式是不良的操作方法，因为

碰着地面时油桶的接缝可能因此破裂或爆开，润滑油漏出而造成路滑的危险和浪费油品。铁桶无疑是坚固的，但并非撞不碎。搬运时不可将铁桶从货车上掉下。如无铲车搬运，可将铁桶沿滑板滑下。

③ 油桶卸下后，必须即时移往储存区，最佳的运送方法是利用铲车，将油桶堆放在木架上，或用铲车的机械臂卡紧油桶，也可用两轮手推车，将油桶搬运。不准拖运。

④ 若卸货区与储存区之间的路面平坦，油桶可用滚动的方式送到储存的地方。油桶的突缘可保护它免受损坏，但必须小心以避免碰到硬物而使桶壁破穿，所以最好由两名工人滚动油桶以控制其速度。

⑤ 铁罐装 18L 润滑油及 16L 润滑脂通常是个别运送，而较小的润滑油罐则以硬纸箱装，对这些小包装也仍需使用与大油桶一样的搬运方法小心处理，硬纸箱应待送到储存区才开启，以免卸货时箱内的油罐有散落的危险。

⑥ 油桶搬运车最好要防泄漏、溢漏和溅漏，防止油品抛洒、泄漏。防泄漏油桶车轻松搬运油桶，控制在搬运和分装过程中可能发生的溢溅、泄漏。

五、油桶的分装

① 油桶罐注和分装最好采用防溢溅圆桶漏斗，高边墙设计，可以有效防止溢溅。防溢溅分装油桶盘可以有效防止飞溅，并将飞溅液体重新导回桶内。

② 建议使用油桶垫，保持桶盖清洁。油桶垫由吸油棉制成，可以有效吸收油品，保证桶口清洁。

③ 易燃油品和化学品的分装，应采用防溢溅安全分装漏斗。内置黄铜消焰器可以保证分装安全。

④ 频繁抽取的油品，建议放置在油桶架上并安装龙头控制，并在龙头下方放置一容器，以防滴溅。最好采用油桶架，在油桶上安装油桶漏斗，这样分装容易，所有飞溅都能够控制。

⑤ 或可将油桶直放，以手摇油泵自大桶栓插入油桶取油。每次用油不多时，可用手摇油泵插入油桶，抽油分装小听使用，一种油限用一个油泵，以防止污染。

六、正在泄漏或已经泄漏的油桶的储存和转运

① 实际工作中，经常会遇到油桶因为损坏而发生泄漏，这时需要立即采取措施控制泄漏。盛漏托盘、盛漏平台、盛漏盆、盛漏衬垫、盛漏围堤都是控制其泄漏的有力武器。

② 如果需要将正在泄漏或已经泄漏的油桶转运至专门处理场所或某个地方，需要采用泄漏应急桶来处理。将这些泄漏的油桶装入大小合适的泄漏应急桶中，就可以密封，防止其二次泄漏，可以安全地临时储存，长距离转运。

七、油桶和化学品桶的二次围堵防泄漏

其原则是把有可能泄漏的油桶、化学品桶或其他容器采用二次包装，来控制可能发生的泄漏。需要确保二次围堵具有的盛漏容积至少是所有容器中最大容器体积的 1.1 倍和最大容积两者的较大值。

① 所有的钢桶、铁桶、塑料桶、吨桶、千升桶或其他容器在长期的运输、使用过程中都有可能发生损坏，造成泄漏。需要防患于未然。把这些储存油品、化学品和危险化学品的桶或容器放在盛漏托盘（也叫防泄漏托盘、防溢托盘、控泄盘、盛漏卡板等）、盛漏平台（也叫防溢平台、防泄漏平台）、IBC 盛漏托盘（也叫 IBC 防泄漏托盘）上。盛漏托盘、盛漏平台具有结构坚固、可以叉车操作、防滑、可以套装的特点，当发生泄漏时，所有泄漏液体将会沿着托盘或平台格栅自动流入托盘或平台的盛漏区域内，不会流到地面、走廊或通道。盛漏托盘和盛漏平台都具有排水塞，当泄漏至一定容积时，可以排空泄漏的液体。大部分泄漏的液体可以直接回用。

② 如果需要储存装有油品的油桶或化学品桶、大型圆桶或其他容器，可以选择美国 ENPAC 的盛漏盆、盛漏槽、盛漏围堤等产品。

③ 如果需要临时或经济性储存装有油品的油桶或化学品桶、IBC 桶或其他容器，防止泄漏，可以采用 ENPAC 的盛漏衬垫。不需要使用斜坡，推车可以自由进出，可以折叠，不用时可以折叠放入工具架里，节省空间。

④ 大量的油桶和化学品桶放在一般的木托盘或塑料托盘上，极有可能发生泄漏。可以用叉车把这些装有油桶和化学品桶的木托盘或塑料托盘，放在 ENPAC 的盛漏围堤里。盛漏围堤可以盛漏的体积比较大，适合大规模泄漏的预防，也适合于快速应急控制。独特的撑扣式结构，包装体积小，运输方便，容易安装，快速反应，汽车可以开进开出。

⑤ 如果室内空间有限或由于存放介质不相容，可以考虑把油桶和化学品桶或其他容器放在户外。ENPAC 的敞盖式盛漏箱、卷帘式防泄漏油桶储存柜、危险品防泄漏工作屋和危险品防泄漏储存屋可以担当重任。它们都具有出色的耐候性、抗化学品性，能够经久耐用，都可以叉车操作。与通常的金属或混凝土建筑物相比，可以大大节省成本，方便灵活，并且提供更多卓越的性能。

⑥ 如果需要油桶和化学品桶平着放置，可以使用 ENPAC 的油桶架，实现圆桶的储存和防泄漏分装的结合。油桶架耐腐蚀，防止分装时溢溅，可以用叉车操作，方便灵活。

八、危险化学品储存的安全要求

① 危险化学品储存安排取决于危险化学品分数、分项、容器类型、储存方式和消防的要求。

② 储存量及储存安排见表 3-1。

表 3-1 储存量及储存安排

项 目	露天储存	隔离储存	隔开储存	分离储存
平均单位面积储存量/(t/m^2)	1.0～1.5	0.5	0.7	0.7
单一储存区最大储量/t	2000～2400	200～300	200～300	400～600
垛距限制/m	2	0.3～0.5	0.3～0.5	0.3～0.5
通道宽度/m	4～6	1～2	1～2	5
墙距宽度/m	2	0.3～0.5	0.3～0.5	0.3～0.5
与禁忌品距离/m	10	不得同库储存	不得同库储存	7～10

③ 遇火、遇热、遇潮能引起燃烧、爆炸或发生化学反应，产生有毒气体的危险化学品不得在露天或在潮湿、积水的建筑物中储存。

④ 受日光照射能发生化学反应引起燃烧、爆炸、分解、化合或能产生有毒气体的危险化学品应储存在一级建筑物中，其包装应采取避光措施。

⑤ 爆炸性物品不准和其他类物品同储，必须单独隔离限量储存。

⑥ 压缩气体和液化气体必须与爆炸性物品、氧化剂、易燃物品、自燃物品、腐蚀性物品隔离储存。易燃气体不得与助燃气体、剧毒气体同储，氧气不得和油脂混合储存。盛装液化气体的容器属压力容器的，必须有压力表、安全阀、紧急切断装置，并定期检查，不得超装。

⑦ 易燃液体、遇湿易燃物品、易燃固体不得与氧化剂混合储存，具有还原性的氧化剂应单独存放。

⑧ 有毒物品应储存在阴凉、通风、干燥的场所，不要露天存放，不要接近酸类物质。

⑨ 腐蚀性物品，包装必须严密，不允许泄漏，严禁与液化气体和其他物品共储。

1. 库房条件

(1) 建设及储存

① 危险化学品仓库建设应符合 GB 50016 平面布局、仓库建筑构造、耐火等级、安全疏散、消防设施、电气、通风和空气调节等要求。

② 爆炸物仓库建设应符合 GB 50089 或 GB 50161 仓库总平面布置、内部最小允许距离、建筑与结构、消防、电气、通风和空气调节等要求。

③ 危险化学品的专用库房地面应防潮、平整、坚实、易于清扫。可能释放可燃气体或在空气中能形成粉尘、纤维等爆炸性混合物的专用库房应采用不发生火花的地面。储存腐蚀性危险化学品的专用库房的地面、踢脚应采取防腐材料。

④ 危险化学品储存禁忌应符合 GB 15603 的要求。

⑤ 危险化学品仓库应建立危险化学品信息管理系统，应具备危险化学品出入库记录、库存危险化学品品种、数量及分布等功能，数据保存期限不少于1年，且应异地备份。

⑥ 构成危险化学品重大危险源的危险化学品仓库应符合国家法律法规、标准规范关于危险化学品重大危险源的有关技术要求。

⑦ 爆炸物宜按不同品种设危险化学品专用库房单独存放。当受条件限制，不同品种爆炸物需同库存放时，应确保爆炸物之间不是禁忌物品且包装完整无损。

⑧ 有机过氧化物应储存在危险化学品专用库房特定区域内，并避免阳光直射，温控设施的温度应满足不同品种的存储温度要求。

⑨ 遇水放出易燃气体的物质和混合物应密闭储存，存放在干燥处，且危险化学品专用库房应设有防潮措施。

⑩ 自热物质和混合物的储存温度应满足不同品种的存储温度要求，并避免阳光直射。自反应物质和混合物应储存在危险化学品专用库房特定区域内，并避免阳光直射并保持良好通风，温控设施的温度应满足不同品种的存储温度要求。自反应物质及其混合物只能在原装容器中存放。

(2) 库房

库房应是阴凉、干燥、通风、避光的防火建筑。建筑材料最好经过防腐蚀处理。

① 储存发烟硝酸、溴素、高氯酸的库房应是低温、干燥通风的一、二级耐火建筑。

② 溴氢酸、碘氢酸要避光储存。

(3) 货棚、露天货场条件

货棚应阴凉、通风、干燥，露天货场应比地面高、干燥。

2. 安全条件

① 商品避免阳光直射、曝晒，远离热源、电源、火源，库房建筑及各种设备符合《建筑设计防火规范》(GB 50016) 的规定。

② 按不同类别、性质、危险程度、灭火方法等分区分类储存，性质相抵的禁止同库储存。

3. 环境卫生条件

① 库房地面、门窗、货架应经常打扫，保持清洁。

② 库区内的杂物、易燃物应及时清理，排水沟保持畅通。

4. 废弃危险化学品的管理与处置

① 产生废弃危险化学品的单位，必须建立危险化学品报废管理制度，制定

废弃危险化学品管理计划并报环境保护部门备案，建立废弃危险化学品的信息登记档案。

② 产生废弃危险化学品的单位委托持有危险废物经营许可证的单位收集、贮存、利用、处置废弃危险化学品的，应当向其提供废弃危险化学品的品名、数量、成分或组成、特性、化学品安全技术说明书等技术资料。

③ 接收单位应当对接收的废弃危险化学品进行核实；未经核实的，不得处置；经核实不符的，应当在确定其品种、成分、特性后再进行处置。

④ 禁止将废弃危险化学品提供或者委托给无危险废物经营许可证的单位从事收集、贮存、利用、处置等经营活动。

⑤ 产生、收集、贮存、运输、利用、处置废弃危险化学品的单位，应当制定废弃危险化学品突发环境事件应急预案报上级环境保护部门备案，建设或配备必要的环境应急设施和设备，并定期进行演练。

⑥ 发生废弃危险化学品事故时，事故责任单位应立即启动突发环境事件应急预案，采取措施消除或者减轻对环境的污染危害，并及时按照国家有关事故报告程序的规定，向上级环境保护部门和有关部门报告，接受调查处理。

⑦ 对废弃危险化学品的容器和包装物以及收集、贮存、运输、处置废弃危险化学品的设施、场所，必须设置危险废物识别标志。

⑧ 转移废弃危险化学品的，应当按照国家有关规定填报危险废物转移联单；跨设区的市级以上行政区域转移的，并应当依法报经移出地设区的上级环境保护部门批准后方可转移。

⑨ 产生废弃危险化学品的单位必须向上级环境保护部门申报废弃危险化学品的种类、品名、成分或组成、特性、产生量、流向、贮存、利用、处置情况、化学品安全技术说明书等信息。

⑩《常用化学危险品贮存通则》(GB 15603) 对危险化学品废弃物处理明确了三条规定：

a. 禁止在化学品危险贮存区域内堆积可燃废弃物品。

b. 泄漏或渗漏危险品的包装容器应迅速移至安全区域。

c. 按危险化学品特性，用化学的或物理的方法处理废弃物品，不得任意抛弃、污染环境。

5. 危险化学品储存发生火灾的主要原因分析

分析研究危险化学品储存发生火灾的原因，对加强危险化学品的安全储存管理是十分有益的。

物质燃烧必须具备三个条件：即可燃物、助燃物、着火源。不论固体、液体或气体物质，凡是与空气中的氧气或其他氧化剂起剧烈化学反应的都是可燃物。帮助和支持燃烧的物质叫助燃物，主要是空气中的氧。凡是能引起可燃物质燃烧的热能都叫着火源。总结多年的经验和案例，危险化学品储存发生火灾的原因主要有以下九种情况：

① 着火源控制不严。着火源是指可燃物燃烧的一切热能源，包括明火焰、赤热体、火星和火花、化学能等。在危险化学品的储存过程中的着火源主要有两个方面：

a. 外来火种。如烟囱飞火、汽车排气管的火星、库房周围的明火作业、吸烟的烟头等。

b. 内部设备不良，操作不当引起的电火花、撞击火花和太阳能、化学能等。如电器设备、装卸机具不防爆或防爆等级不够，装卸作业使用铁质工具碰击打火，露天存放时太阳的曝晒，易燃液体操作不当产生静电放电等。

② 性质相互抵触的物品混存。出现危险化学品的禁忌物料混存，往往是由于经办人员缺乏知识或者是有些危险化学品出厂时缺少鉴定造成的；也有的企业因储存场地缺少而任意临时混存，造成性质抵触的危险化学品因包装容器渗漏等原因发生化学反应而起火。

③ 产品变质。有些危险化学品已经长期不用，仍废置在仓库中，又不及时处理，往往因变质而引起事故。

④ 养护管理不善。仓库建筑条件差，不适应所存物品的要求，如不采取隔热措施，使物品受热；因保管不善，仓库漏雨进水使物品受潮；盛装的容器破漏，使物品接触空气或易燃物品蒸气扩散和积聚等均会引起着火或爆炸。

⑤ 包装损坏或不符合要求。危险化学品容器包装损坏，或者出厂的包装不符合安全要求，都会引起事故。

⑥ 违反操作规程。搬运危险化学品没有轻装轻卸；或者堆垛过高不稳，发生倒塌；或在库内改装打包，封焊修理等违反安全操作规程造成事故。

⑦ 建筑物不符合存放要求。危险品库房的建筑设施不符合要求，造成库内温度过高，通风不良，湿度过大，漏雨进水，阳光直射；有的缺少保温设施，使物品达不到安全储存的要求而发生火灾。

⑧ 雷击。危险品仓库一般都设在城镇郊外空旷地带的独立的建筑物或是露天的储罐或是堆垛区，十分容易遭雷击而发生火灾。

⑨ 着火扑救不当。因不熟悉危险化学品的性能和灭火方法，着火时使用不当的灭火器材使火灾扩大，造成更大的危险。

6. 一般防护目标的分类

一般防护目标的分类应符合表 3-2 的规定。

表 3-2 一般防护目标的分类

防护目标类型	一类防护目标	二类防护目标	三类防护目标
住宅及相应服务设施。 住宅：农村居民点、低层住区、中层和高层住宅建筑等。 相应服务设施：居住小区及小区级以下的幼托、文化、体育、商业、卫生服务、养老助残设施，不包括中小学	居住户数 30 户以上，或居住人数 100 人以下	居住户数 10 户以上 30 户以下，或居住人数 30 人以上 100 人以下	居住户数 10 户以下，或居住人数 30 人以下
行政办公设施。 包括：党政机关、社会团体、科研、事业单位等办公楼及其相关设施	县级以上党政机关以及其他办公人数 100 人以上的行政办公建筑	办公人数 100 人以下的行政办公建筑	
体育场馆。 不包括：学校等机构专用的体育设施	总建筑面积 $5000m^2$ 以上的	总建筑面积 $5000m^2$ 以下的	
商业、餐饮业等综合性商业服务建筑 包括：以零售功能为主的商铺、商场、超市、市场类商业建筑或场所；以批发功能为主的农贸市场；饭店、餐厅、酒吧等餐饮业场所或建筑 不包括住宅区域的商业服务设施	总建筑面积 $5000m^2$ 以上的建筑，或高峰时 300 人以上的露天场所	总建筑面积 $1500m^2$ 以上 $5000m^2$ 以下的建筑，或高峰时 100 人以上 300 人以下的露天场所。	总建筑面积 $1500m^2$ 以下的建筑，或高峰时 100 人以下的露天场所
旅馆住宿业建筑。 包括：宾馆、旅馆、招待所、服务型公寓、度假村等建筑	床位数 100 张以上的	床位数 100 张以下的	
金融保险、艺术传媒、技术服务等综合性商务办公建筑。 包括：银行、信用社、信托投资公司、证券期货交易所、保险公司以及各类工资总部及综合性商务办公建筑；文艺团体、影视制作、广告传媒等艺术传媒类办公建筑；贸易、设计、咨询等技术服务类办公建筑	总建筑面积 $5000m^2$ 以上的	总建筑面积 $1500m^2$ 以上 $5000m^2$ 以下的	总建筑面积 $1500m^2$ 以下的
娱乐、康体类建筑或场所。 包括：剧院、音乐厅、电影院、歌舞厅、网吧以及大型游乐等娱乐场所建筑； 赛马场、高尔夫、溜冰场、跳伞场、摩托车场、射击场等康体场所	总建筑面积 $3000m^2$ 以上的建筑，或高峰时 100 人以上的露天场所	总建筑面积 $3000m^2$ 以下的建筑，或高峰时 100 人以下的露天场所	

续表

防护目标类型	一类防护目标	二类防护目标	三类防护目标
公共设施营业网点		其他公用设施营业网点。包括电信、邮政、供水、燃气、供电、供热等其他公用设施营业网点	加油加气站营业网点
其他服务设施或场所。包括：殡葬、汽车维修站等其他服务设施或场所	总建筑面积 $5000m^2$ 以上的	总建筑面积 $5000m^2$ 以下的	
交通枢纽设施。包括：铁路客货运站、公路长途客货运站、港口客运码头、交通服务设施（不包括交通指挥中心、交通队）等	总建筑面积 $5000m^2$ 以上的	总建筑面积 $5000m^2$ 以下的	
向公众开放的公园广场	总占地面积 $5000m^2$ 以上的	总占地面积 $1500m^2$ 以上，$5000m^2$ 以下的	总占地面积 $1500m^2$ 以下的

注：1. 居住户数和居住人数核算时，低层建筑为主的居民点以居民点整体为单元进行核算，中层、高层及以上建筑以单幢建筑为单元进行核算。其他防护目标未单独说明的，以独立建筑为目标进行分类。

2. 具有兼容性的综合建筑按其主要类型进行分类，若综合楼使用的主要性质难以确定时，按底层使用的主要性质进行分类。

3. 表中所称的“以上”包括本数，“以下”不包括本数。

7. 防护目标风险可接受标准

(1) 个人风险接受标准

危险化学品生产、储存装置（设施）周边防护目标所承受的个人风险应不超过表 3-3 中个人可接受风险标准的要求。

表 3-3 危险化学品生产、储存装置个人风险可接受标准

防护目标	个人风险可接受标准（概率值）	
	新建装置（每年）≤	在役装置（每年）≤
一般防护目标中的一类防护目标 重要防护目标 高敏感防护目标	3×10^{-7}	3×10^{-6}
一般防护目标中的二类防护目标	3×10^{-6}	1×10^{-5}
一般防护目标中的三类防护目标	1×10^{-5}	3×10^{-5}

(2) 社会风险可接受标准

社会风险可接受标准采用 ALARP 原则，通过两个风险分界线将社会风险图划分为 3 个区域，即不可接受区、尽可能降低区和可接受区。具体分界线位置如图 3-1 所示。

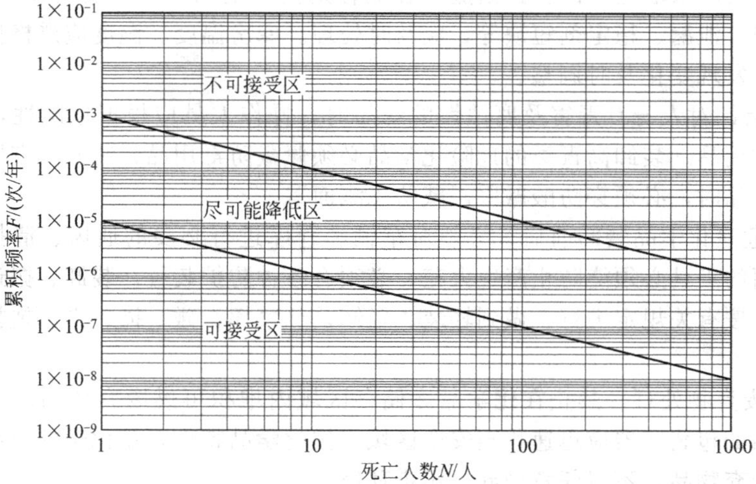

图 3-1 社会风险可接受标准

注：为避免发生大型灾难导致1000人以上死亡，社会可接受风险基准的横坐标上限为1000人，认为超过该上限的事故无论发生可能性的大小都是不可接受的

① 若社会风险曲线落在不可接受区，则应立即采取安全改进措施。

② 若社会风险曲线落在可接受区，则无须采取安全改进措施。

③ 若社会风险曲线落在尽可能降低区，社会风险处于可接受程度的边缘水平，需要在可实现的范围内，尽可能采取安全改进措施，如图 3-1 所示。

九、化学品仓库的管理

1. 安全注意事项

① 人员培训。化学品仓库工作人员应进行培训，经考核合格后持证上岗。对化学品的装卸人员进行必要的教育，使其按照有关规定进行操作。仓库的工作人员除了具有一般消防知识之外，还应进行在危险品仓库工作的专门培训，熟悉各区域储存的危险化学品种类、特性、储存地点、事故的处理顺序及方法。

② 危险化学品仓库只允许化学品库管人员出入，严禁其他人员在未经化学品库管员同意的情况下进入化学品仓库。供应商及生产领料员提供或领取化学品时，应通过库管员，严禁供应商及生产领料员擅自进入化学品仓库。

③ 严禁携带易燃、易爆物品进入危险化学品仓库。

④ 危险化学品仓库应有明显的标志，标志应符合相关国家标准的规定。符合条件的散装危险货物必须粘贴警示标志，标志也必须遵守一定的要求，如：标志必须按一定的尺寸要求制作；标志上必须提供正确的化学品名称、UN 号、危险编号、危险类别标签、次级危害标签等信息。

⑤ 化学品入库时，应严格检验其质量、数量、包装情况、有无泄漏等。化

学品入库后应采取适当的养护措施，在储存期内，定期检查，发现其品质变化，包装破损、泄漏、稳定剂短缺等，应及时处理。库房温度、湿度应严格控制，经常检查，发现变化及时调整。

⑥ 装卸对人身有毒害及腐蚀性的物品时，操作人员应根据危险性，穿戴相应的防护用品。装卸高毒类的危险化学品必须佩戴防毒用品；装卸具有腐蚀性的危险化学品时，必须穿防酸碱服，戴防飞溅面罩。

⑦ 危险化学品装卸前后，必须对车辆和仓库进行必要的通风、清扫，装卸作业使用的工具必须能防止产生火花，必须有各种防护装置。装卸、搬运危险化学品时应按有关规定进行，做到轻装、轻卸，严禁摔、碰、撞、击、拖拉、倾倒和滚动。

⑧ 废弃物处理。禁止在化学品库储存区域内堆积可燃废弃物品。泄漏或渗漏化学品的包装容器应迅速移至安全区域。按化学品特性，用化学的或物理的方法处理废弃物品，不得任意抛弃、污染环境。

2. 危险化学品仓库安全职责

① 负责全厂所需物资的供应工作。仓库保管员应严格执行危险化学品储存管理制度，熟悉储存物品的性质、保管业务知识和有关消防安全的规定。

② 严格执行危险化学品的出入库手续，对所保管的危险化学品必须做到数量准确，账物相符，日清月结。每月月底盘点出入库清单，完成当月原材料、产成品盘点报表。

③ 负责按消防要求对仓库内的消防器材进行管理、定期检查、定期更换。

④ 负责对库房进行定时通风，通风时不得远离仓库，做到防潮、防火、防腐、防盗。

⑤ 负责库存物品按要求分垛储存、摆放，留出防火通道。

⑥ 负责对因工作需要进入仓库的员工进行监督检查，严防原料、产品流失。

⑦ 负责及时清点库存，做到心中有数，以便按生产计划提前上报采购计划，保证生产。

⑧ 负责劳保用品的管理、发放工作。

⑨ 负责仓库内及其周围的卫生，定期进行清扫。

⑩ 按时完成与库管相关的其他工作。

3. 安全设施

① 自备库房门应根据危险化学品性质相应采用具有防火、防雷、防静电、防腐、不产生火花等功能的单一或复合材料制成，门应向疏散方向开启且为平开门。

② 自备库房照明灯具、电气设备和输配电线路应采用防爆型电气设备。

③ 自备库房照明设施和电气设备的配电箱及电气开关应设置在库外，并应可靠接地，安装过压、过载、触电、漏电保护设施，采取防雨、防潮保护措施。

④ 自备库房及其出入口应设置视频监控设备。

⑤ 自备库房应有防止小动物进入的设施。

⑥ 应配备灭火器等消防器材，且其类型和数量符合 GB 50140 要求。

⑦ 危险化学品商店应按照 GB 2894 设置安全警示标志。

⑧ 火灾危险性甲类、乙类的危险化学品专用库房内电气设备应参照 GB 50058 的要求使用防爆型电气设备。

⑨ 危险化学品仓库防雷、防静电应符合 GB 50057、GB 12158 的要求。

⑩ 危险化学品仓库应设置通信、报警装置，有供对外联络的通信设备，并保证处于适用状态。

⑪ 储存易燃气体和毒性气体的危险化学品专用库房应按照 GB 50493 配备相应的气体检测报警装置，并与风机联锁。

⑫ 易产生粉尘、蒸气、腐蚀性气体的专用库房应使用密闭的防护措施。剧毒物品的专用库房还应安装机械通风排毒及处理设备。

⑬ 危险化学品仓库应在库区建立视频监控系统，并做到仓库全覆盖。

⑭ 危险化学品专用库房、作业场所和安全设施、设备上，应按照 GB 2894 设置明显的安全警示标志。

⑮ 危险化学品仓库应按照 GB 50016 和 GB 50140 设置消防设施和消防器材。

⑯ 危险化学品仓库应根据 GB 30077 配备相应的防护装备及应急救援器材、设备、物资，并保障其完好和方便使用。

⑰ 危险化学品专用库房应有防止小动物进入的设施。

4. 危险化学品仓储管理制度

① 库房的建筑设计必须符合《建筑设计防火规范》(GB 50016)、《仓库防火安全管理规则》(1990 年 3 月 22 日公安部令第 6 号)、《爆炸和火灾危险环境电力装置设计规范》(GB 50058)《建筑物防雷设计规范》(GB 50057) 和《石油化工企业设计防火规范》(GB 50160) 等法规和标准的规定。

② 仓库配备足够的与危险化学品性质相适应的消防器材，并由专人维护和保养。

③ 危险化学品必须分类、分垛储存，每垛占地面积小于 $100m^2$，垛与垛间距大于 1m，垛与墙间距大于 0.5m，垛与梁、柱间距大于 0.3m，主要通道的宽度大于 2m。

④ 在仓库堆垛设立明显的防火等级标志，出入口和通向消防设施的道路应保持畅通。

⑤ 危险化学品仓管部门根据物品的危险性，为保管员配备必要的防护用品、器具。

⑥ 危险化学品入库时，保管员应按入库验收标准进行检查、验收、登记，严格核对和检验物品的名称、规格、安全标签、质量、数量、包装。物品经检验

合格方可入库。无产地、品牌、安全标签和产品合格证的物品不得入库。

⑦ 危险化学品的发放，应严格执行发放管理制度。仓库负责人应经常检查核准。

⑧ 易燃、易爆危险化学品仓库要采取杜绝火种的安全措施。经过批准进入仓库的机动车辆必须安装阻火器，作业人使用的工具、防护用品应符合防爆要求。

⑨ 加强对防爆电气设备、避雷、静电导除设施的管理，选用经国家指定的防爆检验单位检验合格的防爆电气产品。

⑩ 易燃、易爆品仓库内的各种安全设施，必须经常检查、定期校验、保持完好状态，做好记录。

⑪ 储存易燃和可燃物品的仓库、堆垛附近，不准私自动火作业，如因特殊需要，应由仓库负责人上报，经企业有关负责人指认，采取安全措施后才能进行上述作业。作业结束后，检查确无火种，才可离开现场。

5. 防泄漏安全技术

① 专门设定危险品和废品集中存放区域是必要的，这个区域不见得一定要大，但必须安全管理。

② 只有少数训练有素的人才可以接近，他们了解安全和健康问题以及废品处理规定。

③ 在这个区域明显标识危险品或危险废品集中区域。

④ 不要在下水沟附近储存危险品。

⑤ 按照物质相容性储存。互相抵触的物品严格分开储存，如高锰酸钾与甘油、松节油、酒精及丙酮；氰化钠与盐酸或硝酸盐；过氯酸与乙醇；铝粉与过硫酸铵；氯酸盐与硝酸铵、硫化锑或硫黄；铬酸酐与乙醇、硫酸或硫黄；硝酸与乙酸酐；硝酸铵与锌粉；硫氰化钡与硝酸钠；硝酸与噻吩或碘化氢；过氧化物与镁、锌或铝粉；氯酚盐、过氯酸盐与硫酸；黄磷、红磷与硝酸、硝酸盐或氯酸盐；氧化汞与硫黄；镁与磷酸盐；氧与有机物或油类；发烟硝酸与硫化氮；丙酮与双氧水；苯与过氯酸；氢气与氯气或氟气；氨与氯气或氯化氢；氯与乙炔或乙烯等等一定要分开储存。金属钠和硝化棉、丙酮和碳化钙、红磷和碳化钙、乙醇和苯、硫黄和 H 发泡剂等灭火方法不同的危险化学品不能同库储存。

⑥ 不要把杂物或废物挡住进出口和安全通道。

⑦ 废物存储要远离大门，避免泄漏到外面环境。

⑧ 在仓库和存放化学品容器区域必须准备足够的泄漏应急处理套装（足够的吸附物质和中和物质）、灭火器材，制订泄漏应急处理预案。

十、天然气泄漏的处置技术

随着城市建设和经济建设的飞速发展、人民生活水平的普遍提高和石油化学工业的发展，特别是西气东输工程投入运行以来，天然气作为优质高效的清洁能源，已逐步成为城镇燃气的主导气源，促进了社会经济的发展，且减少了对环境的污染。由于使用天然气的用户和单位越来越多，范围越来越广，一旦发生事故，就会严重危及公共安全。笔者结合前段时间常州市戚墅堰区大街主干道上一起天然气管道泄漏事故，对天然气泄漏事故处置谈几点粗浅看法。

1. 天然气的理化性质及特点

天然气是以甲烷为主要成分的气体混合物，同时含有少量的乙烷、丙烷、丁烷等烷烃，还含有二氧化碳、氧、氮、硫化氢、水分等。天然气一般无色，比空气轻，本身无毒，若含有硫化氢，则对人们有毒害性；我国管道天然气经过净化处理后，含硫量已大大降低，符合国家卫生环保标准，因此，我国管道天然气的毒害性极小，但是仍然具有一定的毒害性。当空气中天然气的浓度达到25%时，可导致人体缺氧而造成神经系统损害，严重时可表现为呼吸麻痹、昏迷、甚至死亡。由于天然气的主要成分是甲烷（CH_4），一般含量在95%以上，其特点是：

① 热值高（平均热值为$3.36\times10^4kJ/m^3$），燃烧稳定；

② 安全性高，天然气的燃爆浓度范围为5%～15%，而煤气为4%～35%，液化石油气为4%～24%；

③ 性能优良，价格比煤气和液化石油气低；

④ 方便、卫生。

故天然气已深受老百姓的青睐。

2. 天然气泄漏可能造成的危害性

① 影响居民的日常生活，情况严重的可能影响社会的稳定。由于天然气本身具有热值高、安全卫生的特点，现在城镇居民80%使用的是管道天然气。一旦主管道泄漏，它直接影响成千上万家居民的日常生活。在特定的时期、特定的环境下，若被不法分子利用，还可能造成社会的不稳定。2000年1月5日早上9时30分左右，位于乌鲁木齐市河南路南二路下的天然气管道突然发生了大爆炸，使这一地区的水、电、暖气全部中断，事故造成铁路局9000多户居民“断气”，部分地区停水停电，近30万平方米的暖气停供，给群众生产生活带来极大的不便。

② 可能造成群死群伤的重大事故。天然气的成分决定它是一种火灾危险性较大的可燃气体，与空气混合后，在空气中浓度达到5%～15%时，遇到火源就可能发生火灾爆炸事故，甚至造成重大伤亡。如1984年6月9日，墨西哥比亚埃尔莫萨东部约14.5km的农业区附近发生天然气管道爆炸事故，造成6人死亡，44人受伤；1992年3月15日，美国田纳西州田纳科的4条天然气管道中的2条发生爆炸，火焰高达61m，3家住宅被烧毁，至少5人受伤。

③ 天然气泄漏可能影响到其他关系到国计民生的重要部门，重要的交通线

路。天然气管道大部分在人员密集场所或重要交通要道通过之地，而且压力都比较大，一旦发生事故可能造成交通线路中断或其他重要事故。如 2007 年 9 月 5 日，常州市武宜路武进大桥下天然气管道破裂、起火，一度造成了交通中断。又如国家“西气东输”工程下游的配套项目——总投资 28.6 亿元的戚墅堰发电有限公司两台 39 万千瓦级燃气-蒸汽联合循环机组已投入运营，年发电量 27.65 亿千瓦·时；像这样的企业，一旦发生泄漏事故，将会造成巨大的损失。据不完全统计，2005 年 5 月以来，常州市发生的天然气泄漏事故就有 14 起，而且大部分是由于施工引起的管道天然气泄漏，这不得不引起我们相关部门的重视。

3. 天然气泄漏事故的原因分析

对我国城市燃气管道而言，由于建成并投入使用的时间不长，而且按照相关技术规程的规定要求对燃气管道采用高性能材料，外覆防腐绝缘层，并启用高度安全性的阴极保护装置，因此，外部腐蚀、管材缺陷等事故原因相对较少，目前最突出的问题是外部因素对城镇燃气管道的干扰和损害。一是施工单位在未办理交底手续的情况下盲目施工，这类原因占事故发生总数的 40%以上；二是在管线保护区内擅自动用机械器具；三是施工过程中管线保护技术措施不力，如 2007 年 10 月 9 日，在常州市戚大街上，某建设单位在施工时，明知地下有天然气管道，还盲目施工，运用挖土机将一根中压（0.6MPa）$DN200$ 口径的天然气管道破坏，导致天然气大量泄漏；四是不法分子对燃气设施进行偷盗；五是埋在地下的管线或室外管线受腐蚀、震动或冷冻等影响，使管道破裂漏气；六是可能路面上经常有重型车通过，致使地基下沉而引起天然气管道阀门变形破损。

4. 天然气泄漏的处置技术

在处理天然气泄漏排除险情的过程中，必须贯彻“先防爆，后排险”的指导思想，坚持“先控制火源，后制止泄漏”的处理原则，设置警戒区，禁止无关人员进入，禁止车辆通行和禁止一切火源，严禁穿带钉鞋和化纤衣服，严禁使用金属工具，以免碰撞发生火花或火星。灵活运用关阀断气、堵塞漏点、善后测试的处理措施。如果只是微量天然气泄漏，没有火灾，则按照以下步骤进行初步控制：

① 用便携式可燃气体报警仪检测现场天然气浓度，确定泄漏点，并作标记，设置警戒区。

② 如室内天然气泄漏时，应立即关闭室内供气阀门，迅速打开门窗，加强通风换气。

③ 消防车到达现场，不可直接进入天然气扩散地段，应停留在扩散地段上风方向和高坡安全地带，做好准备。对付可能发生的着火爆炸事故，消防人员动作应谨慎，防止碰撞金属，以免产生火花。

④ 根据现场情况，发布动员令，动员天然气扩散区的居民和职工，迅速熄

灭一切火种。

⑤ 天然气扩散后可能遇到火源的部位，应作为灭火的主攻方向，部署水枪阵地，做好对付发生着火爆炸事故的准备工作。

⑥ 利用喷雾水吹散泄漏的天然气，防止形成可爆气。

⑦ 待抢修人员赶来后，实施故障排除，根据实际情况，更换或维修管段或设施。

⑧ 如果已发生火灾，则按照以下步骤进行初步控制：

a. 如果是天然气泄漏着火，应首先找到泄漏源，关闭上游阀门，使燃烧终止；

b. 关阀断气灭火时，要不间断的冷却着火部位，灭火后防止因错关阀门而导致意外事故发生；

c. 在关阀断气之后，仍需继续冷却一段时间，防止复燃复爆；

d. 当火焰威胁阀门难以接近时，可在落实堵漏措施的前提下，先灭火后关阀；

e. 关阀断气灭火时，应考虑到关阀后是否会造成前一工序中的高温高压设备出现超温超压而发生爆破事故；

f. 对气压不大的泄漏火灾，可采取堵漏灭火方式，用湿棉被、湿麻袋、湿布、石棉毡或黏土等封住着火口，隔绝空气，使火熄灭。同时要注意，在关阀、堵漏时，必须严格执行操作规程，并迅速进行，以免造成第二次着火爆炸。

⑨ 如果是输气管道泄漏：

a. 立即通知当地政府、公安、燃管、安监等部门，迅速组织疏散事故发生地周围居民，确保人民群众的生命安全，并告诉附近居民熄灭一切火种，严禁烧火做饭，关闭电源。

b. 协助当地相关部门，围控事故区域，在事故区域设置警戒线、警示标志，确保人民群众远离危险区。

c. 当泄漏天然气威胁到运输干线时，应协助当地政府立即停止公路、铁路、河流的交通运输。

d. 现场指挥人员进一步摸清事故现场泄漏情况，评估事故发展状况、影响范围，将情况立即汇报领导小组。

e. 采取一切必要措施封堵泄漏部位。在抢修焊接过程中，要用轴流风机强制排出沟管的天然气，并进行不间断的可燃气体监测和安全监护。

天然气泄漏处置过程中，在采取切断气源或降低压力等方法控制火势时，还应考虑降温及防止管道内产生负压而再次发生灾害。在火势得到控制后，应继续检查建筑物内和地下设施内燃气浓度，防止残余天然气引发再生灾害。

确保管道天然气安全无恙，不仅仅是消防部门一家的事，它需要社会各方面的配合和支持，更需要每个普通百姓的共同关心和努力。因此，需要加强宣传，提高全社会的安全防范意识。天然气管道网络延伸很广，涉及许多部门和单位，也关系到千家万户每个普通百姓，其安全知识的普及面越广越好、越深越好。总之，尽管燃气管道事故在我们生活中屡见不鲜，但我们绝不能讳疾忌医，必须学习了解、掌握使用燃气的危险特性和安全防范措施，做到出现事故能及时处置。

十一、液化石油气设备泄漏安全技术

1.介质特性

液化石油气是一种广泛应用于工业生产和居民日常生活的燃料，液化石油气从储罐、气瓶、管道和设施中泄漏出来很容易与空气形成爆炸性混合物。若在短时间内大量泄漏，可以在现场很大范围内形成液化石油气蒸气云，遇明火、静电或处置不慎打出火星，就会导致爆炸事故的发生。

(1) 理化特性

液化石油气主要由丙烷、丙烯、丁烷、丁烯等烃类介质组成，还含有少量 H_2S 等杂质，由石油加工过程产生的低碳分子烃类气体裂解气压缩而成。

液态液化石油气蒸发时要吸收大量的热，接触时要防止冻伤。

外观与特性：无色气体或黄棕色油状液体，有特殊臭味；闪点−74℃；沸点−42～−0.5℃，引燃温度426～537℃；爆炸下限2％（体积分数），爆炸上限9.5％（体积分数）；相对于空气的密度：1.5～2.0；不溶于水。

液化石油气的体积膨胀系数较大，随着温度升高，压力显著升高，因而液化石油气瓶超装极易发生爆炸。

(2) 危险特性

危险性类别：第2.1类易燃气体。

① 与空气的混合物按体积分数占13％或更少时可点燃的气体；

② 不论易燃下限如何，与空气混合，燃烧范围的体积分数至少为12％的气体。

燃爆性质：闪点低，引燃能量小（0.2～0.3mJ），极度易燃，受热、遇明火或火花可引起燃烧，与空气能形成爆炸性混合物。蒸气比空气重，可沿地面扩散，蒸气扩散后遇火源着火回燃。包装容器受热后可发生爆炸，爆炸破裂的碎片具有飞射危险。

(3) 健康危害

如没有防护，直接大量吸入有麻醉作用的液化石油气蒸气，可引起头晕、头痛、兴奋或嗜睡、恶心、呕吐、脉缓等；重症者可突然倒下，尿失禁，意识丧失，甚至呼吸停止；不完全燃烧可导致一氧化碳中毒；直接接触液体或其射流可引起冻伤。

(4) 环境危害

对环境有危害，对大气可造成污染，残液还可对土壤、水体造成污染。

（5）液化石油气设备泄漏事故的典型特征

液化石油气设备泄漏事故的典型发展过程是泄漏、气体爆燃、稳定燃烧、储罐爆炸和连锁爆炸。液化石油气设备泄漏后，迅速挥发扩散并与空气混合形成爆炸性混合气体，随时可能遇火星发生爆炸。爆炸后，高温火焰使储罐温度、压力迅速上升而发生储罐爆炸。储罐爆炸的威力远远超过气体爆炸，它产生的高温、冲击波和爆炸碎片对抢险人员造成伤害并严重毁坏其他储罐而造成连锁爆炸。抢险人员处在易燃气体包围之中，随时有伤亡危险。

2. 容易发生事故的部位

① 液化石油气储罐的气相进出口、液相进出口、排污口、放散口、液面计接口、安全阀接口、压力表接口等接管、阀门、法兰连接密封等部位失效或泄漏。

② 液化石油气管道法兰、阀门等连接密封部位失效或泄漏。

③ 液化石油气罐车装卸用软管、设备连接防震管泄漏或爆裂。

④ 液化石油气气瓶泄漏或爆炸。

3. 装备和器材

① 消防装备及器材。消防车、消防水幕、消防水炮、各种型号的干粉、二氧化碳灭火器、小型家庭式干粉灭火器。

② 防护器材。空气呼吸器、防化防静电工作服、防护隔热服、避火服、防冻衬纱橡胶手套、各种防毒面具。

③ 设备物资储备。吊车、干粉、可燃气体浓度测试仪、风向仪、不同规格带压堵漏卡具、夹具、高压注胶枪、手动高压油泵、防火花的专业施工工具、防爆电筒、适用石油液化气介质的密封胶若干。

④ 医疗救护车、常用救护药品。

4. 紧急处置

发生泄漏或泄漏火灾事故时应同时进行以下处置：启动本企业（使用单位、储存单位）、本地区（运输过程中）应急救援预案。抢险救援必须坚持以人为本的原则。

（1）报警

通知本企业管理、维修、应急抢险等相关人员到场处置。拨打 119、120，向消防等部门报警，通知供水部门对事故发生地段管线增压，并将事故情况及时报告当地质监、安监等有关部门。

（2）设定区域和疏散

根据地形、风向、风速、事故设备内介质数量、泄漏程度以及周边道路、重要设施、建筑情况和人员密集程度等，对泄漏影响范围进行评估，在专家的指导下设定危险区域、缓冲区域、疏散区域，实施必要的交通管制和交通疏导。

人员原则上应该向上风方向疏散，任何情况下都不能向下风方向疏散。远离事故源的下风方向人员可以横向疏散，无风时向远离事故源的方向疏散。

(3) 消除火种

立即在危险区域、缓冲区域、疏散区域内停电、停火，灭绝一切可能引发火灾和爆炸的火种。机动车辆一律就地熄火处理，关闭手机，严禁使用对讲机。用电装置保持原有用电状态，不得启动或关闭现场电源，可以采取远程控制方法关闭电源。进入危险区前用水枪将地面喷湿，以防止摩擦、撞击产生火花，作业时设备应确保接地。

(4) 关阀、断气、导流

若阀门未烧毁，可穿避火服，带着铜制管钳，在水枪的掩护下接近装置，关上阀门，断绝气源。

导流泄压。若各流程管线完好，可通过出液管线、排污管线，将液态烃倒入紧急事故罐，减少事故罐储量。

(5) 积极冷却，防止爆炸

① 打开喷淋水，对相关储罐进行冷却。组织足够的力量，将火势控制在一定的范围内，用射流水冷却着火及邻近罐壁，并保护毗邻建筑物免受火势威胁，控制火势不再扩大蔓延。

② 从一定距离以外，利用带架水枪以开花的形式和固定式喷雾水枪对准罐壁和泄漏点喷射，以降低温度和可燃气体的浓度。

③ 控制蒸气云。如有条件，可以用蒸汽或氮气带对准泄漏点送气，用来冲散可燃气体；用中倍数泡沫或干粉覆盖泄漏的液相，减少液化石油气蒸发。用喷雾水（或强制通风）转移液化石油气蒸气云飘逸的方向，使其在安全地方扩散掉。

④ 在未切断泄漏源的情况下，严禁熄灭已稳定燃烧的火焰。

⑤ 禁止用水直接冲击泄漏物或泄漏源，防止泄漏物向下水道、通风系统和密闭性空间扩散。

⑥ 对球形储罐发生泄漏燃烧时，应注意支柱高温失稳情况。

(6) 灭火剂选择

① 小火：干粉、二氧化碳。

② 大火：水幕、雾状水。在气源切断、泄漏控制、温度降下之后，向稳定燃烧的火焰喷干粉，覆盖火焰，中止燃烧。

(7) 泄漏处置

① 泄压排空。由安全阀口、放空管口或其他气相管口，经密闭管道泄放至临时火炬系统放散焚烧，或设置应急管线将物料倒至备用储罐。临时火炬系统应设在泄漏部位的上风向或侧风向 70m 以外，系统必须设有防回火装置。

② 控制泄漏源，在保证安全的情况下堵漏。

③ 各种堵漏方法

a. 注胶堵漏法：采用专用夹具、手动液压泵、注胶枪等附件进行夹紧注胶堵漏。

b. 注水堵漏法：利用已有或临时安装的管线向罐内注水，将液化石油气界位抬高到泄漏部位以上，使水从泄漏处流出，待罐内新鲜水有一定液面时，冒水快速进行堵漏。

c. 注水堵漏法应注意下列事项：

储罐的底部、下部或从储罐引出的液相管及其阀门泄漏时可用注水法，储罐引出的气相管及其阀门泄漏不能用注水法。注水法能否成功的关键是水垫层的高度能否达到泄漏点，液相管伸到罐底，水垫层能达到；而气相管伸到罐顶，水垫层不能达到。

液化气的温度应当处在50℃以下。液化气储罐的设计温度是50℃以下，注水作业应该在其设计温度范围内进行。注入水的温度不能高于液化石油气的温度，否则注入的水会对液化石油气起加热作用，使罐内压力增加，险情加剧。

所注水的体积加上液态液化石油气的体积应小于储罐容积的90%。观察储罐的液面计，当液面上升到警戒液位时，应立刻停止注水。

注水作业不能产生火源，当使用气站的水泵进行注水时，因水泵一般不是防爆型电器，要首先确认泵房、配电房等处的可燃气体浓度低于2%方可进行注水。

d. 先堵后粘法：堵塞后用黏结剂或金属薄片绑扎。

e. 螺栓紧固法。

f. 专用堵漏器或木楔子楔紧法进行堵漏。

④ 堵漏前的准备

a. 根据气体扩散情况确定停车位置和进攻方向。液化石油气的挥发扩散遵循着一定的规律。液化石油气液体泄漏后迅速挥发成气体，其密度为空气的1.5～2倍，气体会沿地面扩散，在地表面和低洼地带聚集，不易扩散。气体浓度从泄漏中心向外逐渐降低。近距离区域的气体浓度高于爆炸浓度上限，为高浓度区；稍远区域的气体浓度在爆炸浓度范围以内，为爆炸危险区；再向外的气体浓度低于爆炸浓度下限，为低浓度区。如果爆炸危险区或高浓度区出现火星，则爆炸危险区的气体发生爆炸，高浓度区的气体快速燃烧消耗。在这个短暂的过程中，高浓度区和爆炸危险区的气体温度飙升，体积瞬间膨胀，危害范围比原高浓度区和爆炸危险区还大，为伤害区，人员在此区域以内将受到伤害；伤害区以外为安全区。气体的扩散受泄漏量的影响，泄漏量大则扩散范围大。

气体的扩散还会受到风和地势的影响。泄漏事故发生的现场往往有风或地势不平，气体向下风方向和地势较低方向的扩散速度明显快于其他方向，形成不规则形状的高浓度区、爆炸危险区和伤害区。

消防车应停靠在泄漏点的上风、侧风、地势较高、距离泄漏点较远的地方。车头向外，以防风向变化时能迅速调整消防车停靠点。消防车的发动机皮带在高速运转时会产生上千伏的静电电压，其放电能量足以点燃液化气。汽车的众多电气设备都不是防爆电器，因此必须将消防车布置在爆炸危险区之外。

抢险救援应当选择从泄漏点的上风方向和地势较高方向接近泄漏点。在此方向上，爆炸危险区和伤害区半径小，而下风方向和地势较低方向爆炸危险区和伤害区半径大，因而从上风方向和地势较高方向更容易接近泄漏点进行侦察和堵漏。

b. 根据气体扩散情况划定警戒区。对于抢险救援来说，有重要意义的是爆炸危险区和伤害区。爆炸危险区以内要禁绝一切火源，防止气体爆燃。除进行有效防护的抢险人员以外，其他抢险人员应该被布置在伤害区以外。在实际抢险中，一般是划定一个包含爆炸危险区和伤害区，并考虑了安全系数的警戒区。可运用可燃气体浓度测试仪在泄漏现场周围各个方向测试气体浓度，浓度大于2%的范围以内为警戒区。因气态液化石油气密度比空气大，测试仪应布置在贴近地表处。因气体扩散受泄漏量、风力等条件的影响时刻在变化，警戒范围要根据测得的数值随时调整。

警戒区内要禁绝一切火源。液化石油气的点火能量仅为0.2～0.3mJ，普通火场中常用的电话、电台等通信设备，照相机、摄像机等宣传设备，手电筒、探照灯等照明设备，消防车、扳手等抢险设备都是潜在的火源，不能进入警戒区。进入警戒区使用的工具必须是无火花工具，电器必须是防爆电器。普通的铁质工具表面涂上石蜡可防止产生火花，水带接口等外露金属部分绑上胶带，可避免水带拖动时与水泥地面或其他金属碰撞产生火花，抢险作业时金属之间发生碰撞可能产生火花的部位，可用水枪对准发生碰撞的部位射水防止火花的产生。

c. 布置水枪阵地驱散气体。在划定警戒范围和选好进攻方向后，应尽快从外围组织强有力的水枪梯队，利用水驱动排烟机、喷雾水枪驱散空气中的液化石油气气雾，利用开花水枪驱散地面沉积气体，整体逐步推进，人为地将气体向下风方向和地势较低方向驱散，便于侦察人员、堵漏人员接近泄漏源侦察或堵漏。

d. 选择堵漏时机。在抢险救援过程中，堵漏作业一定要抓紧时间在白天进行，以免夜晚照明灯具、开关等打火引燃、引爆液化气。

⑤ 根据泄漏情况选择恰当的堵漏方法。抢险人员应当通过询问当事人、实地查看等方法查明泄漏的具体情况，为堵漏做好准备。抢险人员应当查明的事项有：系统是在漏气还是漏液，发生泄漏的是管道还是储罐，泄漏点的形状是圆孔状、环状、带状还是不规则形状等。

a. 管道、管道法兰、管道阀门泄漏的堵漏。管道、管道法兰、管道阀门出现泄漏点时，液化石油气的泄漏速度较慢，泄漏或燃烧点离罐体远，危险性较小。

停止输送气体，慢慢关闭泄漏点相邻部位的阀门，即可切断泄漏源，排除危险。如果相邻阀门不能关紧，为防止泄漏点周围形成爆炸性混合气体而产生危险，还可以暂时主动点燃液化石油气，让其稳定燃烧，等必要的抢险措施都准备好后，再扑灭火焰。当然这种处置方法要谨慎。

管道发生泄漏，可使用不同形状的堵漏楔、堵漏胶（适用于小孔洞或砂眼）、捆绑式充气堵漏袋（管道断裂堵漏）、金属堵漏套管、粘贴式堵漏工具（点状、线状泄漏）、电磁式堵漏工具（点状、线状泄漏）、金属外壳内衬橡胶垫等专用器具施行堵漏。

管道法兰发生泄漏，可采用螺栓紧固、注入式堵漏工具堵漏。

管道阀门发生泄漏，可采用阀门堵漏工具、注入式堵漏工具堵漏。

b. 罐体顶部或与顶部相连接的管道、法兰、阀门泄漏的堵漏。罐体顶部或与顶部相连接的管道、法兰、阀门出现泄漏时，泄漏物为气相液化石油气，泄漏量相对较小；抢险人员直接接触的是气体，冻伤的可能性较低。

上述部位泄漏可使用不同形状的堵漏楔、堵漏胶（适用于小孔洞或砂眼）、堵漏袋、粘贴式堵漏工具（点状、线状泄漏）、电磁式堵漏工具（点状、线状泄漏）等专用器具施行堵漏。

c. 罐体底部泄漏或液相管的管道、法兰、阀门泄漏的堵漏。罐体底部泄漏或液相管的管道、法兰、阀门泄漏，泄漏出的都是液体，泄漏速度快，泄漏量大，不仅难以控制，而且发生爆炸火灾的可能性大。

上述部位泄漏可采用注水堵漏法、不同形状的堵漏楔、堵漏胶（适用于小孔洞或砂眼）、堵漏袋、粘贴式堵漏工具（点状、线状泄漏）、电磁式堵漏工具（点状、线状泄漏）等专用器具施行堵漏。

d. 漏气和漏液两种情况的堵漏。漏气比漏液的危险性小。当液化石油气系统发生漏气时，液化石油气在系统内气化吸热，使系统内温度下降，压力也随之下降，有利于堵漏抢险作业。而漏液时液化气在系统外气化吸热，系统内的压力和温度下降不明显，另外如果液体喷到抢险人员的皮肤上，还会造成人员冻伤，不利于堵漏作业。

如何判别液化石油气系统是在漏气还是漏液呢？漏气时，由于液化石油气不再从空气中吸收热量，不会形成白雾；漏液时，由于漏出的液体在罐外气化吸热，使环境温度迅速下降，空气中的水分凝固形成白茫茫一片雾气，同时泄漏点会出现结冰现象。

发生漏气和漏液时堵漏的方法也不同，漏液时可使用冻结的方法堵漏而漏气时则不能。冻结法是在漏液处缠上一定厚度的绷带，可使用铜丝加固，然后浇水使绷带浸水。漏出的液体气化吸热，使浸水的绷带降温结冰，从而达到止漏的目的。

泄漏止住以后，绷带的温度又会逐步上升，尤其是在夏季或有太阳照射的情况下上升更快，使冰层破坏而再次泄漏。为防止气温上升破坏冰层，可用棉被进行覆盖并固定，起到遮挡阳光、保持局部低温的作用。

e. 根据泄漏点缺口形状决定堵漏材料：

泄漏点缺口为圆形时，可用尖木料堵塞。

泄漏点缺口为较长的带状时，应选择棉被、石棉被、加压气垫或汽车橡胶内胎等较平展的物品作垫，用安全绳、铜丝、石棉绳等加固，再给加压气垫或汽车橡胶内胎充气的方法堵漏。

泄漏点缺口为环状时，可用石棉绳、棉布条等进行缠绕堵漏。

泄漏点缺口为不规则的形状时，可用密封胶填塞，再用绷带、石棉绳加固的方法进行堵漏。

f. 燃烧阶段的堵漏：

直接止漏。如果泄漏燃烧点是在管线上而不是在储罐上，则可直接关闭阀门切断气源。

先扑灭火焰再堵漏。如果燃烧点就在储罐上，或燃烧点与储罐之间的阀门损坏无法关紧，则只能先扑灭火焰，再及时堵漏。

5. 液化石油气储罐发生火灾的扑救

其扑救不是短时间内能奏效的，由于第一出动力量往往不足以完成扑救任务，在这种情况下，首先到达现场的指挥员必须头脑清醒，在确认储罐“爆炸征兆”很平稳时，组织力量对燃烧罐及相邻罐进行强制冷却或者利用储罐安装的固定喷淋装置进行冷却；同时要求站内技术人员停止向罐内供气，减少罐内液化石油气量。

液化石油气储罐火灾的发生，往往从阀门处、管道连接处等易泄漏部位开始，消防人员要在气站技术人员的配合下，找准这些部位。

利用喷雾水枪掩护战斗人员的行动，并驱散周围泄漏的液化气体，清理罐周围的障碍，为下一步堵漏开辟通道，在火场指挥员的组织下调配充足的消防器材及灭火物资，做好灭火、堵漏准备。

积极排空，降低罐内液化石油气压力，降低泄漏处液化石油气流速。在要求站内技术人员停止向罐内供气的同时，利用倒置罐将燃烧罐及相邻罐内的液化气倒入倒置罐，减少燃烧罐及相邻罐内的液化气量及压力。

战斗展开。在控制火势、冷却罐体的前提下，要抓住有利时机及时转入进攻，集中优势兵力、物资向火点展开进攻，在短时间内压制、扑灭火焰。

堵漏的后勤保障。保证可靠的供水对堵漏抢险的成功至关重要。驱散液化石油气和对堵漏人员进行防护都需要大量冲水，供水一旦中断，堵漏抢险人员的安全就失去了保障。一起液化石油气泄漏事故往往耗水数千吨。要注意与供水部门的联络，必要时通知供水部门对事故抢险现场区域消防用水管线进行增压，保证供水充足。

供水中断的最常见原因是供电中断。警戒区划得过大，就有可能造成水厂、水泵站等部门停电从而导致停水。

6. 安全防护

① 个体防护。佩戴正压自给式呼吸器，穿防静电隔热服，在处理液态液化石油气泄漏时佩戴防冻伤防护用品，禁止使用非防爆型电器和工具。现场操作人员必须有消防水幕作掩护。

② 伤员处置

a. 皮肤接触：若有冻伤，就医治疗。

b. 吸入中毒：迅速脱离现场至空气新鲜处，保持呼吸道畅通。如呼吸困难应及时输氧；如呼吸停止，立即进行人工呼吸，并及时就医。

③ 现场检测。用可燃气体浓度检测仪随时监视检测危险区域、缓冲区域、疏散区域内的气体浓度，人员随时做好撤离准备。

④ 当出现下列情况之一时，应迅速果断地撤出现场所有人员至安全地带，并重新评估，确定危险区域、缓冲区域、疏散区域。

a. 当可燃气体浓度检测仪检测到液化石油气浓度超标时。

b. 在火焰体积因气体的扩大而加速增大，火势（尤其是燃烧的储罐或设施）的噪声不断增大，燃烧火焰由红到白，光芒耀眼，从燃烧处发出刺耳的哨声，罐体抖动，储罐变色，安全阀发出声响时（这些是储罐爆炸前的征兆）。

⑤ 对危险区域进出人员实行登记，做好事故现场人员及伤残人员的统计工作。

十二、液化天然气泄漏与扩散安全技术

1. 液化天然气（LNG）溢出后潜在的危害性分析

（1）LNG 泄漏的主要危害性

甲烷是一种低毒性的窒息性气体。大量 LNG 从 LNG 货舱的破损口溢出后开始气化。如果没有遇到点火源，则空气中甲烷的浓度可能会非常高，从而对船上的船员、应急人员或者其他可能暴露于正在膨胀扩散的 LNG 气团中的人员造成窒息危害。而且超低温的 LNG 可能会对溢出区域附近的人员和设备产生威胁。液态 LNG 接触到皮肤会造成低温灼伤。同时低温 LNG 可能对于钢结构和一般船舶的结构连接件，如焊接等具有破坏性的影响。所以 LNG 船舱破损或者接收终端发生泄漏后，根据船舶装载负荷和位置的不同，可以预期 LNG 将通过破损口溢出到水面或陆地上。必须要熟悉 LNG 的基本物性和危害性，研究降低潜在 LNG 溢出的危害性，正确进行人身安全防护。所以 LNG 溢出有可能降低运输船舶的结构完整性并损坏其他设备。

LNG 气化与空气形成爆炸性混合物，爆炸下限为 3.6%～6.5%（体积分

数，下同），爆炸上限为13%～17%，其火灾的爆炸危险性大，火焰温度高、辐射热强，最大爆炸压力0.68MPa，易形成大面积火灾。一般来说，气体的燃烧和爆炸可产生热负荷和压力负荷。通常用火灾所造成的热辐射损害的等级来建立火灾危险区。对于热负荷，美国国家防火协会推荐用5kW/m的热通量值来制定人员的防火距离。在此范围内，穿着适当工作服的人员紧急操作持续几分钟而不造成伤害。

天然气燃烧通常以较低的速度扩展，在正常条件下不会产生大的超压。被引燃的蒸气云将引起蒸气回烧到溢出源，这通常被称作"燃烧火球"，通常它产生相对较低的压力，因而对建筑物造成的压力损害相对较低。但在某些条件下如蒸气云流动扩散时湍流严重，或者周围遇到了阻碍，或者遇到了高压火源，燃烧速度就可能会出现快速加速，从而导致超压。

再者应该考虑LNG快速相变的危害。当较热液体和较冷液体之间的温差足以驱动冷液体迅速达到其过热极限的时候，就会出现快速相变，从而引起冷液体自发的快速沸腾。当低温的LNG和一种热液体（比如水）接触而被突然加热的时候，就可能出现LNG的快速沸腾气化现象，导致局部超压释放。这种现象的影响将会局限在溢出源附近，会对设备和构筑物造成广泛的损害。

（2）船舶碰撞损坏分析

目前，对于运输船舱意外损坏引起LNG扩散以及溢出扩散的危险性，都仅仅是一般性的推理分析。因为LNG运输船舶设计和目前LNG运输安全管理的结合，已经使LNG发生意外的可能性降低到了非常低的程度。在过去的40多年中，关于损坏或溢出的历史记录和信息都很少见。其良好的安全记录，很大程度上得益于LNG船的双层结构。目前很多使用中的LNG船舶都采用Moss球形舱。除了Moss气舱外，其他LNG船舶都设计成棱形的、衬有隔膜的气舱。

根据与LNG船舶相似的双层船壳油轮撞击的有限元模型，估计出船损坏的程度和撞击孔径的大小。碰撞事故所造成损坏的严重程度取决于撞击部位、船舶的相对速度和撞击相对位置和采取的缓冲或预防系统等。由于LNG船舶中附加了隔离层和三级保护壳，因此要有很深的穿透才能造成LNG船舱损坏。只有当大型气轮的撞击速度超过5～6kn（1kn=1852m/h，下同）的时候，被撞气轮的内舱壳才会被撞穿。对于游艇一类的小型船只，其动能通常不足以穿透双层船壳气轮的内舱壳。而且双层船的壳被穿透的时候，穿透的长度必须达到3m左右，内舱壳上才会被撞出缺口。

（3）意外溢出的蒸气扩散危险性分析

LNG泄漏时，起初会发生猛烈沸腾蒸发，随后蒸发率将迅速衰减至一个固定值，蒸气沿地面形成一个层流，从环境中吸收热量并逐渐上升和扩散，同时将周围的空气冷却至露点以下，形成一个可见云团。由于在大多数事故中存在点火源的可能性很高，所以意外溢出产生的热危险基本表现为LNG冷液池着火。室外的液池火灾，因为氧气供应充足，燃烧较完全，产生的有毒、有害气体易扩散，热辐射是其主要危害。而当没有点火源时，溢出的 LNG 可能会形成蒸气云。蒸气云团扩散是一个复杂的问题，具体范围取决于溢出位置和现场气象条件。风和湍流是决定蒸气扩散稀释的最直接原因，风速越大，湍流越强，蒸气的扩散速度越快，气体浓度就越低，危险消除的就快。美国桑地亚实验室选择了距地面以上 10m 处 2.33m/s 的风速和 F 稳定度的气象条件进行模拟，获得了蒸气扩散的爆炸下限距离。在假设损坏船舱的泄漏孔面积 $1m^2$ 溢出 40min 后，可以形成 $148m^2$ 的液池，扩散到爆炸下限的距离为 1536m。当泄漏孔面积为 $2m^2$ 时，仅 20min 后，爆炸下限的距离即达到 1710m。利用高斯扩散模型，分别绘出了假设情况下天然气连续扩散和瞬时扩散的等浓度图。连续低强度泄漏时，在相同的泄漏口径下，风速越大越有利于扩散，危害区域就越小，如穿孔泄漏直径同为 100mm，风速为 1m/s 和 5m/s 的爆炸下限距离分别为 400m 和 150m。而高强度的瞬时泄漏情况有所不同，大规模泄漏 3min 后，风速分别为 1m/s 和 5m/s 时，气体扩散达到最低爆炸极限的距离保守估计为 225m 和 1000m，即在泄漏初期，泄漏所造成的危险区域随着时间延长和风速加大而扩大，时间再延长，气体浓度降低，表现出的规律类似于低强度泄漏。

基于国内外对 LNG 泄漏模拟得出的结果和气体扩散试验，大型溢出所产生的蒸气云的扩散可能会超过 1000m。扩散范围的计算与所选择的模型、大气条件、泄漏源强等因素都有关系，如果发生 LNG 蒸气扩散，应当充分评估对于人身和财产安全的危险等级和潜在区域，采取危险减轻措施，开展快速引燃扩散云团和阻止溢出的步骤。

（4）意外溢出的火灾危险性分析

LNG 外溢蒸气遇到点火源时，产生的火焰以两种方式传播：一种是以预混合的发微弱光的火焰传播，从着火点顺风向传播；另一种是以发光的弥散火焰传播，逆风向移动，蔓延通过云层中燃料富集的部分，逐渐回烧到泄漏点。国内外进行了一批池火灾试验和计算机模拟，测得了一些 LNG 泄漏在水面上形成的池火的数据和火灾发生时的热辐射数据。桑地亚实验室利用标称火焰模型来计算。

2. LNG 泄漏危害评价与模拟中的不确定性

对泄漏事故进行风险评价，是减少事故危害性的一项重要措施。由于 LNG 的泄漏、扩散以及造成的火灾、爆炸和中毒事故等方面都存在极大的不确定性，给实际的管理和预测造成了很大困难。LNG 泄漏与扩散问题中主要不确定性因素如下。

（1）LNG 泄漏源位置与发生泄漏的概率的不确定性

LNG 从生产地到最终用户的运输过程中，经过许多装置和管线。在海洋运输船和接收装置甚至再气化过程中都有可能发生泄漏，但这种泄漏的概率是不能确定的。一般都是通过有经验的工程师利用其积累的知识与经验来进行评价。

(2) 泄漏与扩散模型的不确定性

对于危险性气体泄漏和扩散，国内外科研者都依据很多模型来进行研究，例如高斯模型、BM模型和FEM3模型等。但这些模型中都采用了大量的数学假设，由于假设条件与实际情况可能不符，所建立的模型势必有些不确定性。此外，模型中许多参数的选取也具有不确定性，例如对模型影响较大的气象因素，因为所采用的气象历史资料与实际状况的差异，也造成了评价和预测的不确定性。

3. 结论

① LNG船舶设计中附加隔离层和三级保护壳，要造成类似油轮撞击造成的相同的孔尺寸，其撞击速度要比撞击油轮高1～2kn的速度。对于小型船只，其动能通常不足以撞穿一艘LNG船壳。LNG运输船舶的结构设计具有防撞击、防泄漏和具有安全可靠性的特点。

② LNG意外溢出时具有较高的蒸气扩散和火灾危险性。溢出蒸气扩散达到最低爆炸极限的距离保守估计为1600m左右。一次LNG气舱的意外损坏，其孔尺寸在$1m^2$时，其潜在火灾热强度为$37.5kW/m^2$时的热危险距离溢出中心为177m。船体同时有三处受损，孔尺寸为$2m^2$的情况下，其燃烧的热危险距离估算将达到398m。

③ LNG泄漏与扩散的风险评价中存在很多不确定性问题，需要在模型的选择、危害区域确定和救灾应急措施过程中充分考虑。

第二节　设备防泄漏安全技术

一、换热器防泄漏安全处理技术

换热器是危险化学品生产系统中的重要设备，投资约占总投资的20%以上。按其结构来说，换热器主要有管式和板式。大部分换热器都是管式，包括固定管板式换热器、浮头式换热器和U形管式换热器。材质多为碳钢。

换热器最容易发生泄漏的部位是焊接接头处、封头与管板连接处、管束与板连接处、法兰连接处和管束。

列管泄漏会造成两种流体混合，降低产品质量或导致产品漏失，特别是在油气介质漏入冷却水中时，轻则污染水质，重则造成着火、爆炸事故。

1. 泄漏预防措施

预防换热器的泄漏，可采取以下七种措施：

① 保持良好的水质，防止微生物滋生和发生腐蚀。1998 年，齐鲁石化公司胜利炼油厂的联合装置冷却器大量泄漏，成为危及装置安全运行的重大隐患，通过开展循环水质攻关，及时解决了这一难题。

② 采取防腐措施，如对换热器芯子采取内喷涂或牺牲阳极防腐，对于关键换热器，应尽量用不锈钢芯子。

③ 注意清洗，换热器腐蚀的重要原因是垢下腐蚀。垢下金属表面因为氧浓差电池或有害氯离子、硫离子的沉积，引发严重腐蚀。通过高压水射流或化学清洗，去除污垢，可减轻腐蚀。

④ 在运行操作上，注意避免发生剧烈的温度变化（包括使用蒸汽清除换热器内外的污垢），因为急剧的温度变化会在局部产生热应力，使胀管部分松开而造成泄漏。

⑤ 推广应用新型换热器，如波纹管换热器，它把传统的直管变成波纹状，由于本身具有补偿功能，所以不易泄漏；而且换热效率比直管式提高一倍以上。波纹管通径一般相对较大，采用不锈钢材料，所以具有不堵、不结垢、不漏的优点。由于换热效率高，所需换热面积只是传统直管的一半，所以成本并不高。

⑥ 为避免管壳式热交换器管板连接部位的缝隙腐蚀破坏，采用背部深孔密封焊接效果最好。

⑦ 对于法兰泄漏，可采用自紧式结构螺栓，以防止螺栓随温度上升而伸长，使紧固部位松动。

2. 油品泄漏入冷却塔的迹象

油品泄漏入冷却塔有四种迹象：

① 生物生长加快。冷却水塔栅板上积累的黏质物，或者维持余氯浓度所要求的加氯量增加。胺或其他有机物泄漏也有同样的效果。

② 在冷却水回水出口的分配槽板处，用仪器可测出可燃气体。

③ 冷却水塔的各栅板层有热雾升起，这是高浓度的轻烃蒸气。

④ 回水管发生振动，这是由于其中有气体造成的。

发现冷却水塔处有油品泄漏后，应确定是哪个换热器泄漏。打开分配头顶部的放气阀，然后取样测定油品性质。

如果非关闭整套装置才能将有泄漏的换热器从系统中隔离出来，通常只好任其泄漏。当然，如果看到冷却水塔的栅板层雾气腾腾，或者气体检测显示烃气体浓度达到爆炸极限，必须立即停用泄漏的换热器，不能拖延。

3. 换热器内部的泄漏检查

（1）操作运行中的检查

目前主要是靠在低压流体出口取样，分析其颜色、黏度、密度来推测泄漏情况。至于管束检查，可将一端封头打开，再将壳程入口阀缓慢打开，查看哪根管子有物料流出则为漏管。

（2）停车检修时的检查

当换热设备从装置中切换出来后，常在全面拆卸之前，先进行充压查漏。在不充压一侧的低压排放口如果发现泄漏，就证明存在内漏。这时，应该将其封头拆下，装上固定管束用的试压用固定环，做进一步的试压查漏，根据漏水情况，找出穿孔、破裂及管与管板接头泄漏的位置。

对于管束内部，可利用光照、内窥镜或管内检查器进行肉眼检查。

4. 管束堵漏方法

管束泄漏以后，现场经常采用堵管方法应急，就是打塞子（锥形铁塞子或橡皮塞）堵死。即先临时关掉换热器，然后打开管程一端，查找到漏管后，往管束内打入橡胶塞子，一直打到另一端，最后注入密封胶将管束堵死。

值得注意的是，堵管法不但减少换热面积，而且往往不奏效。有关专家曾对变换气换热器管束做过试验，当第一次发现管束泄漏后，将占总数14%的泄漏管子予以堵塞，然后继续使用。结果，很快就发生了更严重的泄漏，造成管束报废。这是由于堵塞的管子内没有流动介质，其温度大致等于壳程介质的温度，若壳程为高温介质，这些已堵管子的温度还要大大升高，从而使已堵管和未堵管的温差很大，加速了自身的破坏。而且已堵管因温度高，将受到附加轴向压应力的作用；没堵的管束，特别是位于已堵管周围的管子，将受到拉应力的作用，也会加快自身的应力腐蚀破坏。

因此，应慎重采用堵管方法，宜尽量拆管更换，或用衬套粘接的办法解决热应力问题，就是在原管束内衬入金属套管或聚四氟乙烯管，注意端面间隙要处理清洁、涂胶均匀，固化良好后方可投用。

5. 管板连接处的堵漏

管板连接处的泄漏，应重新进行胀管、焊接或者粘接。当对某根管子进行胀管装配时，要对周围的管子进行再胀管，以免松动。

对于胀管部位不允许泄漏的设备宜采用焊接装配，但是管板的焊接难度较大，可使用胶黏剂修补，以避免焊接时刺穿的问题。粘接的施工工艺如下。

（1）表面处理

用压缩空气把管道中的残留水分吹干，再用橡皮塞子把管束堵住，塞子平面要比管子接口处略低，然后用砂纸或钢丝刷把面板及接合处清洁干净，然后清洗掉油污。

（2）配胶

选适应工作环境要求的胶黏剂，按规定比例混合均匀。

（3）涂覆

把胶黏剂涂布在面板上，尤其注意面板与管子的接合处。

(4) 清理

胶固化后，用小于管束的冲子把橡皮塞打进管束内，再用小型的锥形砂轮把管束内表面的胶打磨光滑，以方便用螺旋起子拔出橡皮塞。

举例如下：

① 缝隙蚀坑的粘接修补。不锈钢水冷器的法兰密封面常发生缝隙腐蚀。对于存在基准平面、只局部呈现蚀坑的，可以考虑采用贝尔佐纳高分子合金修补，或采用环氧钛粉、环氧不锈钢粉胶泥修补。如果整个密封面均呈环状蚀沟，只好采用车削整平办法。

为减轻缝隙腐蚀，可在已处理好的整个密封面上刷涂一层富锌涂料，或在垫片上薄薄涂上一层混有钼酸盐粉末、锌粉的密封油膏。

② 炼油厂漏油引起的危害及处理措施。国内大部分炼油厂的循环冷却水系统，在运行过程中存在着油品泄漏问题，以煤油和柴油居多。

漏油引起的危害主要有：

a. 在金属表面形成一层油膜，从而影响换热效果；由于油的黏附力强，和水中的悬浮颗粒（泥沙、腐蚀产物等）一起，在流速低的管壁上和死角沉积下来，形成污垢，降低了冷却效果，甚至造成堵塞。

b. 漏油是微生物的营养源，有助于其生长繁殖，特别是促进了厌氧菌如硫酸盐还原菌的繁殖，创造了产生点蚀的环境；把冷却水中的铬酸盐缓蚀剂还原，生成铬铁矿（$FeCr_2O_4$）型的化合物，或使铬酸盐浓度降低，加剧设备腐蚀尤其是点蚀。局部腐蚀的存在，极易造成设备腐蚀穿孔，严重影响到冷却器的安全、平稳运行。

c. 漏油会消耗日常投加的用于抑制微生物生长的氯的使用量，这时即使不停地加氯，仍然测不到余氯量。大量加氯会造成循环水中的 Cl^- 浓度过高，腐蚀系统内的不锈钢设备。结果导致氯气失去杀菌作用。这两方面的综合结果，使微生物处于良好的生长繁殖环境。

d. 造成水浊度急剧增高，增加排污量，造成环境污染。

因此，应加强运行期间的泄漏监测（如循环水含油量分析），运行良好系统的冷却水中含油量小于 10mg/L，一旦发现含油超标，应该立即采取措施。

二、化工泵防泄漏的密封应用技术

化工泵无泄漏是化工设备的永远追求，正是这种要求促成了磁力泵和屏蔽泵的应用日益扩展。然而真正做到无泄漏还有很长的路要走，比如磁力泵隔离套和屏蔽泵屏蔽套的寿命问题、材料的孔蚀问题、静密封的可靠性问题等。本文就密封方面的一些基本情况做简单介绍：

① 密封形式。对于静密封来说，通常只有密封垫和密封圈两种形式，而密封圈又以 O 形圈应用最广；介质的黏度对泵的性能影响是很大的，当黏度增加

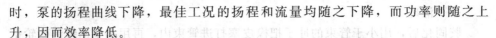

时，泵的扬程曲线下降，最佳工况的扬程和流量均随之下降，而功率则随之上升，因而效率降低。

一般样本上的参数均为输送清水时的性能，当输送黏性介质时应进行换算。对于黏度较高的浆类、膏类及黏稠液的输送，建议选用螺杆泵。

② 密封材料。化工泵静密封的材料一般采用氟橡胶，特殊情况才采用聚四氟材料；机械密封动静环的材料配置较为关键，并不是硬质合金对硬质合金就最好，价格高是一方面，两者没有硬度差也并不合理，所以最好根据介质特点区别对待。

对于动密封，化工泵很少采用填料密封，以机械密封为主，机械密封又有单端面和双端面、平衡型和非平衡型之分，平衡型机封适用于高压（通常指压力大于1.0MPa）介质的密封，双端面机封主要用于高温、易结晶、有黏度、含颗粒以及有毒挥发的介质，双端面机封应向密封腔中注入隔离液，其压力一般高于介质压力0.07～0.1MPa。

三、氨储罐泄漏事故安全处置技术

1. 氨罐泄漏

氨罐的巡检工作由运行班尾气岗操作员执行，正常情况下应每小时巡检一次，如遇天气或操作异常则增加巡检频次。在巡检过程中，发现氨罐泄漏，应立即通知班长，班长与车间值班领导联系并赶赴现场。车间值班领导赶赴现场后，应首先根据风向，指派人员戴好防护用具，用大量消防水顺风向冲洗泄漏出来的液氨，然后派人穿戴完好的防护用具观察泄漏点的泄漏部位。如泄漏点在罐体的根部阀后，即可安排人切断根部阀及泄漏部位与其他系统相关联的阀门，通知检修；如泄漏点在罐体根部阀前，应立即派人切断该罐与其他系统的连接，开启该罐与预置空罐相连的阀门，将罐中液氨压至备罐中。当该罐中液氨压完后，切断其与备罐之间的联系，将压力泄完后，通知检修抢修。

2. 液氨、气氨管线泄漏

由于液氨既是产品，又是原料，其管线较多，分布也较广，主尾装置都有。正常情况下，液氨、气氨管线的巡检分区域由主、尾操作员进行，每小时一次，如遇天气或操作异常，应增加巡检频次。巡检人员发现泄漏后，应立即通知班长，班长赶赴现场后，首先根据风向，指派专人佩戴必要防护用具，用大量消防水顺风向冲洗泄漏液氨，然后安排主、尾操作员切断泄漏管线上距离泄漏点最近且方便操作的前后阀门，通知检修人员抢修漏点。

3. 液氨装车管线及液氨槽车的泄漏

液氨的装卸由供应部液料装卸班负责，在装卸过程中，装卸人员应佩戴必要防护用具与槽车司机、押运员守在现场。如发现管线泄漏，应立即通知班长与运行班长，班长与运行班长赶赴现场后，运行班长依据风向安排人员顺风向用消防水冲洗泄漏液氨，并安排尾气操作人员佩戴好防护用具，关闭装车线与氨罐相连阀门，装卸班长依据风向安排装卸人员关闭装车阀门与液氨槽车根部阀，然后通知检修车间抢修；如发现槽车泄漏，应立即通知班长与运行班长，运行班长赶赴现场后，依据风向安排人员佩戴必要的防护用具，顺风向用消防水冲洗泄漏液氨，并安排尾气操作员佩戴防护用具后关闭氨罐与装车线相连阀门，装卸班长赶赴现场后，依据风向安排装卸人员佩戴必要用具开启卸车阀门，将槽车中液氨压入备用空罐中，同时关闭槽车泄压管线。槽车中液氨卸完后，关闭卸车管线阀门，开启向氨水池泄压阀门，待压力泄完后，通知槽车离厂。

4. 上报程序

泄漏发生后，现场人员应立即通知运行班长，运行班长报告车间领导，车间领导通知公司领导。运行、装卸人员负责现场泄漏的冲洗、事故的紧急处理，生产管理部门负责组织事故的进一步上报，人员的疏散、抢救，抢险物资的及时到位，人员上对运行的支持以及进一步的处理方案。

5. 日常要求

① 5 个液氨罐应保证有一个大罐和一个小罐保持低压空置，以备临时倒罐之需。

② 公司及两个车间领导值班期间应坚守岗位。

③ 任何时候，公司应留一辆车及一个司机 24h 在厂区值班。

④ 氨罐进行定期检测备案，严把装车程序，防止无证车辆装车。

⑤ 配备足够、完善的防护用具，消防器材、系统完好。

6. 立即请求启动事故应急救援预案

① 当班操作工发现储罐大量泄漏后，立即通知班长和调度并迅速通知冰机、合成等相关岗位采取措施。

② 当班值班长视情况指挥启动紧急停车程序。

③ 当班值班长要求调度立刻联系医务所、急救中心，准备抢救受害人员。

④ 要求调度立刻报告安环部及相关领导，并要求启动应急救援预案。

7. 紧急疏散人员，实行交通管制和明火管制

① 当班值班长在能力范围内组织相关人员立即通知附近及下风向人员撤离危险区域。

② 当班调度视情况通知扩散区域单位或居民撤离危险有毒区域。

③ 当班调度立即通知电工切断事故现场附近及扩散危险区域电源，并停止此范围内一切动火作业。

④ 立即通知经警队实行交通管制，禁止车辆、人员进入扩散区域。

⑤ 当班调度拨火警电话报警，并安排人员引导消防车辆。

⑥ 安环部调集消防器材做支援灭火准备。

8. 抢救伤亡人员

① 立即进行现场救护，将受害人员迅速脱离有毒区域。

② 厂医务所指导抢救受害者。

③ 将重伤人员送医院抢救。

9. 现场抢险堵漏

① 关闭泄漏部位上游所有阀门，切断来源。

② 关闭相通罐阀门，防止不漏罐内气体倒回。

③ 将发生事故的储罐余氨放空卸压或转卸至其他储罐或槽车。

④ 开启水幕，用水稀释。

⑤ 带压堵漏（对于小的孔洞、裂缝，可用棉纱堵或打木楔，或用棉被、麻袋、橡皮条等材料包裹后用铁丝绑紧，并用水稀释）。

⑥ 倒罐泄压（罐体开裂尺寸很大而无法止漏以及泄漏堵住后罐体维修时可把气体倒入空罐或压力较小的相邻罐）。

⑦ 安全注意事项：参加抢险堵漏的人员应严格执行防火防中毒的有关规定，佩戴好个人防护用具（戴自给正压式呼吸器，穿阻燃全密封防化服，堵大的泄漏时应穿棉衣裤），抢险堵漏应使用不产生火花的工具。

储罐爆炸前的征兆：储罐将发生爆炸时，火焰和声音发生明显的变化，火焰变得耀眼，声音由“呼呼”的急促吼声变成轻缓的“嘶嘶”声，有时也会发出刺耳的啸叫声。此时罐体开始颤抖，火焰与声音变化较短，随后声音消失，火焰向内回缩，即刻便会发生爆炸。

10. 事故善后

① 组织事故调查（经警队负责事故现场保护）。

② 分厂及当班人员协助调查组分析事故原因。

③ 分厂有关技术人员按事故性质递交事故报告。

④ 确定、处理事故责任人，制订防范及预防措施。

⑤ 伤害人员善后工作由厂有关部门组织。

11. 抢修、恢复生产

① 分厂协助安环部负责抢修条件符合安全要求。

② 机械分厂负责按安全规定检修及作业过程安全。

③ 分厂协助有关部门试压查漏及系统置换。

④ 轻负荷生产转入正常生产。

12. 注意事项

① 在应急救援预案启动前，事故现场的最高级别领导负责指挥工作。

② 所有现场人员应做好自身防护、防止二次伤害。

③ 储罐出现爆炸特征时，所有人员应立刻撤离危险区域。

④ 所有人员必须服从指挥，按专业人员要求办事，不得盲目蛮干。

⑤ 中毒后，不可做人工呼吸，可喷雾吸入浓度 2%硼酸溶液或浓度 5%的乙酸溶液。

第四章
泄漏检测技术及其应用

第一节　油气管道泄漏检测技术

一、放射性示踪剂检测

放射性示踪剂检测是将放射性示踪剂（如碘 131）加到管道内，随输送介质一起流动，遇到管道的泄漏处，放射性示踪剂便会从泄漏处漏到管道外面，并附着于泥土上。示踪剂检漏仪放于管道内部，在输送介质的推动下行走。行走过程中，指向管壁的多个传感器可在 360°范围内随时对管壁进行监测。经过泄漏处时，示踪剂检漏仪便可感受到泄漏到管外的示踪剂的放射性，并记录下来。根据记录，可确定管道的泄漏部位。这种方法对微量泄漏检测的灵敏度很高。该方法优点是灵敏度高，可检测百万分之一数量级，甚至十亿分之一数量级，但是由于放射性示踪剂对人身安全和生态环境的影响，因此如何选择化学和生物稳定性好、分析操作简单、灵敏度高、无毒、应用环境安全等特点的示踪剂，进行示踪检测是亟待解决的问题。

放射性示踪剂（radioactive tracer）亦称“放射性指示剂”，是以放射性为明显特征的示踪剂。常用的有碳 14（^{14}C）、磷 32（^{32}P）、硫 35（^{35}S）、碘 131（^{131}I）、氢 3（^{3}H）。放射性同位素氢（H）、碳（C）、磷（P）、硫（S）和碘（I）在生化反应中用来追踪路径，被广泛地使用着。放射性示踪剂也可用于追踪天然系统（natural system）中的分布，例如细胞或组织。放射性示踪剂还可以用来确认天然气冒出的位置，进而使用水力压裂（hydraulic fracturing）技术得到天然气。放射性示踪剂成了各种成像系统的基础，例如：正电子发射断层扫描（positron emission tomography，PET），单光子发射计算机断层扫描（single-photon emission computed tomography，SPECT 或 SPET）和锝（technetium）扫描。放射性碳定年法（radiocarbon dating）就是使用天然存在的碳 14 同位素作为大自然创造的任何生物的同位素标记物。

1. 方法

化学元素中的同位素中唯一不同的数值为质量数。例如，同位素氢有^{1}H，^{2}H和^{3}H，且左上角的数字代表其质量数。当同位素的原子核不稳定时，那含有这种同位素的化合物，判其为放射性化合物。其中氚（tritium，^{3}H）就是放射性同位素的例子。

2. 原理

使用放射性示踪物的原理是，一个在化合物中的原子被另一个相同化学元素的原子所取代。然而，这个取代原子其实是放射性同位素。这个过程通常被称为放射性标记。这个反应——放射性衰变与一般化学反应相比，可以产生更多的能量。因此，放射性同位素可存在于低浓度环境中，它的存在也可由灵敏度高的辐射探测器检测，如盖革计数器（Geiger counter）和闪烁计数器（scintillation counter）。乔治·查尔斯·德海韦西（George de Hevesy）因“在化学过程研究中使用同位素作为示踪物”（for his work on the use of isotopes as tracers in the study of chemical processes）获得1943年诺贝尔化学奖。其中放射性示踪剂的使用主要有两种方式：

① 一个标记的化学化合物发生化学反应，其中一个或多个产物会含有放射性标记。借由分析放射性同位素的状态可以得知想了解的化学反应其机制的详细资讯。

② 将某种放射性化合物引入生物体且放射性同位素提供了一个图像显示出该化合物和它的反应产物分布在生物体的方式。

常用的放射性同位素半衰期短，所以在自然界不存在，需经核反应产生。最重要的过程之一是原子核吸收一个中子，使相应元素质量数加1。例如：

$$^{13}_{6}C+^{1}_{0}n \longrightarrow ^{14}_{6}C$$

在这种情况下，原子质量增加，但元素保持不变。在其他情况下，生成的原子核不稳定发生衰变，通常会放出质子、电子（β粒子或α粒子）。当一个原子核失去一个质子时，原子数减1。例如：

$$^{32}_{16}S+^{1}_{0}n \longrightarrow ^{32}_{15}P+^{1}_{1}H$$

中子辐照在核反应炉中进行，因此示踪剂研究在靠近反应炉本身的地方进行。另一个合成放射性同位素的主要方法是质子轰炸，质子需要利用回旋加速器（cyclotron）或直线粒子加速器（linear particle accelerator）加速到高能量状态。

3. 示踪剂同位素

（1）氢

氚是通过$^{6}_{3}Li$的中子辐射产生的。

$$^{6}_{3}Li+^{1}_{0}n \longrightarrow ^{4}_{2}He+^{3}_{1}H$$

氚的半衰期为（4500±8）d（约12.33年），它是由β衰变而成。电子产生的平均能量为5.7keV。因为所发射的电子具有相对较低的能量，经由闪烁计数器的检测效率是相当低的。但是，氢原子因有存在于所有有机化合物中这个特性，因此氚经常在生化研究中作为示踪剂。

（2）碳

${}^{11}_{6}C$衰变经由正电子发射发生，半衰期为20min。${}^{11}_{6}C$是其中一种常用于正电子发射断层扫描（positron emission tomography）的同位素。

${}^{11}_{6}C$的衰变是通过β衰变而成，半衰期为5730年。它在地球的大气层上层会不断地生产，所以在地表的环境中其含量非常小。然而，利用自然产生的${}^{14}_{6}C$来做示踪物研究并不实际。相反地，它是由可自然产生、占所有C的1.1%的同位素${}^{13}_{6}C$的中子辐照制成的。${}^{13}_{6}C$非常广泛地用于追踪有机分子通过代谢途径的发展。

（3）氮

${}^{13}_{7}N$衰变经由正电子发射发生，半衰期为9.97min，且它是由核反应产生的。

$${}^{1}_{1}H+{}^{16}_{8}O \longrightarrow {}^{13}_{7}N+{}^{4}_{2}He$$

${}^{13}_{7}N$适用于正电子发射断层扫描（PET）。

（4）氧

${}^{15}_{8}O$衰变经由正电子发射发生，半衰期为122s。可以用于正电子发射断层扫描。

（5）氟

${}^{18}_{9}F$衰变经由正电子发射发生，半衰期为109min。它是经由回旋加速器或线性粒子加速器，用此以发生质子撞击制成${}^{18}_{8}O$。它在放射性药物界是一个占有一席之地的同位素。它在PET中被用来标记氟脱氧葡萄糖（fluorine deoxidization glucose，FDG）。

（6）磷

${}^{32}_{15}P$是通过${}^{32}_{16}S$的中子撞击而得到的。

$${}^{32}_{16}S+{}^{1}_{0}n \longrightarrow {}^{32}_{15}P+{}^{1}_{1}H$$

它的衰变是经由β衰变而成，半衰期为14.29d。它通常用于生物化学上，研究蛋白质磷酸化激酶。

${}^{33}_{15}P$在${}^{32}_{15}P$之间的中子撞击中相对产率较低。这其实也是一种β发射，其半衰期为25.4d。虽然比${}^{32}_{15}P$更昂贵，但其所发射的电子能量较低，因而可以拥有更高的辨识率，例如DNA定序。

${}^{31}_{15}P$和${}^{32}_{15}P$两种同位素在标记核苷酸和其他含有一个磷酸基团的物种方面非常有用。

（7）硫

$^{35}_{16}S$是经由$^{35}_{17}Cl$之间的中子撞击取得：

$$^{35}_{17}Cl+^{1}_{0}n \longrightarrow ^{35}_{16}S+^{1}_{1}H$$

它通过β衰变而成，半衰期为87.51d。它被用于标记含硫氨基酸（amino-acids）、甲硫氨酸（methionine）和半胱氨酸（cysteine）。当硫原子在一核苷酸的磷酸基上取代氧原子，接着一个硫代基产生，所以$^{35}_{16}S$也能用于追踪磷酸基团。

（8）锝

$^{99}_{43}Tc$是一种用途很广的放射性同位素。它很容易在锝99m发生器中经由$^{99}_{42}Mo$衰变产生。

$$^{99}_{42}Mo \longrightarrow ^{99}_{43}Tc+^{0}_{-1}e+Ve$$

$^{99}_{42}Mo$钼（molybdenum）同位素具有大约66h（2.75d）的半衰期，所以，发生器大约有两个星期的使用寿命。大多数商业用Tc发生器采用柱色谱法（column chromatography），在Mo还处于钼酸的形式——MoO_4时会吸附在酸化氧化铝上（Al_2O_3）。当Mo衰变时，形成过锝酸盐TcO_4，由于其单电荷，所以不太能与氧化铝紧密结合。通过固定化柱，生理盐水溶液Mo洗脱可溶性Tc，导致在含有盐溶液的$^{99}_{43}Tc$作为高锝酸盐的溶解钠盐。过锝酸盐须利用还原剂如Sn和配体（ligand）来处理。不同的配体形成配合物（coordination complexes）而使锝在人体特定部位产生更强的亲和力。

$^{99}_{43}Tc$衰变是经由γ射线形成，半衰期为6.01h。其极短的半衰期确保检体内浓度的放射性同位素在几天之内有效地下降到零浓度。

（9）碘

$^{131}_{53}I$可由Xe经质子照射产生。Xe经质子照射产生Cs同位素，而Cs同位素产生时并不稳定，会衰减到$^{131}_{53}I$。同位素通常会在稀氢氧化钠溶液中以高同位素纯度提供碘化物和次碘酸。$^{131}_{53}I$也已经被橡树岭国家实验室（Oak Ridge National Laboratories）通过Te的质子撞击生产成功。

$^{123}_{53}I$衰变是经由电子捕获产生的，其半衰期为13.22h。其所发射的159keV的γ射线被用于单光子发射计算机断层扫描（SPECT）。127keV的γ射线也有射出。$^{125}_{53}I$经常采用放射免疫测定，因为它拥有相对长的半衰期（59d）和其通过γ计数器来检测具有高传感度的功能。

$^{129}_{53}I$与核武器有着莫大的关系。前苏联的切尔诺贝利核事故以及福岛核事故就是非常著名的例子。$^{129}_{53}I$的半衰期为1570万年，它用其低能量的β和γ射线放射，进行缓慢的衰变过程。它不能用作示踪剂，尽管它可以用在生物体上，包括人类，但也可能会被检测出对生物体有害的γ射线的存在。

4. 其他同位素

许多其他同位素已用于专门放射药理学研究。最广泛使用的是用于镓扫描的$^{67}_{31}Ga$。至于$^{67}_{31}Ga$会被挑来使用，如同$^{99}_{43}Tc$，是因为它是γ射线发射器而且各种不同的配体可以附着到Ga离子上，从而形成配合物，使其在人体内特定部位具有选择性亲和力。

在水力压裂中使用的放射性示踪剂的较详细说明可以参考下面的应用条目。

5.应用

在代谢研究中，氚和以标记的葡萄糖中常用的葡萄糖苷位（glucose clamps）测量葡萄糖摄取速率，脂肪酸合成以及其他代谢过程。虽然放射性示踪剂有时仍然用在人类研究中，我们所用的较稳定同位素示踪剂如$^{14}_{6}C$更适合用于当前人类苷位研究。放射性示踪剂也用于研究在人类和实验动物中脂蛋白的新陈代谢。

（1）医药

在医药学中，示踪剂被应用于一些检验，比如$^{99}_{43}Tc$应用在放射自显影（autoradiography）和核医学（nuclear medicine），包括单光子发射计算机断层扫描（SPECT），正电子发射断层扫描（PET）和显像。在为幽门螺旋杆菌（helicobacter pylori）所做的尿素呼气试验的常用剂量为经$^{14}_{6}C$标记的尿素检测幽门螺旋杆菌的感染与否。如果标记的尿素被位于胃中的幽门螺旋杆菌代谢，患者的呼吸将含有被标记的二氧化碳。在近几年来，利用富含非放射性的同位素物质$^{14}_{6}C$已成为首选方法，避免患者暴露于放射性环境中。

（2）工业

在水力压裂中，放射性示踪剂同位素被当作水力压裂液注射，以确认注入剖面和形成裂缝的位置。示踪剂的不同半衰期可用在水力压裂的每一个特定阶段中。在美国，每次注射的放射性核素的量会被列在美国核管理委员会（NRC）的指导方针上。根据指导方针，一些最常用的示踪剂有锑124（antimony）、溴82、碘125、碘131、铱192（iridium）和钪46（scandium）。在2003年，由国际原子能机构出版的刊物证实了经常使用的以上所有的示踪剂，并且表示，锰56（manganese）、钠24、锝99、银110、氩41和氙133（xenon）也被广泛使用，因为它们易于识别和测量。

二、体积或质量平衡法

管道在正常运行状态下，其输入和输出质量应该相等，泄漏必然产生量差。体积或质量平衡法是最基本的泄漏检测方法，可靠性较高。但是管道泄漏定位算法对流量测量误差十分敏感，管道泄漏定位误差为流量测量误差的6～7倍，因此流量测量误差的减小可显著提高管道泄漏检测定位精度。提高流量计精度是一种简便可行的方法，北京大学的唐秀家教授于1996年首次提出了采用三次样条插值拟合腰轮流量计误差流动曲线，动态修正以腰轮流量计滑流量为主的计量误差的方法。此方法能显著提高管道泄漏检测的灵敏度和泄漏精度。

质量或体积平衡法基于管道中流体物质流动的质量或体积守恒关系，即液体的注入量与流出量的差应等于管道内停滞的流体量。在管道运行稳定后，流入量与流出量视为相等，于是在检测管道多点位（或泵站两端）的输入和输出流量时，若差值大于一定范围，即表明所测管道内可能发生泄漏。管道中的流体物质沿管道运行时其温度、压力、密度、黏度等可能发生变化，容易产生误检。在实际应用中可由下式进行修正：

$$Q_L = Q_i - Q_o - Q_a$$

式中 Q_L——管道泄漏的体积流量；

Q_i、Q_o——测量段入口、出口的体积流量；

Q_a——与温度、体积、压力、密度、黏度等有关的管道内流体体积改变量。

当 Q_L 超过设定的阈值时，就进行预警和泄漏故障报警，泄漏点的位置可由下式来确定：

$$X = \frac{P_i - P_o + g\rho(h_i - h_o) - C\rho_o f_o L Q_o^2 / D^5}{C(\rho_i f_i Q_i^2 - \rho_o f_o Q_o^2)/D^5}$$

式中 X——上游站至泄漏点的距离；

P_i、P_o——上游站、下游站测量的释放和吸入压力；

ρ——上游站与下游站之间的流体平均密度；

ρ_i、ρ_o——上游站、下游站至泄漏点之间的流体平均密度；

h_i、h_o——上游站、下游站的压头；

C——系数；

f_i、f_o——上游、下游的流体平均摩擦系数；

L——泵站间管道长度；

Q_i、Q_o——管道上游、下游的体积流量；

D——管道直径。

使用质量或体积平衡法进行泄漏检测时，流量计的精度和管道中的流体物质存余量的估计对泄漏检测精度有一定的影响。为了减少流量计的测量误差，可采用拟合流量计流量误差曲线的方法，对计量精度进行实时在线校正，实现流量计的精度补偿。另外，流量计之间的距离不宜设置过远，以确保流量计之间管道中流体物质余量预测的精确性。质量或体积平衡法在检测运行状况不断变化的管道和泄漏量少的情况时，检测误差会较大，很难及时发现泄漏，需与其他方法配合使用。

三、负压波法

当管道发生泄漏事故时，在泄漏处立即有物质损失，并引起局部密度减小，进而造成压力降低。由于管道中流体不能立即改变流速，会在泄漏处和其任一端流体之间产生压差。该压差引起液流自上而下流至泄漏处附近的低压区。该液流立即挤占因泄漏而引起密度及压力减小的区域，在临近泄漏区域和其上、下游之间又产生新的压差。泄漏时产生的减压波就称为负压波。设置在泄漏点两端的传感器根据压力信号的变化和泄漏产生的负压波传播到上下游的时间差，就可以确定泄漏位置。该方法灵敏准确，无须建立管线的数学模型，原理简单，适用性很强。但它要求泄漏的发生是快速突发性的，对微小缓慢泄漏不是很有效。基于负压波的传播理论，提出了两种定位方法：

① 设计了一种能够快速捕捉负压波前锋到达压力测量点的波形特征点的微分算法，并基于此种算法进行漏点定位；

② 将极性相关引入漏点定位技术，通过确定相关函数峰值点的方法，进行漏点定位。

这两种定位方法是对泄漏时的压力时间序列分别从微分和积分，从瞬态和稳态两方面进行处理，提取特征值。这两种方法配合使用，相互参照，能够提高泄漏点定位的准确度。

目前，负压波法在我国输油管道上进行了多次试验，取得了令人满意的效果，但在输气管道上的试验并不多。有文献指出，负压波法完全适合于气体管道的泄漏检测，ICI 公司曾经使用负压波法在乙烯管道上进行过成功的试验。使用压力波法时，应当选用只对负压波敏感的压力传感器（因为泄漏不会产生正压波），传感器应当尽量靠近管道，而且要设定合适的阈值，这样可以更好地抑制噪声。

当输送管道发生泄漏时，以泄漏处为界，视输送管道为上、下游两个管道，由于输送管道内外压差的存在，使得泄漏处的液体迅速流失，压力突降。当以泄漏前的压力作为参考标准时，泄漏时产生的减压波就称为负压波。该负压波将以一定的速度向管道两端传播，经过若干时间后分别被上、下游的压力传感器检测到。根据检测到的负压力波的波形特征，就可以判断是否发生了泄漏，再根据负压力波传到上、下游传感器的时间差和负压力波的传播速度就可以进行泄漏点的定位。负压波检漏法不需要数学模型，计算量小，适用于发生快速的、突发性泄漏的场合，并且大多数只用压力信号，特别适合我国管道应用。采用负压力波进行泄漏检测和定位主要有相关分析法、时间序列分析法和小波变换法三种。

① 图 4-1 为相关分析法确定泄漏位置示意图，对压力测点 P_1、P_2 的压力信号进行相关处理：

$$R(r)=\lim_{T\to\infty}\left[\int_{-T}^{+T}P_1(t)P_2(t-r)\mathrm{d}t\right]/(2T)$$

$$r\in(-L/a,L/a)$$

式中 L——P_1、P_2 之间的距离；

a——负压力波传播的速度。

当没有发生泄漏时，相关函数将维持一相对恒定值；当发生泄漏时，R（r）

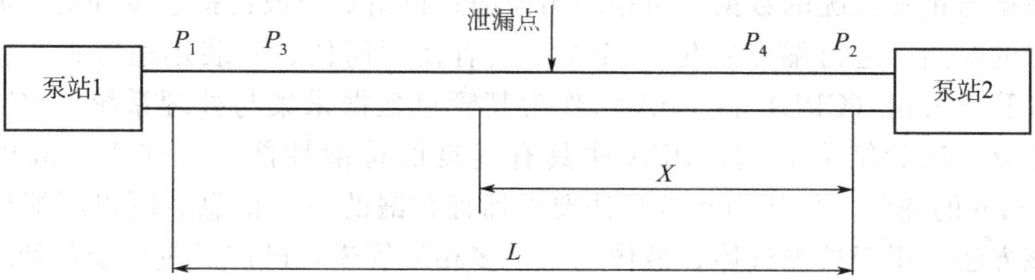

图 4-1 相关分析法确定泄漏位置示意图

将发生变化，当变化量达到一定数值时，则认为发生了泄漏。t_1、t_2 分别为负压力波到达 P_1、P_2 点的时间，当 $r=t_1-t_2$ 时，$R(r)$ 将达到最大值，即

$$R(r)=\max R(r), r\in(-L/a, L/a)$$

在理论上：

$$r_0=t_1-t_2=(2X-L)/a$$

泄漏点与 P_2 点之间的距离为：

$$X=(L+ar_0)/2$$

② 时间序列分析法是通过输送管道两端的压力传感器检测到的压力信号构成两个时间序列，分别对应于输送管道正常状态和泄漏状态，用 Kullback 信息测度对这两个时间序列进行分析，根据预先确定好的阈值按照一定的策略进行预警和报警，从而实现对输送管道的泄漏检测。但这种方法不能实现对泄漏点位置的定位，故不宜单独使用，但可与其他方法结合起来使用。

③ 小波变换法在噪声消除、微弱信号的提取和图像处理等方面，特别是对突变信号的处理具有明显优势，应用小波变换对负压力波信号进行“细化和放大”，捕捉负压力波信号的特征点，来实现对液体输送管道泄漏的检测和定位。例如，通过小波变换法来检测瞬态负压力波的下降沿进行泄漏检测，通过确定负压力波到达上、下游压力测点的时间差来进行泄漏点的定位。

应注意的是，除了泄漏，在泵和阀的正常操作时也有可能会产生负压力波，但泄漏产生的负压力波与正常操作产生的负压力波特征有较大区别，并且这两种负压力波方向不同。为确定负压波传播的方向，可分别在距 P_1 和 P_2 一定距离处再设两个压力测点 P_3、P_4（见图 4-1），利用 P_1 和 P_3、P_2 和 P_4 的组合即可检测出负压力波源的方向，只有检测到负压力波源来自 P_1 和 P_2 之间的某点，才认为是泵站外的管道发生了泄漏。

四、压力点分析（PPA）法

PPA 法是利用压力波原理发展的一种新型检漏方法，较其他方法体现了许多优点。该方法依靠分析由单一测点取得数据，极易实现。增添测点可改善性能，但在技术上不是必需的。在站场或干线某位置上安装一个压力传感器，泄漏时漏点产生的负压波向检测点传播，引起该点压力（或流量）变化，分析比较检测点数据与正常工况的数据，可检测出泄漏；再由负压波传播速度和负压波到达检测点的时间可进行漏点定位。PPA 法具有使用简便、安装迅速等特点。美国谢夫隆管道公司（CPL）将 PPA 法作为其管道数据采集与处理系统（SCADA）的一部分，试验结果表明，PPA 法具有优良的检漏性能，能在 10min 内确定 50gal/min 的漏失。但压力点分析法要求捕捉初漏的瞬间信息，所以不能检测微渗。该方法使用于检测气体、液体和某些多相流管道，已广泛应用于各种距离和口径的管道泄漏检测。

五、压力梯度法

压力梯度法是 20 世纪 80 年代末发展起来的一种技术，它的原理是：当管道正常输送时，站间管道的压力坡降呈斜直线，当发生泄漏时，漏点前后的压力坡降呈折线状，折点即为泄漏点，据此可算出实际泄漏位置。压力梯度法只需要在管道两端安装压力传感器，简单、直观，不仅可以检测泄漏，而且可确定泄漏点的位置。但因为管道在实际运行中，沿线压力梯度呈非线性分布，因此压力梯度法的定位精度较差，而且仪表测量对定位结果有很大影响，所以压力梯度法定位可以作为一个辅助手段与其他方法一起使用。

在管道上、下游两端各设置两个压力传感器检测压力信号，通过上、下游的压力信号分别计算出上、下游管道的压力梯度。当没有发生泄漏时，沿管道的压力梯度呈斜直线；当发生泄漏时，泄漏点前的流量变大，压力梯度变陡，泄漏点后的流量变小，压力梯度变平，沿管道的压力梯度呈折线状，折点即为泄漏点，由此可计算出泄漏点的位置，其定位原理如图 4-2 所示。

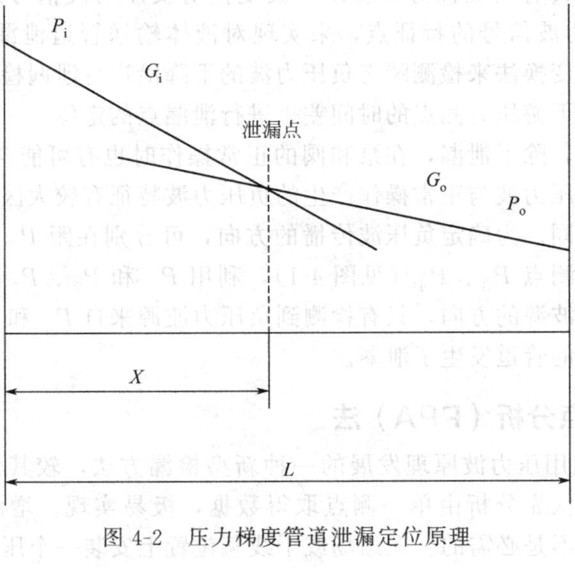

图 4-2 压力梯度管道泄漏定位原理

设管道沿线压力满足 $P_X = P_i - G_X$（P_X 为管道中距入口 X 处的压力，G 为压力梯度），则泄漏点与管道入口的距离 X 为：

$$X = \frac{P_i - P_o - LG_o}{G_i - G_o}$$

式中 P_i——入口压力；

P_o——出口压力；

G_o——泄漏点下游压力梯度；

G_i——泄漏点上游压力梯度；

L——管道长度。

在实际运行中，由于管道的压力梯度是非线性分布，因此压力梯度法的定位精度较差，并且仪表测量的精度和安装位置都对定位结果有较大的影响。针对这个问题，国内学者提出通过建立反映输送管道沿热力变化的水力和热力综合模型，找到更能反映实际情况的非线性压力梯度分布规律，对输送管道的泄漏进行定位。对于流体在黏度、密度、热容等特性随着沿程温度下降有较大变化的管道而言，该方法具有较大的优越性，但需要流量信号，并且需要建立较复杂的数学模型。

六、小波变换法

小波变换即小波分析是 20 世纪 80 年代中期发展起来的新的数学理论和方法，被称为数学分析的“显微镜”，是一种良好的时频分析工具。利用小波分析可以检测信号的突变、去噪、提取系统波形特征、提取故障特征进行故障分类和识别等。因此，可以利用小波变换法检测泄漏引发的压力突降点并对其进行消噪，以此检测泄漏并提高检测的精度。小波变换法的优点是不需要管线的数学模型，对输入信号的要求较低，计算量也不大，可以进行在线实时泄漏检测，克服噪声能力强，是一种很有前途的泄漏检测方法。但应注意，此方法对工况变化及泄漏引起的压力突降难以识别，易产生误报警。

七、互相关分析法

相关技术实质是在时延域中考察两个信号之间的相似性，包含自相关和互相关两个内容。油气输送管道管壁一般都是弹性体，流体发生泄漏时，流体受压力喷射而诱发弹性波并沿管壁传播。检测管道某两点处的弹性波信号，分析其互相关函数，利用相关时延技术便可判定是否发生泄漏及泄漏的位置。相关检漏技术是综合振动、测试、信号处理等许多学科知识的高新技术。用互相关分析法检漏和定位灵敏、准确，只需检测压力信号，不需要数学模型，计算量小。但它对快速突发性的泄漏比较敏感，对泄漏速度慢、没有明显负压波出现的泄漏很难奏效。

八、基于瞬变流模型的检漏法

该方法根据拟稳态流的假设，考虑了在瞬态条件下管道的流量变化和压力分布。对一条假设天然气管道的研究结果表明，即使是对于瞬态条件，该方法也比以往一些未考虑管道的流量变化和压力分布的常规方法更能准确地确定管道的泄漏点。这种方法也能应用于设有能引起管道流量分布突变的配气站的管道系统。

瞬态模型法主要针对动态检测泄漏，瞬时模拟管道运行工况，它可以提供确定管道存储量变化的数据，为流量平衡法提供参考量。使用管道瞬变流模型法的关键在于建立比较准确的管道流体实时模型，以可测量的参数作为边界条件，对管道内的压力和流量等参数进行估计。当计算结果的偏差超过给定值时，即发出泄漏报警。

九、应力波法

管线由于腐蚀、人为打孔原因破裂时，会产生一个高频的振动噪声，该噪声以应力波的形式沿管壁传播，强度随距离按指数规律衰减。在管道上安装对泄漏噪声敏感的传感器，通过分析管道应力波信号功率谱的变化，即可检测出流体的泄漏。由于影响管道应力波传播的因素很多，在实际中很难用解析的方法准确描述出管道振动。有人提出使用神经网络学习管道正常信号与泄漏信号，进而对管道的泄漏进行判断。

十、基于状态估计的方法

该方法根据质量平衡方程、动量平衡方程、能量平衡方程及状态方程等原理建模，得到一个非线性的分布式参数系统模型，通常可采用差分法或特征线法等方法将其线性化。设计状态估计器对系统状态进行估计，将估计值作为泄漏检测的依据，这就是基于状态估计的方法的基本原理。其中估计器可以是观测器，也可以是Kalman滤波器。根据建立模型的方法，这类方法可分为不包含故障的模型法和包含故障的模型法。

① 不包含故障的模型法。不包含故障的模型法的基本思路是：建立管道模型并设计估计器，模型中不含有泄漏的信息。当泄漏发生时，模型估计值与实际测量值将会产生残差，可用残差信号来进行检测定位。当泄漏量大时，该方法不可行。另外，该方法需要设置流量计，而且对于气体管道，检测和定位的响应时间太长。

② 包含故障的模型法。包含故障的模型法的基本思路是：建立管道模型时预先假设管道有几处指定的位置发生了泄漏，通过对系统的状态估计得到这几个预先假设的泄漏点的泄漏量估计值，运用适当的判别准则便可进行泄漏检测和定位。该方法在长9km、内径785mm的气体管道上，在80min内可检测出2%的泄漏量，并在100min内可完成定位，定位精度比较高。但当实际泄漏点不处于

指定泄漏点之间时，定位公式将无法使用。对于气体管道，检测速度相对较慢，仍需设置流量计。

十一、基于系统辨识的方法

通过系统辨识来建立模型是工业上经常使用的方法，与基于估计器的方法相比，具有实时性强和更加精确等优点，管道的模型也可以通过系统辨识的方法来得到。目前，采用的方法是在管道系统上施加M序列信号，采用线性ARMA模型结构增加某些非线性项来构成管道的模型结构，采用辨识的方法来求解模型参数，并用与估计器方法类似的原理进行检漏和定位。

为了对管道的泄漏进行检测，可以对根据管道实际情况建立的“故障灵敏模型”及“无故障模型”进行对比和计算。系统辨识法的局限性与不包含故障的模型法类似。基于模型法的一个共同的问题在于，检测管道泄漏时的响应时间长，特别是对于气体管道。这是由于气体的动态特性变化比较缓慢，实际测量信号的采样时间比较长的缘故。另外，基于模型的方法无一例外都要采用实际测量的流量信号，由于流量计价格昂贵，维护起来比较困难，因此，我国多数管道没有安装，而且受流量测量时流体成分、温度以及压力等参数变化的影响，测量的准确度比较低。

十二、基于神经网络的方法

由于有关管道泄漏的未知因素很多，采用常规数学模型进行描述存在较大困难，用于泄漏检测时，常因误差很大或易漏报、误报而不能用于工业现场。基于人工神经网络检测管道泄漏的方法，不同于已有的基于管道准确流动模型描述的泄漏检测法，能够运用自适应能力学习管道的各种工况，对管道运行状况进行分类识别，是一种基于经验的类似人类的认知过程的方法。试验证明，这种方法是十分灵敏和有效的。理论分析和实践表明，这种检漏方法能够迅速准确地预报出管道运行情况，检测管道运行故障并且有较强的抗恶劣环境和抗噪声干扰的能力。泄漏引发应力波适当的特征提取指标能显著提高神经网络的运算速度。基于神经网络学习计算研制的管道泄漏检测仪器简洁实用，能适应复杂工业现场。神经网络检测方法可推广应用到管道堵塞、积沙、积蜡、变形等多种故障的检测中，对于管网故障诊断有广泛的应用前景。

十三、统计检漏法

该方法采用一种“顺序概率测试”（sequential probability ratio test）假设检验的统计分析方法，从实际测量到的流量和压力信号中实时计算泄漏发生的置信概率。在实际统计上，输入和输出的质量流通过流量变化（inventory variation）来平衡。在输入的流量和压力均值与输出的流量和压力均值之间会有一定的偏差，但大多数偏差都在可以接受的范围之内，只有一小部分偏差是真正的异常。通过计算标准偏差和检验零假设，对偏差的显著性进行检验，来判断是否出现故障。泄漏发生后，采用最小二乘算法进行定位。

十四、水力坡降线法

水力坡降线法的技术不太复杂。这种方法是根据上游站和下游站的流量等参数，计算出相应的水力坡降，然后分别按上游站出站压力和下游站进站压力作图，其交点就是理想的泄漏点。但是这种方法要求准确测出管道的流量、压力和温度值。对于间距长达几十或几百公里的长输管道，由仪表精度造成的误差可能使泄漏点偏移几公里到几十公里，甚至更远，给寻找实际泄漏点带来困难。因此，应用水力坡降线法寻找长输管道泄漏点时应考虑仪表精度的影响。压力表、温度计和流量计等的精度对泄漏点的判定都有直接关系。把上、下游站这 3 种仪表的最大和最小两种极端情况按照排列组合方式，可以构成 64 种组合，其中有 2 种组合决定泄漏区间的上、下游极端点。目前这种方法较少采用。

十五、检漏方法性能指标

1. 泄漏检测性能指标

一个高效可靠的管道泄漏检测与定位系统，必须在微小的泄漏发生时，在最短的时间内，正确地报警，准确地指出泄漏位置，并较好地估计出泄漏量，而且对工况的变化适应性要强，也即泄漏检测与定位系统误报率、漏报率低，鲁棒性强，当然还应便于维护。归结起来可分为：灵敏性、定位精度、响应时间、误报率、评估能力、适应能力、有效性、维护要求、费用。

2. 诊断性能指标

① 正常工序操作和泄漏的分离能力：指对正常的起/停泵、调阀、倒罐等情况和管道泄漏情况的区分能力。这种区分能力越强，误报率越低。

② 泄漏辨识的准确性：指泄漏检测系统对泄漏的大小及其时变特性的估计的准确程度。对于泄漏时变特性的准确估计，不仅可识别泄漏的程度，而且可对老化、腐蚀的管道进行预测，并给出一个合理的处理方法。

3. 综合性能指标

① 鲁棒性：指泄漏诊断系统在存有噪声、干扰、建模误差等情况下正确完成泄漏诊断的任务，同时保证满意的误报率和漏报率的能力。诊断系统鲁棒性越强，可靠性就越高。

② 自适应能力：指诊断系统对于变化的诊断对象具有自适应能力，并且能够充分利用由于变化产生的新的信息来改善自身。

4. 存在的问题及发展趋势

（1） 存在的问题

在实际工程设计中，首先要正确分析工况条件及最终性能要求，明确各性能要求的主次关系，然后从众多的泄漏检测方法中进行分析，经过适当权衡和取舍，最后选定最优解决方案。

长输管道的泄漏检测与定位在工程实践中已取得了很大进步，同时也暴露了许多问题。例如，长输管道的小泄漏检测和定位仍是重点问题；增强泄漏检测和定位系统的自适应能力和自学习能力；将多种方法有机地结合起来进行综合诊断，发挥各自的优势，从而提高整个系统的综合诊断性能；有效解决长输管道的非线性分布参数的时间滞后问题等。

（2）发展趋势

目前的泄漏检测和定位手段是多学科多技术的集成，特别是传感器技术、模式识别技术、通信技术、信号处理技术和模糊逻辑、神经网络、专家系统、粗糙集理论等人工智能技术等的发展，促进了泄漏检测定位方法的实现。可对流量、压力、温度、密度、黏度等信息进行采集和处理，通过建立数学模型、信号处理、神经网络的模式分类，或通过模糊理论对检测区域或信号进行模糊划分，利用粗糙集理论简约模糊规则，从而提取故障特征等基于知识的方法进行检测和定位。

① 实现自适应　实际的输送管道是非线性时变参数系统，因此自适应算法的应用是液体输送管道泄漏检测技术研究的一个重要内容。由于人工神经网络具有并行分布、容错性、自组织、自联想、自学习和自适应等许多特点，因此在设备故障预测、监测和诊断领域的应用广泛，它也被用于输送管道泄漏的检测。但基于人工神经网络的检漏法仍处于试验阶段，还有许多亟待解决的问题。

② 滤波方法　实际输送管道的泄漏检测信号（如压力）中混杂着大量的噪声，这些工程背景噪声的幅度有时甚至可以将泄漏产生的有用信号淹没。因此，有效的滤波方法是液体输送管道泄漏检测技术研究的一个重要内容。

③ 虚拟仪器技术　由于液体输送管道泄漏检测的多样性和复杂性，单一的泄漏检测方法很难同时满足检测泄漏灵敏度、定位准确度、误报警率和及时报警等多项要求。为了提高输送管道泄漏检测的准确性和可靠性，应将各种泄漏检测方法有机结合，可使用虚拟仪器技术。因此，虚拟仪器技术的应用是液体输送管道检测技术的一个重要内容。利用虚拟技术，综合各种泄漏检测方法，通过开发不同的测试和分析软件模块，可以灵活、方便地构成以计算机为核心的全数字化的输送管道自动监控系统，系统将成为集测试、信号转换、数据分析和网络通信等为一体的综合性监控系统。这种系统模式将具有成本低、研制周期短以及系统的功能可增加和升级等显著特点。

④ 其他　将建立管道的数学模型和某种信号处理方法相结合；将管外检测技术和管内检测技术相结合；将智能方法引入检测和定位技术实现智能检测、机器人检测和定位等。

综上所述，泄漏检测方法很多，一条管道要选用哪种泄漏监测或检测方法则需要根据管道的设计参数、传输介质的参数、设备的经济性和数据通信能力来综合选择，没有一种单一的泄漏监测或检测方法可适用于任何管道。目前，对于液体长输管道的泄漏监测，负压波方法应用最广；而对于气体长输管道的泄漏监测，声波法应用最广。

无论采用何种方法，都要提高对微小的缓慢泄漏量检测的灵敏度以及对泄漏点定位的精度。在现有条件下，要按照科学的最佳管道泄漏检测与定位方法技术组合的方案，在现场运用中考虑各种检漏方法的特点，继续开发运用新型高效管道泄漏检测和定位的自动化技术方法，迅速、准确、及时地采用恰当措施发现、控制和解决险情，更好地保护和改善环境，保障人们的生命财产安全。

第二节　城市燃气管道泄漏的检测

一、燃气管道泄漏的危害性

在城市燃气输配系统中，受各种复杂因素的影响，无论是敷设在地下还是安装在地上的燃气管道，均存在泄漏的隐患。因此管道的检漏及其修复工作，已成为城市燃气输配系统安全运行的重要环节。

目前全国许多家燃气公司，特别是一些经营历史较长的公司，燃气供不应求的矛盾日渐突出，而且管道泄漏量在整个供应总量中占有相当大的比例。如：从某市燃气公司 2006 年燃气泄漏量（含计量误差）统计资料（详见表 4-1）中可知，燃气泄漏率达到 10.2%，泄漏燃气 $233.3\times10^4\,m^3/a$。

表 4-1　某市 2016 年燃气泄漏率调查统计

月份	燃气供应量/m^3	燃气泄漏量/m^3	泄漏率/%
1	168.0×10^4	20.2×10^4	12.0
2	173.2×10^4	30.3×10^4	17.5
3	186.8×10^4	16.8×10^4	9.0
4	192.2×10^4	18.0×10^4	9.4
5	189.7×10^4	4.3×10^4	2.3
6	195.8×10^4	9.3×10^4	4.8.
7	189.9×10^4	9.1×10^4	4.8
8	186.0×10^4	6.8×10^4	3.7
9	184.4×10^4	9.6×10^4	5.2
10	200.9×10^4	24.9×10^4	12.4
11	217.8×10^4	48.2×10^4	22.0

续表

月份	燃气供应量/m^3	燃气泄漏量/m^3	泄漏率/%
12	205.3×10^4	35.8×10^4	17.4
全年	2290.0×10^4	233.3×10^4	10.2

由于燃气泄漏引起的爆炸、火灾事故已严重危及人民的生命财产安全。如：2007年3月的一天傍晚，我国某市一处家属院的一幢六层建筑物发生燃气爆炸。强大的冲击波震碎了整幢楼的门窗玻璃，正因门窗的泄压作用，才使得楼房未被炸塌，但楼梯间及部分砖混结构松动错位出现裂缝。楼内的人员有3人重伤、多人轻伤。此次重大爆炸事故伤及16人，所幸没有人员死亡，但造成了大面积供气受影响，约6000户用户停气。在这次爆炸事故发生之前，曾有一名施工人员因燃气中毒送往医院接受治疗。事后查明，这次燃气爆炸和中毒事故是由于室外绿化工程施工机械挖土导致地下燃气管道断裂，使大量燃气由楼梯间弥漫入室而引起的。

据报道，在2004年7月间，位于比利时的布鲁塞尔西南32km处发生高压燃气输送管道泄漏爆炸事故。爆炸产生了巨大火球，强大的冲击波把遇难者尸体抛到远处。据初步统计，事故造成至少15人死亡，120人受伤，3人失踪。比利时消防部门发言人说："（爆炸点周围）0.5km范围内的停车场、农田以及烧毁的汽车中，到处都是伤员及尸体，看起来就像是一个战场，场面惊心动魄，损失极为惨重。"

城市燃气管道泄漏造成的危害还表现在某些意想不到的情况中。曾发生过地下燃气管道泄漏后，燃气透过土层并越过房屋基础窜入居民卧室内，熏死正在熟睡的人们。此类中毒死亡事故在国内外许多城市都出现过。

除此之外，燃气管道泄漏对城市低空大气的污染也较为严重，燃气泄漏对环境的污染已成为社会公害之一。

二、燃气管道泄漏的原因

燃气管道的敷设形式分为地上架空和地下埋设。地上架空管道主要有用户室内燃气管道、储配站、调压站内所有出地面后架设的燃气管道等。这一类管道的泄漏，除了阀门填料、压兰、法兰、用户表后旋塞阀泄漏外，主要是管道螺纹连接处受到外力作用而泄漏，而由管道本体缺陷所致的泄漏并不多见。地下输配管道的泄漏大多由接口松动或管道腐蚀、开裂、折断而引起。常出现泄漏的情况是接口松动，但其泄漏量较小。而泄漏量最大、最易发生事故的则是管道折断。经统计分析，埋地燃气管道泄漏原因可分为以下6点。

1. 管道材质差

有的管材和接口材料在管道敷设前缺乏仔细的质量检查，未及时发现管子裂缝、砂眼、孔洞及夹层等缺陷。铸铁管承插式接头用的水泥或橡胶圈，在储存期间易出现受潮变质或橡胶老化而失去密封作用，如果使用质量不合要求的接口材料，势必影响管道的气密性而出现泄漏。

2. 施工质量不符合标准

施工质量对管道气密性影响很大。新工人技术不熟练或老工人不遵守技术操作规程而造成的接口草率、管道连接不合理、沟底原土扰动、回填土不打夯等都会造成接口松脱和管道折断而泄漏。对于钢管，焊接质量差、焊缝没有焊透、焊缝存在夹渣、气孔、焊机电流过大熔伤母材、焊缝厚薄不匀等现象，都容易引起管道焊缝泄漏。如果管道施工时已经留下了泄漏隐患，应该在管道试压中发现并予以消除，倘若在试压时也敷衍塞责，那就必然后患无穷。由于施工质量问题造成的燃气泄漏程度，因管道压力不同而异，中压管道要比低压管道更为显著。

3. 管道腐蚀

燃气管道受外部酸性或碱性物质的腐蚀作用而穿孔泄漏的现象多见于钢管，但铸铁管也经受不住含强酸污水的日久侵蚀。如：某市搪瓷厂原有一条向外排放的酸性污水管道，与公称直径为300mm的铸铁燃气管道交叉，从该污水管接口中漏出的污水侵蚀着铸铁燃气管道，最终使铸铁管管壁腐蚀成疏散状而塌陷，大量燃气泄漏，后果相当严重。

燃气中含有的腐蚀性成分如硫化氢、氰酸铵、二氧化硫等与水分和溶解氧共同作用时，从管道内部产生的腐蚀也不可小觑。液化石油气混空气和天然气混空气作气源时，被输送的介质中掺入了大量的氧分子，大大加速了管道内壁的腐蚀。人们常常忽视管道的内腐蚀，实际上，燃气中含有的腐蚀性成分长久过量超标，管道内腐蚀速度也较大，会造成相当严重的后果。

4. 燃气管道折断

受施工条件的限制，敷设在车行道上的管道有的平行于道路，有的横穿道路。按工程设计规范要求，燃气管道在车行道下敷设时，管顶距地面不得小于0.9m。但局部地段管道受地形、坡度及其他地下构筑物影响，也有不足0.9m的情况。因此，管道就有可能因频繁地受到地面动荷载的扰动而折断。燃气管道被折断的现象多数出现在铸铁管道上，钢质管道极少被折断，但被强力拉裂拉开焊口的现象也时有发生。如：某市的人民公园门口，很长一段时间内，过往行人总能闻到明显的燃气味道，经察看发现燃气是从路边雨水井溢出的。开始时把查漏部位放在雨水井临近的人行道上，耗费了大量的时间和精力，采取了很多办法也未能找到泄漏点。最后把查漏重点转移到管道横穿道路的地段上，很容易就找到了管道折断泄漏部位。

5. 第三方施工的影响

城市给排水管道、热力管道、电缆、房屋等工程施工时，经常发生折断燃气管道和损坏管道接口等事故。如某市某街道原有一条铸铁燃气管道，当铁路部门敷设自来水管道时，将水管直接压在燃气管道上，原燃气管道基础被扰动，此后不久燃气管被折断，燃气漏入铁路通信电缆管内，继而通往铁路通信线路站中心值班室，险些酿成中断铁路通信的大祸。又如 2009 年某市某住宅小区地质钻探时，钻孔正好打在燃气管道上，使管道折断，造成大量燃气泄漏。因此，管道巡检人员应当与各在建市政工程现场的施工单位相互沟通，加强联系，在燃气管道附近有其他工程施工时，要到现场给予必要的配合，对可能会受到损坏的管段加以安全防护。

6. 温度的影响

燃气管道因大气温度、土壤温度、燃气温度的变化而有伸缩现象，而地下燃气管道很少设置补偿器。因此，管道接头容易发生松动、产生间隙而导致泄漏，伸缩严重时管道会在温度应力作用下遭到破坏。由于温度变化而引起的伸缩量和温度应力，地上架空管道比地下管道更为显著，但架空燃气管道一般都要设置补偿器。

三、泄漏检测方法

1. 户内燃气管道查漏方法

（1）管道试压

户内燃气管道系统试压时，可在燃气旋塞阀处接 U 形压力计，将进户阀门关闭。观察压力计读数，若发现水柱下降即说明存在泄漏。打开进户阀门，通入燃气，用涂刷肥皂水的方法检查接口、法兰、阀门、燃气表是否泄漏，这样能够很准确地找到泄漏点。

（2）配合查漏

户内系统查漏操作时，应手、眼、鼻、耳互相配合、协调动作。用眼察看涂过肥皂水的接口是否有鼓出肥皂泡的现象，用鼻靠近接口直接嗅是否有燃气味。泄漏量稍大时能很快吹开肥皂水而不起泡，可配合用耳来听，如发现有“嗤”的声音，即可断定有泄漏。燃气表的背面等不易涂肥皂水之处，除了听和嗅，还可用手伸到燃气表的背面靠触觉去测试，漏泄较为严重时，一般手背可感觉到泄漏点的位置。

户内燃气管道系统带气查漏时，绝不能图省事而直接使用明火，这样做严重违反安全操作规定，极易引起火灾或爆炸事故。

2. 地下燃气管道查漏方法

（1）使用检漏仪器查漏

城市燃气气源如果是含一氧化碳的煤制气，可以使用一氧化碳检测仪来查漏，这种利用气体化学反应的检测仪在日本使用较多。国内生产的一氧化碳检漏仪，在接触到含一氧化碳的气体时，便会自动发出声响报警。此外还有许多种利用气体渗透性、光学性能、泄漏声响等制成的检漏仪。

（2）管道井检查

在敷设燃气管道的道路上，可利用沿线给排水管道、电缆等管道井，来判断是否有燃气泄漏。

（3）巡查路旁树木

因燃气中含有少量影响植物生长的有害物质，若树木根部接触到燃气，树叶就会枯萎或变色。巡查燃气管道沿线树木的生长状况，便可以发现地下管道是否泄漏。

（4）利用凝水缸判断泄漏

地下燃气管道沿线设置的凝水缸一般按照抽水周期规律性地抽水。若发现某凝水缸抽水量突然有较大幅度增加时，就要怀疑有可能是管道出现裂缝。当管道埋设较深时，地下水的压力有可能高于管内压力（这种情况大多出现在低压燃气管道上），从而使外部积水反灌进入管道并流入凝水缸。因此，可以从管道抽水异常推断燃气管道的破损和泄漏。

（5）打孔查漏

沿着燃气管道的走向，在地面上每隔一定距离（一般为 2～6m）打 1 个孔洞，用嗅觉或检漏仪进行检查。发现有燃气泄漏时，再加密孔洞，通过气味浓淡来判断出比较准确的泄漏点，然后再破土查找。据悉，上海、大连等城市的燃气公司都组成了专业队伍，常年打孔巡检，效果很好。对于坚固的高级路面，可采取预先埋设检漏管的办法，不但可以检查燃气泄漏，还可以防止泄漏的燃气侵入建筑物内。检漏管装置见图 4-3。

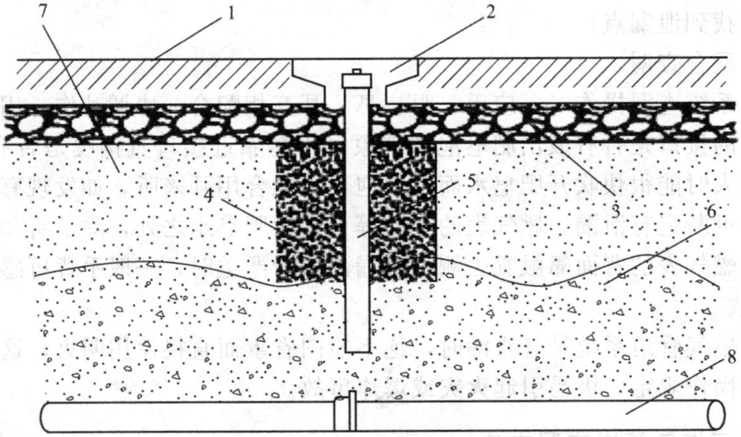

图 4-3 检漏管装置

1—路面；2—防护罩；3—石块路基垫层；4—夯实回填土；5—检漏管；6—碎石；7—原土；8—燃气管道

(6) 挖探坑

在管道位置或接头位置上挖探坑，露出管道或接头，检查是否泄漏。探坑的选择应结合影响管道泄漏的各种因素来分析，如遇管道经过车行道和人行道时，探坑应选在车行道上，或者调查是否有其他施工部门在附近施工等。探坑挖出后，即使没有找到泄漏点，也可以从坑内燃气气味浓淡程度，大致确定出泄漏点的方位，从而缩小查找范围。

(7) 堵球查漏

下面简述了一种堵球查漏法，笔者依据它的原理，研究改进成一种简单实用的检漏工具，见图 4-4。

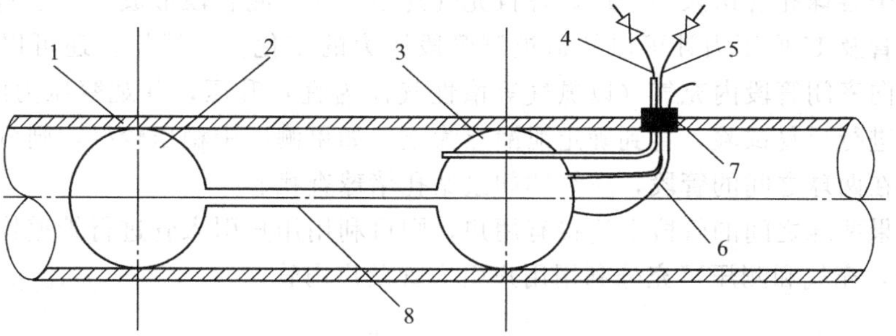

图 4-4 燃气检漏连通球

1—燃气管道；2—辅阻气球；3—主阻气球；4—测压软胶管；5—球胆充气软胶管；6—系拉带；7—橡胶塞；8—连通带

这种燃气检漏连通球工具，利用两只相互连通的橡胶球，在管道内制造一个局部密闭空间，用来检漏。这是一组用橡胶管连接起来的可充气的连体橡胶球胆，球胆充气软胶管是为主阻气球、辅阻气球充泄气用的专用管；测压软胶管穿过主阻气球通至两球间，它与主阻气球密封连接，但不连通，不影响连通球本身的整体密闭性，它的作用一是为管道内新制造的这个局部密闭空间充、泄气，二是充气后测压；系拉带是检漏完毕后为取出连通球而专设的；橡皮塞起密封作用，与软管和系拉带之间用橡皮泥密封。

该检漏工具使用中应注意如下事项：

① 放入管道之前要吹气检查连通球及其连通管是否完好。

② 往管道内放置时，要谨防锐物划伤而破坏密闭性，还要注意连通管不能扭结而阻碍两球的连通。

③ 该工具制作时两球之间距离（即连通管长度）不宜大于 5m。

④ 要选择适宜的型号，最基本的要求是：球胆具备一定的张力，球径小于管道内径时，管内压力能推动球胆行走，到位后球胆的膨胀量能使球径远大于燃气管道内径。

堵球查漏一般都在燃气管道内压力较低，且燃气不流动或流速极小的情况下进行。将连通球放置妥当后，用球胆充气软胶管充入空气升压使球胆膨胀，这样两球间就形成一个与两端隔绝的密闭空间。再用测压软胶管向此密闭空间充气(以氮气等惰性气体为宜)，达到一定压力后，停止充气。在测压软胶管的地面端接U形压力计测压观察，如果这段空间的管道壁有破损泄漏，则压力会下降。如此移动检查，即可确定泄漏点位置。在查漏实践中，这种方法比较实用，但还有一些弊端和不方便的地方。

依照图4-4的原理，笔者还研究出另外一种方法。具体做法是：先在有泄漏疑点的管段上钻3个丝孔（两侧为装球孔，中间是测压孔，怀疑的泄漏点在两个装球孔之间)，再将测压胶管一端从测压孔伸进两球间的测漏管段中，然后再分别从两个装球孔各送入一个球，各自充气封堵后使待测管段形成密闭空间。通过测压胶管及U形压力计可以知道被测管段压力的变化。如泄压，还可以通过测压胶管向密闭管段内充气（以氮气等惰性气体为宜）升压，并观察压力的变化。如此可进行反复试验，直到确定泄漏点为止。如果测试中稳压较好，则可确定漏气点不在两球之间的管段，应继续如法钻孔堵球查找。

如果两球之间的管段上连接有用户，则可利用用户引入管进行管道检漏（见图4-5)，充气和测压可充分利用用户引入管及户内管。

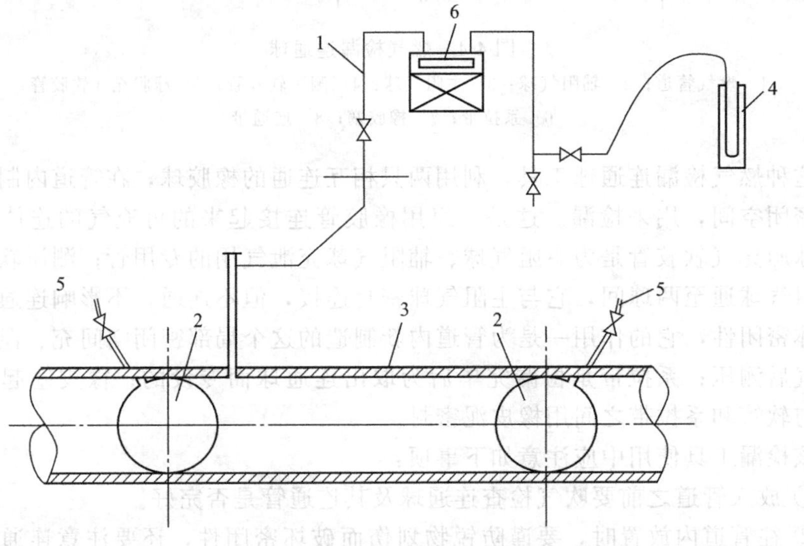

图4-5 利用用户引入管及户内管的管道检漏方法

1—户内管；2—橡胶阻气球；3—燃气管道；4—U形压力计；5—球胆充气管；6—燃气表

(8) 常年查漏、形成制度

燃气管道查漏应是输配管理的一项经常性工作。泄漏检查的次数应根据管道的运行压力、管材、埋设年限、土质、地下水位、道路的交通量、有无特殊构筑物、以往的泄漏记录等全面考虑后确定。巡检工作应有专人负责，常年坚持，形成制度。除平时的巡检管理外，每隔一定年限还应有重点地、彻底地检查一次。检查方法可结合管道的具体情况适当选定。

3. 泄漏维修

处理泄漏一般分两步走：第一步是紧急处理，泄漏部位一经发现，在工具和材料暂未备齐的情况下，必须立即采取紧急措施，使用破布、棉纱或泥巴等随手可得之物抢先堵住泄漏点；第二步是彻底消除泄漏，修复泄漏点应根据管道损坏的具体情况，采取相应的操作方法保证堵漏的可靠性、永久性。

（1）承插式接口泄漏的修复

修理铸铁管承插式接口泄漏时，一般情况下应停气进行修复操作。首先要确定接口填料的类别，然后才能开展修复的准备工作。对于青铅接口，修复前先把接口处泥土清理干净，然后使用铅凿、手锤捻紧铅口，铅口凹陷时，可加入一些铅线、铅条继续捻入接口内，直到接口完全不漏为止。对于水泥接口（包括纯水泥接口、膨胀水泥接口、石棉水泥接口、三合一水泥接口），应将接口内水泥部分或全部剔出，在打紧麻丝后重新配好水泥填料捻入接口，并覆盖湿破布养护。当泄漏接口位于车行道时，应将原水泥接口改为青铅接口，以改善接口性能。

（2）焊缝泄漏的修理

钢管焊缝开裂泄漏进行正式施焊修理时，应将燃气截断，管内用惰性气体或空气将燃气充分置换，或者保持正压带气操作。要绝对避免管道内燃气与空气混合浓度在爆炸极限范围内，必须充分保障施焊修理时安全操作条件。

（3）管子泄漏的修理

无论是铸铁管还是钢管，当管道出现腐蚀、裂口、折断而发生泄漏时，可使用夹子套筒修理。夹子套筒由两个半圆形的管件构成，当套住管子后，用螺栓连接起来，夹子套筒与管子外壁之间用密封填料像承插式接口一样进行处理。

（4）砂眼、孔洞的修理

铸铁管上出现砂眼、孔洞等缺陷时，可在缺陷上钻孔攻丝，然后用涂好铅油缠好麻丝的外螺纹堵头拧紧在管道上新钻制的带有内螺纹的孔内，封堵泄漏点。

（5）承插式机械接口泄漏的修理

燃气铸铁管承插式机械接口主要靠接口填料和橡胶圈来保障接口的密封性。此类接口发生泄漏多因接口填料松动，漏出的燃气直接接触到橡胶圈，日久橡胶会吸收燃气中的苯而发生变质，逐渐丧失密封作用。修理时，应拆下已损坏的橡胶圈，捻紧铅或水泥填料，更换新的橡胶圈后，用压兰将压力环压紧。

（6）其他

地下管道的使用年限因管材、土质、地基状况等的不同而有差异。按照铸铁管、钢管等不同材质和不同地段，对于经过一定运行年限或发生过多次泄漏的管道，应有计划地进行疏密有致的排查。对于腐蚀特别严重、泄漏部位较多、泄漏频繁的管道，应当果断予以更换。

第三节　法兰泄漏的检测和处理方法

阀门的法兰密封连接在接触部位之间根据设计要求安放密封垫片，依靠连接螺栓所产生的预紧力达到足够的比压，阻止介质向外泄漏。垫片材料和结构有：橡胶垫片、石棉橡胶垫片、石墨垫片、不锈钢和石墨缠绕式垫片、波纹管形和金属垫片。垫片密封属于强制密封。常用的平焊法兰夹具有很多结构，可根据泄漏部位的情况选用相应的平焊法兰夹具结构。

一、普通夹具堵漏法

该方法适用于法兰付间隙 6mm 以上的法兰。

1. 装夹具

① 把注射孔都装上注射阀，拧紧，使它们处于打开的状态。

② 泄漏孔附近保证一个以上的注射孔。

③ 注射孔内侧小孔的边缘应与法兰螺孔边缘贴近。

④ 调整夹具与法兰圆周间隙最小。

2. 紧固夹具

检查两半夹具的平面间隙，如果在 3mm 以下，最为理想，可以用加薄垫片办法，完成紧固夹具。如果平面间隙在 6mm 以上，则应检查夹具本身和法兰付相关面的情况，找出原因，采取处理或修理措施满足上述要求。

3. 镶入盘根

用盘根（大于或小于法兰付间隙）借助于小榔头逐步镶入到法兰间隙中去，其两端搭接长度 50mm 以上。也可以用截面尺寸较小的盘根在法兰付间隙上缠绕数圈并拧紧。

从螺孔注入接头上注入密封剂，用“0°操作法”或“中间操作法”注入密封剂消除泄漏，堵漏后螺孔注入接头可拆卸下来。

4. 凹凸面法兰、榫槽面法兰的特殊堵漏方法

在凹凸面或榫槽面法兰的泄漏点附近钻 $\phi3\sim4$mm 的孔直达凹槽中，然后用 G 形卡具或专用注射夹具注入密封剂即能消除泄漏。这种方法的关键是所钻注射孔必须对准凹槽中的泄漏点。

二、局部堵漏法

该方法用于压力不高的大直径法兰。

① 整体用固定夹具局部注入密封剂　采用着这种方法的原因是考虑到此法

兰的泄漏点消除后，其他地方出现泄漏时便于处理。装上固定夹具，在泄漏点的两侧加挡板，防止注入密封剂从局部密封腔溢出。挡板以螺栓为依托，插到螺栓上，上部嵌入夹具凹槽内用螺栓压紧，下部一直到达法兰凸台和垫片上，宽度等于法兰付间隙。调整好间隙后，按“中间操作法”注入密封剂并消除泄漏。

② 局部夹具　夹具的截面为凸形，两侧加盘根槽，注入密封剂压紧盘根。夹具宽度覆盖法兰付外圆周上，夹具的圆周长度应至少能覆盖泄漏点每侧一个小扇形（两个螺栓之间的空间）。夹具的固定靠在法兰螺栓上的带圆环螺栓，每个小扇形不得少于1个注射孔。按“中间操作法”注入密封剂并消除泄漏。

三、法兰付全密封方法

该方法用于法兰周边有缺陷泄漏和带透镜垫法兰泄漏。

① 按管道设计夹具。

② 在法兰付间隙中缠绕盘根或金属丝，防止密封剂进入间隙中去。

③ 用“0°操作法”注入密封剂消除泄漏。

四、焊（镶嵌）软铅法兰夹具

该夹具适用于温度、压力不高，法兰付间隙＜5mm 的法兰垫片泄漏。

1. 制作镶嵌软铅法兰夹具

在法兰夹具内圆切开比法兰间隙宽的槽，深5～8mm，然后在槽内镶嵌入软铅。

2. 确定注射密封剂接口

这种夹具可以在夹具圆周上开注射孔，如同普通法兰夹具一样，这时法兰付间隙最好在3～5mm，把夹具装在法兰付上定好位置后，可以用小钻头从注射阀上向软铅上通孔。如果法兰付间隙很窄，可以通过螺孔注入接头注射密封剂。可根据具体情况选用“0°操作法”或“中间操作法”加注密封剂。

五、填料充填法兰夹具

该夹具用于法兰付间隙在3mm 以下的法兰垫片泄漏。

1. 制作填料充填法兰夹具

夹具由两部分组成——填料盒和填料压盖。

2. 确定注射密封剂接口

用注射螺母取代法兰螺栓一侧螺母，通过螺孔注入密封剂。

3. 操作步骤和方法

① 用G形卡具在法兰付泄漏点附近加紧，松开螺栓一侧螺母，拧上注射螺

母。用同样的方法在其两侧分别逐一拧上两个注射螺母。

② 把夹具的填料盒部分装在法兰付圆周上，用相应尺寸的石棉盘根仔细填入填料盒内并捣密实。

③ 装上填料压盖，把填料压紧。

④ 用“中间操作法”注入密封剂，直到把泄漏消除。

⑤ 把其余需要注入密封剂的部位按照顺序注入密封剂。

⑥ 再用G形卡具夹紧，注意把注射螺母换下，装上原来的螺母。

六、用顶压注射法消除泄漏

当压力不高，泄漏不是很大时，可以用顶压注射法消除泄漏。其方法是：预先制作一块宽度等于平焊法兰付间隙的弧状压板，中间钻 ϕ4mm 注射孔，如有可能预先把软填料填入泄漏孔中，快速把压板压下，紧固顶杆，通过顶杆向泄漏点注入少量密封剂，即能消除泄漏。常见的法兰泄漏有以下3种：

1. 界面泄漏

密封垫片与法兰端面之间密封不严而发生的泄漏，主要原因：密封垫片预紧力不够；处理方法：适当增加预紧力。法兰密封面粗糙度不符合要求；处理方法：返修。法兰平面不平整或平面横向有划痕；处理方法：返修。冷或热变形以及机械振动等；处理方法：改善环境或材料选择。法兰连接螺栓变形伸长；处理方法：材料和不能超过许用转矩。密封垫片长期使用发生塑性变形；处理方法：更换。密封垫片老化、龟裂和变质；处理方法：更换。

2. 渗透泄漏

介质在压力的作用下，通过垫片材料隙缝产生的泄漏，主要原因：与密封垫片材料有关；介质的压力；介质的温度；密封垫片老化、龟裂和变质。

3. 破坏泄漏

由于安装质量而产生密封垫片过度压缩或密封比压不足而发生的泄漏，主要原因：安装密封垫片偏斜，使局部密封比压不足或预紧力过大，失去回弹能力；法兰连接螺栓松紧不均匀；两法兰同轴度（中心线偏移）偏斜；密封垫片选用不对即没有按工况条件正确选用垫片的材料和型式；界面泄漏和破坏泄漏会随着时间的推移而明显加大，而渗透泄漏的泄漏量与时间的关系不明显。

七、危险化学品企业泄漏的检测

在生产过程中要对泄漏进行有效的治理，就要及时发现泄漏，准确地判断和确定产生泄漏的位置，找出泄漏点。较明显的泄漏，人们可以通过看、听、闻、摸等直接感知发现，对于人们看不见、听不到、摸不到的场合或有易燃、易爆、有毒介质的危险场合，就要借助仪器和设备进行泄漏检测，用专用仪器可以进行在线检测，对于人们无法感知的细微泄漏亦可以准确检测其部位、程度，有利于企业及时发现安全隐患。

设备检漏方法有很多种，本文在“设备监测技术”中列举了许多方法，在具体应用中分别属于在线检测和离线检测两大类。举例说明如下。

1. 大型储罐的在线检漏方法

① 罐内介质的检测 如盘库、人工检尺、罐完整性测试（质量完整性、体积完整性）、自动计量、声发射等。如大型储罐罐底腐蚀状况在线声发射检测（TANKPAC），它是采用非清罐方法对储油罐罐底腐蚀状况进行检测/评估的专家系统，该技术是以对国外数千台油罐进行检测，并对其进行清罐检验对比而形成的数据库为基础建立起来的，其原理为：当材料出现裂纹、断裂、分层等状况时，会突然释放应变能而形成弹力波，被传感器收到后转变为电信号，进而由声发射系统来数字化和处理，根据对数据的分析作出检测结论，属非开罐在线检测，大大减少了由于盲目清罐所造成的损失并减少了安全事故。此外还有压力容器声发射检测（MONPAC）等。

② 罐外环境检测 如土壤检测、蒸汽检测、地下水检测、间隙检测等。如在罐区设置观察井，采用检测元件监测环境中的变化。

2. 大型储罐的离线检漏方法

① 罐底板试漏方法 常用方法有真空箱试漏法、漏磁扫描探伤、气体检漏和充水试压等。如用磁涡流扫描仪检测金属储罐底板的腐蚀状况，其原理是漏磁法，仪器上装有强磁铁，磁铁之间装有磁场强度传感器，当底板有缺陷时，磁场分布就会发生变化，传感器就能检测到这种磁场变化，该仪器能够准确测定腐蚀的深度、面积及裂纹的长度。

② 罐壁严密性实验试漏方法 常用方法有煤油试漏法、充水实验法、罐体壁厚检测等。如罐建成或大修后应进行充水实验，在充水过程中，逐节对壁板和逐条对焊缝进行外观检查。充水到最高操作液位后，持压48h，如无异常渗漏或变形，罐壁的严密性即为合格。

以上以大型储罐的检漏为例，对其他种类的设备，还有针对性的各种具体检漏方法，如对压缩机、蒸发器、冷凝器等设备，多采用真空箱充气检漏法等。

3. 有毒有害气体的检漏方法

气体扩散速度快，无色、无形，不易察觉，在化工企业生产过程中常涉及有毒有害气体，如有泄漏，极易发生中毒、爆炸事故。根据危害不同，我们一般将有毒有害气体分为可燃气体和有毒气体，其检测手段也有所不同。

① 可燃气体检测 用LEL检测仪检测可燃气体，当可燃气体浓度在10%LEL和20%LEL时发出警报，当LEL检测仪上显示100%时，即表明达到可燃

气体的最低爆炸下限，实际中常见的以 LEL 方式测量的检测仪有催化燃烧式检测仪；另外可用直接测量可燃气体的体积浓度的热导式 VOL 检测仪检测可燃气体，该检测仪特别适用于在缺氧的环境中测量可燃气体的体积浓度。

② 有毒气体检测　应根据不同种类有毒气体选择特定气体检测仪，对于特定有毒气体的检测，使用最多的是专用气体传感器，包括利用物化性质的传感器（半导体式、催化燃烧式、固体热导式等）、利用物理性质的传感器（热传导式、光干涉式、红外吸收式等）、利用电化学性质的传感器（定电位电解式、迦伐尼电池式、隔膜离子电极式、固定电解质式等）。

第五章

常用阀门原理及使用方法

第一节　化工常用阀门的原理及种类

阀门是化工管路上控制介质流动的一种重要附件，阀门由阀体、启闭机构、阀盖三大部分组成，本节着重介绍常用阀门的结构特点及正确使用注意事项。

一、阀门的作用

阀门是在流体系统中，用来控制流体的方向、压力、流量的装置。阀门是使配管和设备内的介质（液体、气体、粉末）流动或停止并能控制其流量的装置。阀门可用于控制空气、水、蒸汽、各种腐蚀性介质、泥浆、油品、液态金属和放射性介质等各种类型流体的流动。阀门是管路流体输送系统中的控制部件，它可以用来改变通路断面和介质流动方向，具有导流、截止、节流、止回、分流或溢流卸压等功能。用于流体控制的阀门，从最简单的截止阀到极为复杂的自控系统中所用的各种阀门，其品种和规格繁多，阀门的公称直径从极微小的仪表阀大至直径达10m的工业管路用阀。阀门可用于控制水、蒸汽、油品、气体、泥浆、各种腐蚀性介质、液态金属和放射性流体等各种类型流体的流动，阀门的工作压力可从0.0013MPa的低压到1000MPa的超高压，工作温度从－269℃的超低温到1430℃的高温。阀门的控制可采用多种驱动方式，如手动、电动、液动、气动、涡轮动、电磁动、电磁液动、电液动、气液动、正齿轮驱动、伞齿轮驱动等；可以在压力、温度或其他形式传感信号的作用下，按预定的要求动作，或者不依赖传感信号而进行简单的开启或关闭，阀门依靠驱动或自动机构使启闭件做升降、滑移、旋摆或回转运动，从而改变其流道面积的大小以实现其控制功能。

“阀”的定义是在流体系统中，用来控制流体的方向、压力、流量的装置。阀门是使配管和设备内的介质（液体、气体、粉末）流动或停止、并能控制其流量的装置。

① 启闭作用——切断或沟通管内流体的流动；

② 调节作用——调节管内流量、流速；

③ 节流作用——使流体通过阀门后产生很大的压力降；

④ 其他作用——自动启闭，维持一定压力，阻汽排水。

二、阀门的种类

1. 按作用和用途分类

① 截断阀：截断阀又称闭路阀，其作用是接通或截断管路中的介质。截断阀类包括闸阀、截止阀、旋塞阀、球阀、蝶阀和隔膜等。

② 止回阀：止回阀又称单向阀或逆止阀，其作用是防止管路中的介质倒流。水泵吸水关的底阀也属于止回阀类。

③ 安全阀：安全阀类的作用是防止管路或装置中的介质压力超过规定数值，从而达到安全保护的目的。

④ 调节阀：调节阀类包括调节阀、节流阀和减压阀，其作用是调节介质的压力、流量等参数。

⑤ 分流阀：分流阀类包括各种分配阀和疏水阀等，其作用是分配、分离或混合管路中的介质。

2. 按公称压力分类

① 真空阀：指工作压力低于标准大气压的阀门。

② 低压阀：指公称压力（PN）≤1.6MPa 的阀门。

③ 中压阀：指公称压力（PN）为 2.5MPa、4.0MPa、6.4MPa 的阀门。

④ 高压阀：指公称压力（PN）为 10～80MPa 的阀门。

⑤ 超高压阀：指公称压力（PN）≥100MPa 的阀门。

3. 按驱动方式分类

按驱动方式分类分为自动阀类、动力驱动阀类和手动阀类。

① 自动阀：指不需要外力驱动，而是依靠介质自身的能量来使阀门动作的阀门，如安全阀、减压阀、疏水阀、止回阀、自动调节阀等。

② 动力驱动阀：动力驱动阀可以利用各种动力源进行驱动，分为电动阀、气动阀、液动阀等。电动阀：借助电力驱动的阀门。气动阀：借助压缩空气驱动的阀门。液动阀：借助油等液体压力驱动的阀门。此外还有以上几种驱动方式的组合，如气-电动阀等。

③ 手动阀：手动阀借助手轮、手柄、杠杆、链轮，由人力来操纵阀门动作。当阀门启闭力矩较大时，可在手轮和阀杆之间设置齿轮或涡轮减速器。必要时，也可以利用万向接头及传动轴进行远距离操作。

4. 按公称直径（DN）分类

① 小通径阀门：DN≤40mm 的阀门。

② 中通径阀门：DN 为 50～300mm 的阀门。

③ 大通径阀门：DN 为 350～1200mm 的阀门。

④ 特大通径阀门：$DN \geqslant 1400$mm 的阀门。

5. 按结构特征分类

阀门的结构特征是根据关闭件相对于阀座移动的方向分类的：

① 截门形：关闭件沿着阀座中心移动，如截止阀。

② 旋塞和球形：关闭件是柱塞或球，围绕本身的中心线旋转，如旋塞阀、球阀。

③ 闸门形：关闭件沿着垂直阀座中心移动，如闸阀、闸门等。

④ 旋启形：关闭件围绕阀座外的轴旋转，如旋启式止回阀等。

⑤ 蝶形：关闭件的圆盘，围绕阀座内的轴旋转，如蝶阀、蝶形止回阀等。

⑥ 滑阀形：关闭件在垂直于通道的方向滑动，如滑阀。

6. 按连接方法分类

① 螺纹连接阀门：阀体带有内螺纹或外螺纹，与管道螺纹连接。

② 法兰连接阀门：阀体带有法兰，与管道法兰连接。

③ 焊接连接阀门：阀体带有焊接坡口，与管道焊接连接。

④ 卡箍连接阀门：阀体带有夹口，与管道夹箍连接。

⑤ 卡套连接阀门：与管道采用卡套连接。

⑥ 对夹连接阀门：用螺栓直接将阀门及两头管道穿夹在一起的连接形式。

7. 按阀体材料分类

① 金属材料阀门：其阀体等零件由金属材料制成，如铸铁阀门、铸钢阀、合金钢阀、铜合金钢阀、铝合金阀、铅合金阀、钛合金阀、蒙乃尔合金阀等。

② 非金属材料阀门：其阀体等零件由非金属制成，如塑料阀、陶瓷阀、搪瓷阀、玻璃钢阀门等。

③ 金属阀体衬里阀门：阀体外形为金属，内部凡与介质接触的主要表面均为衬里的，如衬胶阀、衬塑料阀、衬陶阀等。

三、阀门的主要参数

① PN（公称压力） 允许流体通过的最大的压力。

② DN（公称直径） 公称直径（nominal diameter），又称平均外径（mean outside diameter），指标准化以后的标准直径，以 DN 表示，单位 mm，例如内径 1200mm 的容器的公称直径标记为 DN1200。

③ TN（温度范围） 允许流体的温度范围。

四、阀门使用前的检查

检查项目包括：

① 阀体内外表面有无砂眼、裂纹等缺陷；

② 阀座与阀体接合是否牢固，阀芯与阀座是否吻合，密封面有无缺陷；

③ 阀杆与阀芯连接是否灵活可靠、阀杆有无弯曲，螺纹有无损坏、腐蚀；

④ 填料、垫圈是否老化损坏；

⑤ 阀门开启是否灵活等。

五、阀门使用过程中常出现的问题

1. 调节阀双密封阀不能当作切断阀使用

双座阀阀芯的优点是力平衡结构，允许压差大，而它突出的缺点是两个密封面不能同时良好接触，造成泄漏大。如果把它人为地、强制性地用于切断场合，显然效果不好，即便为它做了许多改进（如双密封套筒阀），也是不可取的。

2. 调节阀双座阀小开度工作时容易振荡

对单芯而言，当介质是流开型时，阀的稳定性好；当介质是流闭型时，阀的稳定性差。双座阀有两个阀芯，下阀芯处于流闭，上阀芯处于流开，这样，在小开度工作时，流闭型的阀芯就容易引起阀的振动，这就是双座阀不能用于小开度工作的原因所在。

3. 直行程调节阀防堵性能差，角行程阀防堵性能好

直行程阀阀芯是垂直节流，而介质是水平流进流出，阀腔内流道必然转弯倒拐，使阀的流路变得相当复杂（形状如倒 S 形）。这样，存在许多死区，为介质的沉淀提供了空间，长此以往，造成堵塞。角行程阀节流的方向就是水平方向，介质水平流进，水平流出，容易把不干净介质带走，同时流路简单，介质沉淀的空间也很少，所以角行程阀防堵性能好。

4. 角行程类阀的切断压差较大

角行程类阀的切断压差较大，是因为介质在阀芯或阀板上产生的合力对转动轴产生的力矩非常小，因此，它能承受较大的压差。

5. 直行程调节阀阀杆较细

它涉及一个简单的机械原理：滑动摩擦大、滚动摩擦小。直行程阀的阀杆上下运动，填料稍压紧一点，它就会把阀杆包得很紧，产生较大的回差。为此，阀杆设计得非常细小，填料又常用摩擦系数小的四氟填料，以便减少回差，但由此派生出的问题是阀杆细，易弯，填料寿命也短。要解决这个问题，最好的办法就是用旋转阀阀杆，即角行程类的调节阀，它的阀杆比直行程阀杆粗 2～3 倍，且选用寿命长的石墨填料，阀杆刚度好，填料寿命长，其摩擦力矩反而小、回差小。

6. 脱盐水介质中衬胶蝶阀、衬氟隔膜阀使用寿命短

脱盐水介质中含有低浓度的酸或碱，它们对橡胶有较大的腐蚀性。橡胶的被腐蚀表现为膨胀、老化、强度低，用衬胶的蝶阀、隔膜阀使用效果都差，其实质就是橡胶不耐腐蚀所致。后衬胶隔膜阀改进为耐腐蚀性能好的衬氟隔膜阀，但衬氟隔膜阀的膜片又经不住上下折叠而被折破，造成机械性破坏，阀的寿命变短。现在最好的办法是用水处理专用球阀，它可以使用5～8年。

7. 切断阀应尽量选用硬密封

切断阀要求泄漏越低越好，软密封阀的泄漏是最低的，切断效果当然好，但不耐磨、可靠性差。从泄漏量又小、密封又可靠的双重标准来看，软密封切断就不如硬密封切断好。如全功能超轻型调节阀，密封而且有耐磨合金保护，可靠性高，泄漏率达 10～7Pa·m^3/s，已经能够满足切断阀的要求。

切断阀泄漏的主要原因是：

① 与管道连接处的法兰、螺纹泄漏；

② 填料函泄漏、腰垫泄漏及阀杆开不动；

③ 阀芯与阀座间关不严形成的内泄漏。

8. 日常阀门维护保养

① 阀门应存于干燥通风的室内，通路两端须堵塞。

② 长期存放的阀门应定期检查，清除污物，并在加工面上涂防锈油。

③ 安装后，应定期进行检查，主要检查项目有：

a. 密封面磨损情况。

b. 阀杆和阀杆螺母的梯形螺纹磨损情况。

c. 填料是否过时失效，如有损坏应及时更换。

d. 阀门检修装配后，应进行密封性能试验。

运行中的阀门，各种阀件应齐全、完好。法兰和支架上的螺栓不可缺少，螺纹应完好无损，不允许有松动现象。手轮上的紧固螺母，如发现松动应及时拧紧，以免磨损连接处或丢失手轮和铭牌。手轮如有丢失，不允许用活动扳手代替，应及时配齐。填料压盖不允许歪斜或无预紧间隙。对容易受到雨雪、灰尘、风沙等污物沾染的环境中的阀门，其阀杆要安装保护罩。阀门上的标尺应保持完整、准确、清晰。阀门的铅封、盖帽、气动附件等应齐全完好。保温夹套应无凹陷、裂纹。

不允许在运行中的阀门上敲打、站人或支承重物；特别是非金属阀门和铸铁阀门，更要禁止。

六、化工常用阀门的特点及使用注意事项

1. 旋塞阀（考克）

旋塞阀示意图及结构图如图 5-1 所示。

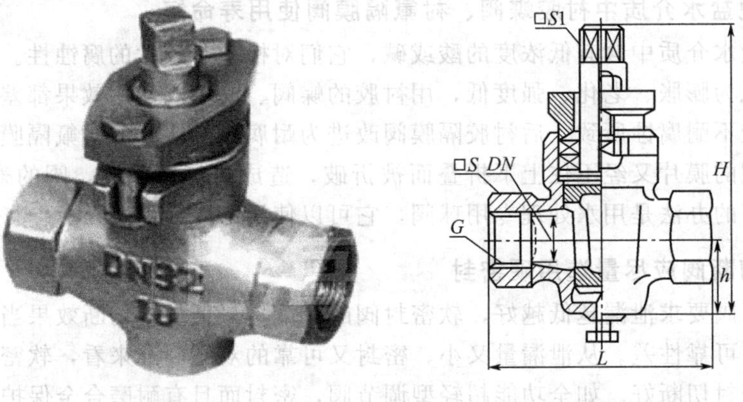

(a) 旋塞阀示意图　　(b) 旋塞阀结构图

图 5-1　旋塞阀示意图及结构图

（1）特点

TN 小于 150℃，*PN* 小于 1.6MPa；有结构简单、启闭迅速、操作方便、流体阻力小等优点。

（2）使用注意事项

① 阀杆外端为正方形，对角线标注的直线垂直于阀体方向时为关闭状态，与阀体方向一致时为开启状态。

② 正常开关阀门用考克专用扳手，避免与阀杆打滑造成安全事故；尽量不用活动扳手从而造成打滑。

③ 开启阀门按前面检查项目检查，检查完后慢慢开启阀门，开启时尽量不要站在密封面方向，遇到酸碱流体时须佩戴防酸面具。

④ 如管道有视镜的，看到视镜内有流体通过方可检查无误后离开。

2. 球阀

球阀与旋塞阀是同一类型阀门，只是其启闭件为带一通孔的球体，球体绕阀杆中心线旋转达到启闭目的，见图 5-2、图 5-3。

特点：阀门结构简单，工作可靠，用于双向流动介质的管路，流体阻力小，密封性好；缺点：介质易从阀杆部位泄漏。

使用注意事项：

① 同旋塞阀同样；

② 带手柄阀门，手柄垂直于介质流动方向时为关闭状态，与方向一致时为开启状态；

③ 如遇到带夹套保温的球阀时应该注意以下事项：

a. 应该将夹套保温蒸汽开启，将阀内易结晶的介质熔化后方能开闭阀门，切勿介质未完全熔化就强行开闭阀门；

图 5-2 球阀示意图

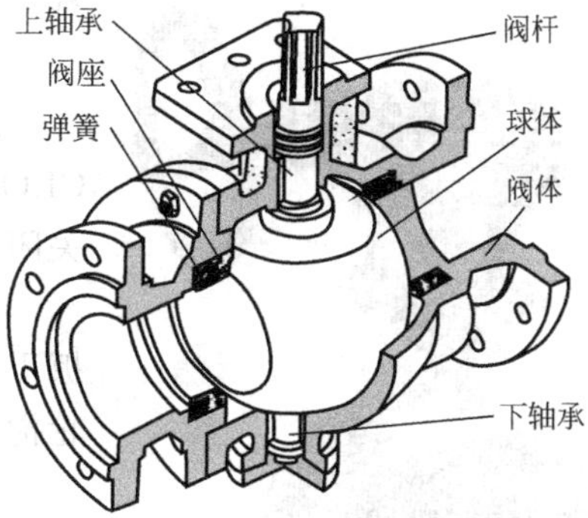

图 5-3 球阀结构图

b. 当遇到阀门不能开启时，不能利用加长力臂的方法，强行开启阀门，因为这样会造成因阀杆受阻力较大与阀芯脱落，造成阀门损坏或造成扳手的损坏，从而造成不安全因素。

3. 蝶阀

蝶阀是利用一可绕轴旋转的圆盘来控制管路的启闭，转角大小反映了阀门的开启程度。根据传动方式不同，蝶阀分手动、气动和电动三种，常用的为手动，旋转手柄通过齿轮传动带动阀杆从而启闭阀门，见图 5-4 和图 5-5。

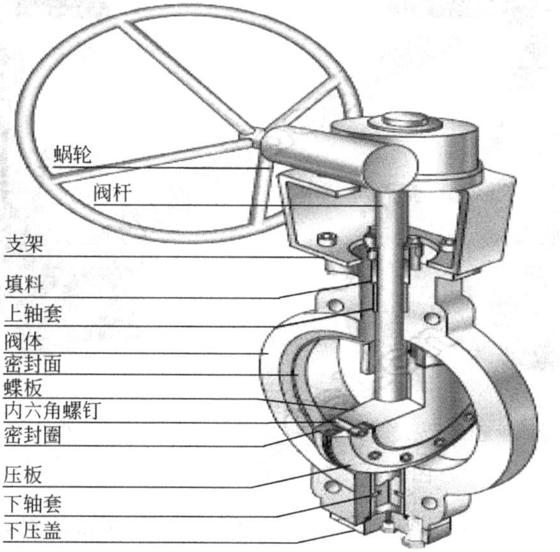

图 5-4 蝶阀结构图

① 特点：蝶阀具有结构简单、开闭较迅速，流体阻力小、维修方便等优点，但不能用于高温高压场合，*PN* 小于 1.6MPa，*TN* 小于 120℃的大口径水、蒸

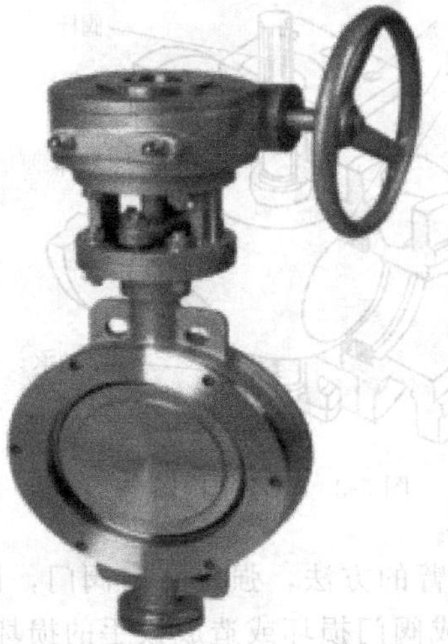

图 5-5　蝶阀示意图

汽、空气、油品等管路。

② 使用注意事项

a. 阀芯只能旋转 90°，一般阀体上会标明 CLOSE 和 OPEN 箭头方向，手轮顺时针转动为关闭、反之为开启；

b. 如有时开闭有一定阻力，可以用专用“F”扳手开阀门，但不能强行开闭，否则会将阀杆齿轮搅坏。

③ 禁止将手轮卸下用活动扳手扳动阀杆(下面阀同样如此)。

④ 开闭时逐步开闭，观察有无异常情况，防止有泄漏。

4. 截止阀

截止阀是化工生产中使用最广的一种截断类阀门，它与前述三种截断阀门相比不是利用其闭件的旋转打开、关闭阀门，而是利用阀杆升降带动与之相连的圆形阀盘（阀头），改变阀盘与阀座间距离达到控制阀门的起闭，见图 5-6。

(a) 截止阀示意图　　(b) 截止阀结构图

图 5-6　截止阀示意图及结构图

① 特点：截止阀上部有手轮、阀杆，中部有螺纹和填料函密封段，小型阀门阀杆上螺纹在阀体内，其结构紧凑，但阀杆与介质接触部分多，尤其螺纹部分易腐蚀，从阀杆露出阀盖的高度可判断阀门开启程度；为防止介质沿阀杆漏出，可在阀杆穿出阀盖部位用填料来密封。截止阀结构较复杂，但操作简单、不甚费力，易于调节流量和截断通道，起闭缓慢无水锤现象，故使用较为广泛。截止阀

安装时要注意流体方向，应使管路流体由下而上流过阀座口，即所谓“低进高出”，目的是减少流体阻力，使开启省力和关闭状态下阀杆、填料函部分不与介质接触，保证阀杆和填料函不致损坏和泄漏。截止阀主要用于水、蒸汽、压缩空气及各种物料的管路，可较精确地调节流量和严密地截断通道，但不能用于黏度大、易结晶的物料。

② 使用注意事项

a. 开启前检查阀门有无缺陷，特别是填料函有无泄漏；

b. 在阀杆不能用手直接转动时，可用专用“F”扳手进行开闭，当仍无法开闭时，请不要加长扳手力臂来强行开闭，从而造成阀门的损坏或引起安全事故；

c. 在用于中压汽管路阀门时，开启时应该先将管内的冷凝水排净，然后慢慢将阀门开启，用 0.2～0.3MPa 的蒸汽进行管道的预热，避免压力突然升高引起密封面的损坏，当检查正常后将压力调至所需状态。

5. 闸阀

闸阀是一种最常见的启闭阀，利用闸板（即启闭件，在闸板中启闭件称为闸板或闸门，闸座称为闸板座）来接通（全开）或截断（全关）管路中的介质。它不允许作为截流用，使用中应避免将闸板微量开启，因高速流动的介质的冲蚀会加速密封面的损坏。双德闸板在垂直于闸门座通道中心线的片面做升降运动，像闸门一样截断管路中的介质，故称作闸阀，见图 5-7 和图 5-8。

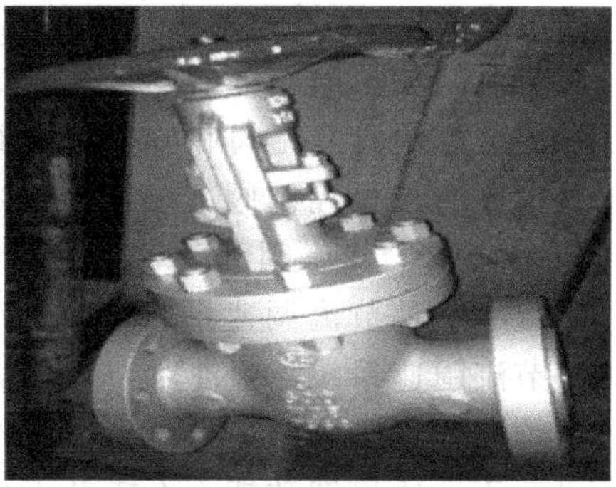

图 5-7 闸阀示意图

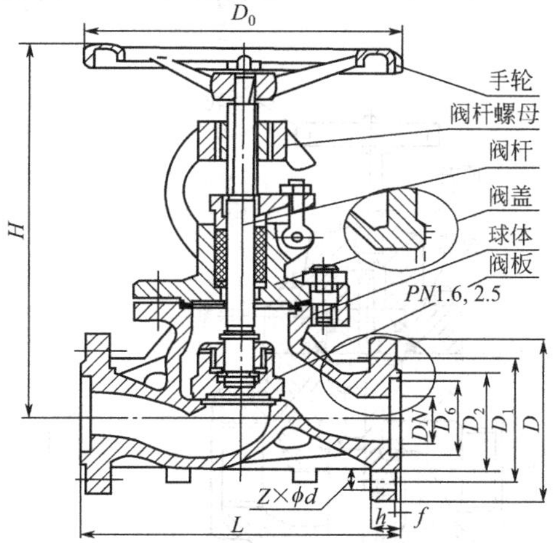

图 5-8 闸阀结构图

① 特点

a. 优点：密封性能比截止阀好，流体阻力小，开闭较省力，全开时密封面受介质冲蚀小，不受介质流向的限制，具有双流向，结构长度较小，适用范围广。

b. 缺点：外形尺寸高，开启需要一定的空间，开闭时间长，在开闭时密封面容易冲蚀和擦伤，两个密封副给加工和维修带来困难。

闸阀又称闸板阀或闸门阀，它是通过闸板的升降来控制阀门的启闭，闸板垂直于流体方向，根据闸阀启闭时阀杆运动情况的不同，闸阀又分明杆式和暗杆式两种。

明杆式闸阀阀杆螺纹暴露在阀体外部，开启阀门时阀杆伸出手轮，其优点是可根据阀杆外伸长度判断阀门开启大小，阀杆与介质接触长度较小，螺纹部分基本不受介质腐蚀的影响，缺点是外伸空间高度大。

暗杆式闸阀阀杆螺纹在阀杆内部与闸板上内螺纹相配合，开启阀门时阀杆只旋转而不上下升降，闸板则沿阀杆螺纹上升。暗杆式闸阀的优点是外伸空间小，缺点是不能根据阀杆情况判断阀门的开启，阀杆螺纹长期与介质接触易受腐蚀。闸阀具有流体阻力小，介质流向不变、开启缓慢无水锤现象，易于调节流量等优点，缺点是结构复杂、尺寸较大、启闭时间较长、密封面检修困难等。由于在大口径给水管路上应用较多，故又有水门之称。

② 使用注意事项

a. 当阀杆开闭到位时，不能再强行用力，否则会拉断内部螺纹或插销螺钉，使阀门损坏；

b. 开闭阀门时手不能直接开动时可用“F”扳手开闭；

c. 开闭阀门时注意观察阀门的密封面，尤其是填料压盖处，防止泄漏。

6. 节流阀

节流阀是通过改变节流截面或节流长度以控制流体流量的阀门。将节流阀和单向阀并联则可组合成单向节流阀。节流阀和单向节流阀是简易的流量控制阀，在定量泵液压系统中，节流阀和溢流阀配合，可组成三种节流调速系统，即进油路节流调速系统、回油路节流调速系统和旁路节流调速系统。节流阀没有流量负反馈功能，不能补偿由负载变化所造成的速度不稳定，一般仅用于负载变化不大或对速度稳定性要求不高的场合，见图 5-9。

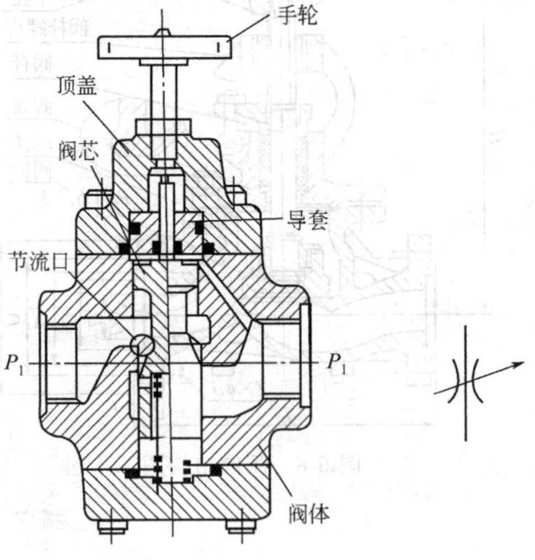

图 5-9 节流阀结构图

节流阀又称针形阀，其外形与截止阀相似，其阀芯形状不同，呈锥状或抛物线状，常用于化工仪表中，常为螺纹连接。节流阀的外形结构与截止阀并无区别，只是它们启闭件的形状有所不同。节流阀的启闭件大多为圆锥流线形，通过它改变通道截面积而达到调节流量和压力的目的。节流阀供在压力降极大的情况下作降低介质压力之用。

介质在节流阀瓣和阀座之间流速很大，以致使这些零件表面很快损坏，即所谓汽蚀现象。为了尽量减少汽蚀影响，阀瓣采用耐汽蚀材料（合金钢制造）并制成顶尖角为140°～180°的流线形圆锥体，这还能使阀瓣有较大的开启高度，一般不推荐在小缝隙下节流。

① 特点

a. 构造较简单，便于制造和维修，成本低。

b. 调节精度不高，不能作调节使用。

c. 密封面易冲蚀，不能作切断介质用。

d. 密封性能较差。

② 使用注意事项

a. 因为螺纹连接，故开闭时首先检查螺纹连接是否松动泄漏；

b. 开闭阀门时缓慢进行，因为其流通面积较小，流速较大，可能造成密封面的腐蚀，应留心观察，注意压力的变化。

7. 安全阀

安全阀是一种根据介质压力自动启闭的阀门，当介质压力超过定值时，它能自动开启阀门排放卸压，使设备管路免遭破坏的危险，压力恢复正常后又能自动关闭。根据平衡内压的方式不同，安全阀分为杠杆重锤式和弹簧式两类，如图 5-10 所示。

（1）特点

安全阀用在受压设备、容器或管路上，作为超压保护装置。当设备、容器或管路内的压力升高超过允许值时，阀门自动开启，继而全量排放，以防止设备、容器或管路内的压力继续升高；当压力降低到规定值时，阀门应自动及时关闭，从而保护设备、容器或管路的安全运行。

安全阀可以由阀门进口的系统压力直接驱动，在这种情况下是由弹簧或重锤提供的机械载荷来克服作用在阀瓣下方的介质压力。它们还可以由一个机构来先导驱动，该机构通过释放或施加一个关闭力来使安全阀开启或关闭。因此，按照上述驱动模式将安全阀分为直接作用式和先导式。安全阀可以在整个开启高度范围或在相当大的开启高度范围内比例开启，也可以仅在一个微小的开启高度范围内比例开启，然后突然开启到全开位置。因此，可以将安全阀分为比例式和全启式。

（2）使用注意事项

① 必须垂直安装。

② 出口处应无阻力，避免产生受压现象。

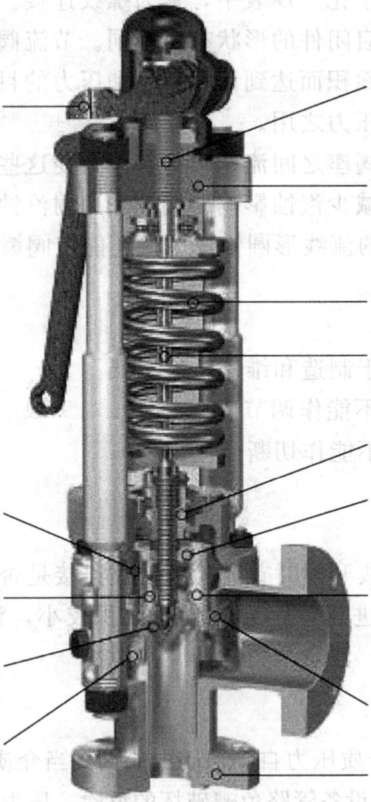

图 5-10　安全阀示意图

③ 在安装前应专门测试，并检查其密封性。

④ 投运的安全阀应定期检查。

⑤ 安全阀使用必须在校验有效期内。

⑥ 管路、设备上安装的安全阀控制阀通常为截止阀，必须打开保证安全阀能有效工作。

⑦ 定期将阀盘稍稍抬起，用介质来吹涤阀内杂质。

⑧ 如安全阀不能在整定压力内工作，必须进行重新校验或更换。

（3）常见故障原因分析及维护和检查

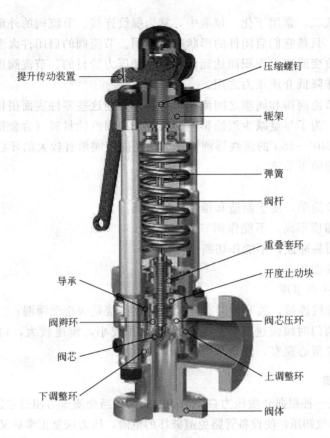

① 阀门泄漏　在设备正常工作压力下，阀瓣与阀座密封面处发生超过允许程度的渗漏，安全阀的泄漏会引起介质损失。另外，介质的不断泄漏还会使硬的密封材料遭到破坏，但是，常用的安全阀的密封面都是金属材料对金属材料，虽然力求做得光洁平整，但是要在介质带压情况下做到绝对不漏也是非常困难的。因此，对于工作介质是蒸汽的安全阀，在规定压力值下，如果在出口端肉眼看不见，也听不出有泄漏，就认为密封性能是合格的。一般造成阀门泄漏的原因主要

有以下三种情况：

一种情况是脏物杂质落到密封面上，将密封面垫住，造成阀芯与阀座间有间隙，从而阀门渗漏。消除这种故障的方法就是清除掉落到密封面上的脏物及杂质，一般在锅炉准备停炉大小修时，首先做安全门跑砣试验，如果发现泄漏，停炉后都进行解体检修；如果是点炉后进行跑砣试验时发现安全门泄漏，估计是这种情况造成的，可在跑砣后冷却 20min 后再跑砣一次，对密封面进行冲刷。

另一种情况是密封面损伤。造成密封面损伤的主要原因有以下两点：a. 密封面材质不良。例如，某化工厂 3～9 号炉主安全门由于多年的检修，主安全门阀芯与阀座密封面普遍已经研得很低，使密封面的硬度也大大降低了，从而造成密封性能下降；消除这种现象最好的方法就是将原有密封面车削下去，然后按图纸要求重新堆焊加工，提高密封面的表面硬度。注意在加工过程中一定保证加工质量，如密封面出现裂纹、砂眼等缺陷一定要将其车削下去后重新加工。新加工的阀芯阀座一定要符合图纸要求。目前使用 YST 103 通用钢焊条堆焊加工的阀芯密封面效果就比较好。b. 检修质量差，阀芯阀座的研磨达不到质量标准要求，消除这种故障的方法是根据损伤程度采用研磨或车削后研磨的方法修复密封面。

造成安全阀泄漏的另一种情况是装配不当或有关零件尺寸不合适。在装配过程中阀芯阀座未完全对正或结合面有透光现象，或者是阀芯阀座密封面过宽不利于密封。消除方法是检查阀芯周围配合间隙的大小及均匀性，保证阀芯顶尖孔与密封面同正度，检查各部间隙不允许抬起阀芯；根据图纸要求适当减小密封面的宽度实现有效密封。

② 阀体结合面渗漏　安全阀结合面渗漏指上下阀体间结合面处的渗漏现象，造成这种泄漏的主要原因有以下几个方面：a. 结合面的螺栓紧力不够或紧偏，造成结合面密封不好。消除方法是调整螺栓紧力，在紧螺栓时一定要按对角把紧的方式进行，最好是边紧边测量各处间隙，将螺栓紧到紧不动为止，并使结合面各处间隙一致。b. 阀体结合面的齿形密封垫不符合标准。例如，齿形密封垫径向有轻微沟痕，平行度差，齿形过尖或过坡等缺陷都会造成密封失效，从而使阀体结合面渗漏。在检修时把好备件质量关，采用合乎标准的齿形密封垫就可以避免这种现象的发生。c. 阀体结合面的平面度太差或被硬的杂质垫住造成密封失效。对由于阀体结合面的平面度太差而引起阀体结合面渗漏的，消除的方法是将阀门解体重新研磨结合面直至符合质量标准。由于杂质垫住而造成密封失效的，在阀门组装时认真清理结合面避免杂质落入。

③ 冲量安全阀动作后主安全阀不动作　这种现象通常被称为主安全门的拒动。主安全门拒动对运行中的锅炉来说危害是非常大的，是重大的设备隐患，严重影响设备的安全运行，当运行中的压力容器及管路中的介质压力超过额定值时，主安全门不动作，使设备超压运行，极易造成设备损坏及重大事故。

在分析主安全门拒动的原因之前，首先分析一下主安全门的动作原理。当承压容器内的压力升至冲量安全阀的整压力时，冲量安全阀动作，介质从容器内通过管路冲向主安全阀活塞室内，在活塞室内将有一个微小的扩容降压，假如此时活塞室内的压强为 P_1，活塞节流面积为 S_{hs}，此时作用在活塞上的 f_1 为：

$$f_1 = P_1 S_{hs} \tag{5-1}$$

假如此时承压容器内的介质的压强为 P_2，阀芯的面积为 S_{fx}，则此时介质对阀芯一个向上的作用力 f_2 为：

$$f_2 = P_2 S_{fx} \tag{5-2}$$

通常安全阀的活塞直径较阀芯直径大，所以式（5-1）与式（5-2）中 $S_{hs} > S_{fx}$，$P_1 \approx P_2$。

假如将弹簧通过阀杆对阀芯向上的拉力设为 f_3 及将运动部件与固定部件间摩擦力（主要是活塞与活塞室间的摩擦力）设为 f_m，则主安全门动作的先决条件为：只有作用在活塞上的作用力 f_1 略大于作用在阀芯上使其向上的作用力 f_2 及弹簧通过阀杆对阀芯向上的拉力 f_3 及运动部件与固定部件间摩擦力（主要是活塞与活塞室间的摩擦力）f_m 之和时，即 $f_1 > f_2 + f_3 + f_m$ 时主安全门才能启动。

通过实践，主安全门拒动主要与以下三方面因素有关：

a. 阀门运动部件有卡阻现象。这可能是由于装配不当，脏物及杂质混入或零件腐蚀，活塞室表面光洁度差，表面损伤，有沟痕硬点等缺陷造成的。这样就使运动部件与固定部件间摩擦力 f_m 增大，在其他条件不变的情况下 $f_1 < f_2 + f_3 + f_m$，所以主安全门拒动。

例如，某化工厂在 2001 年 3 号炉大修前过热主安全门跑砣试验时，发生了主安全门拒动。检修时解体检查发现，活塞室内有大量的锈垢及杂质，活塞在活塞室内无法运动，从而造成了主安全门拒动。检修时对活塞、胀圈及活塞室进行了除锈处理，对活塞室沟痕等缺陷进行了研磨，装配前将活塞室内壁均匀地涂上铅粉，并严格按次序对阀门进行组装。在锅炉水压试验时，对脉冲管进行冲洗，然后将主安全门与冲量安全阀连接，大修后点炉时再次进行安全阀跑砣试验一切正常。

b. 主安全门活塞室漏汽量大。当阀门活塞室漏汽量大时，式（5-1）中的 f_1 一项作用在活塞上的作用力偏小，在其他条件不变的情况下 $f_1 < f_2 + f_3 + f_m$，所以主安全门拒动。造成活塞室漏汽量大的主要原因与阀门本身的气密性和活塞环不符合尺寸要求或活塞环磨损过大达不到密封要求有关系。

例如，某化工厂 3～9 号炉主安全阀对活塞环的质量要求是活塞环的棱角应圆滑，自由状态开口间隙不大于 14mm，组装后开口间隙 $\Delta = 1 \sim 1.25$mm，活塞与活塞室间隙 $B = 0.12 \sim 0.18$mm，活塞环与活塞室间隙为 $S = 0.08 \sim 0.12$mm，活塞环与活塞室接触良好，透光应不大于周长的 1/6。对活塞室内要求是：活塞室内的沟槽深度不得超过 0.08～0.1mm，其椭圆度不超过 0.1mm，圆锥度不超过 0.1mm，应光洁无擦伤。但解体检修时检查发现，每台炉主安全门的活塞环、活塞及活塞室都不符合检修规程要求，目前一般活塞环与活塞室的间隙都在 $S \geq$

0.20mm，且活塞室表面的缺陷更为严重，严重地影响了活塞室的气密性，造成活塞室漏汽量偏大。

消除这种缺陷的方法是：对活塞室内表面进行处理，更换合格的活塞及活塞环，在有节流阀的冲量安全装置系统中关小节流阀开度，增大进入主安全门活塞室的进汽量，在条件允许的情况下也可以通过增加冲量安全阀的行程来增加进入主安全门活塞室内的进汽量的方法推动主安全阀动作。

c. 主安全阀与冲量安全阀的匹配不当，冲量安全阀的蒸汽流量太小。冲量安全阀的公称直径太小，致使流入主安全阀活塞室的蒸汽量不足，推动活塞向下运动的作用力 f_1 不够，即 $f_1 < f_2 + f_3 + f_m$，致使主安全阀阀芯不动。这种现象多发生于主安全阀式冲量安全阀有一个更换时，由于考虑不周而造成的。

④ 冲量安全阀回座后主安全阀延迟回座时间过长　发生这种故障的主要原因有以下两个方面：

a. 主安全阀活塞室的漏汽量大小，虽然冲量安全阀回座了，但存在管路中与活塞室中的蒸汽的压力仍很高，推动活塞向下的力仍很大，所以造成主安全阀回座迟缓，这种故障多发生在 A42Y-P5413.7VDg100 型安全阀上，因为这种型式的安全阀活塞室汽封性良好。消除这种故障的方法主要通过开大节流阀的开度和加大节流孔径加以解决，节流阀的开度开大与节流孔径的增加都使留在脉冲管内的蒸汽迅速排放掉，从而降低了活塞内的压力，使其作用在活塞上向下运动的推力迅速减小，阀芯在集汽联箱内蒸汽介质向上的推力和主安全阀自身弹簧向上的拉力作用下迅速回座。

b. 主安全阀的运动部件与固定部件之间的摩擦力过大也会造成主安全阀回座迟缓，解决这种问题的方法就是将主安全阀运动部件与固定部件的配合间隙控制在标准范围内。

⑤ 安全阀的回座压力低　安全阀回座压力低对锅炉的经济运行有很大危害，回座压力过低将造成大量的介质超时排放，造成不必要的能量损失。这种故障多发生在 200MW 机组所使用的 A49H 型弹簧脉冲安全阀上，分析其原因主要是由以下几个因素造成的：

a. 弹簧脉冲安全阀上蒸汽的排泄量大，这种型式的冲量安全阀在开启后，介质不断排出，推动主安全阀动作。

一方面是冲量安全阀前压力因主安全阀的介质排出量不够而继续升高，所以脉冲管内的蒸汽沿汽包或集汽联箱继续流向冲量安全阀，维持冲量安全阀动作。

另一方面由于此种型式的冲量安全阀介质流通是经由阀芯与导向套之间的间隙流向主安全阀活塞室的，介质冲出冲量安全阀的密封面，在其周围形成动能压力区，将阀芯抬高，于是达到冲量安全阀继续排放，蒸汽排放量越大，阀芯部位动能压力区的压强越大，作用在阀芯上的向上的推力就越大，冲量安全阀就越不容易回座，此时消除这种故障的方法就是将节流阀关小，使流出冲量安全阀的介质流量减少，降低动能压力区内的压力，从而使冲量安全阀回座。

b. 阀芯与导向套的配合间隙不适当，配合间隙偏小，在冲量安全阀起座后，在此部位瞬间节流形成较高的动能压力区，将阀芯抬高，延迟回座时间，当容器内降到较低时，动能压力区的压力减小，冲量阀回座。

消除这种故障的方法是认真检查阀芯及导向套各部分尺寸，配合间隙过小时，减小阀瓣密封面直往式阀瓣阻汽帽直径或增加阀瓣与导向套之间的径向间隙，来增加该部位的通流面积，使蒸汽流经时不至于过分节流，而使局部压力升高形成很高的动能压力区。

c. 各运动零件摩擦力大，有些部位有卡涩，解决方法就是认真检查各运动部件，严格按检修标准对各部件进行检修，将各部件的配合间隙调整至标准范围内，消除卡涩的可能性。

⑥ 安全阀的频跳　频跳指的是安全阀回座后，待压力稍一升高，安全阀又将开启，反复几次出现，这种现象称为安全阀的频跳。安全阀机械特性要求安全阀在整个动作过程中达到规定的开启高度时，不允许出现卡阻、颤振和频跳现象。发生频跳现象对安全阀的密封极为不利，极易造成密封面的泄漏。分析原因主要与安全阀回座压力过高有关，回座压力较高时，容器内过剩的介质排放量较少，安全阀已经回座了，当运行人员调整不当，容器内压力又会很快升起来，所以又造成安全阀动作，像这种情况可通过开大节流阀的开度的方法予以消除。节流阀开大后，通往主安全阀活塞室内的汽源减少，推动活塞向下运动的力较小，主安全阀动作的概率较小，从而避免了主安全阀连续启动。

⑦ 安全阀的颤振　安全阀在排放过程中出现的抖动现象，称为安全阀的颤振，颤振现象的发生极易造成金属的疲劳，使安全阀的力学性能下降，造成严重的设备隐患。发生颤振的原因主要有以下两个方面：

a. 阀门的使用不当，选用阀门的排放能力太大（相对于必需排放量而言）；消除的方法是应当使选用阀门的额定排量尽可能接近设备的必需排放量。

b. 进口管道的口径太小，小于阀门的进口通径，或进口管阻力太大；消除的方法是在阀门安装时，使进口管内径不小于阀门进口通径或者减少进口管道的阻力。排放管道阻力过大，造成排放时过大的背压也是造成阀门颤振的一个因素，可以通过降低排放管道的阻力加以解决。

（4）安全阀的维护和检查

要使安全阀动作灵敏可靠和密封性能良好，必须在锅炉、压力容器、压力管道的运行过程中加强维护和检查。

① 要经常保持安全阀的清洁，防止阀体弹簧等被油垢脏物填满或被腐蚀，防止安全阀排放管被油污或其他异物堵塞；经常检查铅封是否完好，防止杠杆式安全阀的重锤松动或被移动，防止弹簧式安全阀的调节螺钉被随意拧动。

② 发现安全阀有泄漏迹象时，应及时更换或检修。禁止用加大载荷（如过分拧紧弹簧式安全阀的调节螺钉或在杠杆式安全阀的杠杆上加挂重物等）的方法

来消除泄漏。为防止阀瓣和阀座被气体中的油垢等脏物黏住，致使安全阀不能正常开启，对用于空气、蒸汽或带有黏滞性脏物但排放不会造成危害的其他气体的安全阀，应定期做手提排放试验。

③ 为保持安全阀灵敏可靠，每年至少做一次定期校验。定期校验的内容一般包括动态检查和解体检查。动态检查的主要内容是检查安全阀的开启压力、回座压力、密封程度以及在额定排放压力下的开启高度等，其要求与安全阀调试时相同。若动态检查不合格，或在运行中发现有泄漏等异常情况时，则应做解体检查。解体后仔细检查安全阀的所有零部件有无裂纹、伤痕、磨损、腐蚀、变形等情况，并根据缺陷的大小和损坏程度予以修复或更换，最后组装，进行动态检查。

第二节 阀门的密封原理、分级及选用等级

阀门泄漏已经成为装置中主要泄漏源之一，因此提高阀门的防泄漏能力至关重要。防止阀门泄漏，必须掌握阀门各密封部位阻止介质泄漏的基本知识——阀门密封，这个才是重中之重。

一、阀门密封性原理

密封就是防止泄漏，那么阀门密封性原理也是从防止泄漏开始研究的。造成泄漏的因素主要有两个，一个是影响密封性能的最主要的因素，即密封副之间存在着间隙，另一个则是密封副的两侧之间存在着压差。阀门密封性原理也是从液体的密封性、气体的密封性、泄漏通道的密封原理和阀门密封副等四个方面来分析的。

1. 液体的密封性

液体的密封性是通过液体的黏度和表面张力来进行的。当阀门泄漏的毛细管充满气体的时候，表面张力可能对液体进行排斥，或者将液体引进毛细管内，这样就形成了相切角。当相切角小于90°的时候，液体就会被注入毛细管内，这样就会发生泄漏。

发生泄漏的原因在于介质的不同性质。用不同介质做试验，在条件相同的情况下，会得出不同的结果。可以用水，用空气或用煤油等。而当相切角大于90°时，也会发生泄漏，因为与金属表面上的油脂或蜡质薄膜有关系。一旦这些表面的薄膜被溶解掉，金属表面的特性就发生了变化，原来被排斥的液体，就会侵湿表面，发生泄漏。针对上述情况，根据泊松公式，可以在减少毛细管直径和介质黏度较大的情况下，来实现防止泄漏或减少泄漏量的目的。

2. 气体的密封性

根据泊松公式，气体的密封性与气体分子和气体的黏性有关。泄漏与毛细管

的长度和气体的黏度成反比，与毛细管的直径和驱动力成正比。当毛细管的直径和气体分子的平均自由度相同时，气体分子就会以自由的热运动流进毛细管。因此，当我们在做阀门密封试验的时候，介质一定要用水才能起到密封的作用，用空气即气体不能起到密封的作用。

即使我们通过塑性变形方式，将毛细管直径降到气体分子以下，也仍然不能阻止气体的流动。原因在于气体仍然可以通过金属壁扩散。所以我们在做气体试验时，一定要比液体试验更加的严格。

3. 泄漏通道的密封原理

阀门密封由散布在波形面上的不平整度和波峰间距离的波纹度两个部分组成，二者构成粗糙度。在我国大部分的金属材料弹性应变力都较低的情况下，如果要达到密封的状态，就需要对金属材料的压缩力提更高的要求，即材料的压缩力要超过其弹性。因此，在进行阀门设计时，密封副要结合一定的硬度差来匹配。

4. 阀门密封副

阀门密封副是阀座和关闭件在互相接触时进行关闭的那一部分。金属密封面在使用过程中，容易受到夹入介质、介质腐蚀、磨损颗粒、汽蚀和冲刷的损害。比如磨损颗粒，如果磨损颗粒比表面的不平整度小，在密封面磨合时，其表面精度就会得到改善，而不会变坏。相反，则会使表面精度变坏。因此在选择磨损颗粒时，要综合考虑其材料、工况、润滑性和对密封面的腐蚀情况等因素。如同磨损颗粒一样，我们在选择密封件时，要综合考虑影响其性能的各种因素，才能起到防泄漏的功能。

因此，必须选择那些抗腐蚀、抗擦伤和耐冲刷的材料，否则，缺少任何一项要求，都会使其密封性能大大降低。

二、影响阀门密封的主要因素

影响阀门密封的因素很多，主要有以下几种。

1. 密封副结构

在温度或密封力作用的变化下，密封副的结构就会发生变化，而且这种变化会影响和改变密封副相互之间的作用力，从而使阀门密封的性能减小。

因此，在选择密封件时，一定要选择具有弹性变形的密封件。同时，也要注意密封面的宽度。原因在于密封副的接触面不能完全吻合，当密封面宽度增加时，就要加大密封所需要的作用力。

2. 密封面比压

密封面的比压大小影响着阀门密封性能的大小和阀门的使用寿命。因此，密封面比压也是非常重要的一个因素。在相同的条件下，比压太大会引起阀门的损坏，但比压太小就会造成阀门泄漏。因此，我们在设计时需要充分考虑到比压的合适度。

3. 介质的物理性质

介质的物理性质也影响到阀门密封性能。这些物理性质包括温度、黏度和表面的亲水性等。

温度变化不仅影响着密封副的松弛度和零件尺寸的改变，还与气体的黏度有着密不可分的关系。气体黏度随着温度的升高或降低而增大或减小。

因此，为了减少温度对阀门密封性能的影响程度，我们在进行密封副设计时，要把其设计成弹性阀座等具有热补偿性的阀门。

4. 密封副的质量

密封副的质量主要是指我们要在材料的选择、匹配、制造精度上进行把关。比如，阀瓣与阀座密封面很吻合，能提高密封性。环向波纹度多的特点，使其密封性能好。

阀门泄漏在生活、生产中十分普遍，轻则会造成浪费或给生活带来危险，如自来水阀门泄漏，重则会导致严重后果的发生，如化工行业的有毒、有害、易燃、易爆及腐蚀性介质的泄漏等，严重地威胁人身安全、财产安全和造成环境污染的事故。

密封件在阀门中也是十分关键的部件。阀门的密封性能是指阀门各密封部位阻止介质泄漏的能力，它是阀门最重要的技术性能指标。

(1) 阀门的密封部位

① 启闭件与阀座两密封面间的接触处；

② 填料与阀杆和填料函的配合处；

③ 阀体与阀盖的连接处。

其中前一处的泄漏叫作内漏，也就是通常所说的关不严，它将影响阀门截断介质的能力。对于截断阀类来说，内漏是不允许的。

后两处的泄漏叫作外漏，即介质从阀内泄漏到阀外。外漏会造成物料损失，污染环境，严重时还会造成事故。对于易燃易爆、有毒或有放射的介质，外漏更是不允许的，因而阀门必须具有可靠的密封性能。

解决密封问题不成功，阀门跑、冒、滴、漏现象，大多数问题都发生在这里。

(2) 阀门动密封

阀门动密封，指阀杆密封。不让阀内介质随阀杆运动而泄漏，是阀门动密封的中心课题。

① 填料函形式　阀门动密封，以填料函为主。填料函基本形式如下。

a. 压盖式：这是使用最多的形式。统一形式又有许多细节区分。例如，从压紧螺栓来说，可分 T 形螺栓（用于压力≤1.57MPa 低压阀门）、双头螺栓和活节螺栓等。从压盖来说，可分整体式和组合式。

b. 压紧螺母式：这类形式，外形尺寸小，但压紧力受限制，只适用于小阀门。

② 填料　填料函内，以填料与阀杆直接接触并布满填料函，阻止介质外漏。对填料有以下要求：密封性好；耐侵蚀；摩擦系数小；顺应介质温度和压力。

经常使用的填料有：

a. 石棉盘根：耐温耐侵蚀性能都很好，但零星使用时，密封效果欠佳，总是浸渍或附加其他材料。

b. 油浸石棉盘根：它的基本结构形式有两种，一种是扭制，另外一种是编结。又可分为圆形和方形。

c. 聚四氟乙烯编织盘根：将聚四氟乙烯细带编织为盘根，有极好的耐侵蚀性能，又可用于深冷介质。

d. 橡胶O形圈：低压状态下，密封效果优秀。使用温度受限制，如自然橡胶只能用于60℃。

e. 塑料成型填料：一般做成三件式，也可做成其他外形。所用塑料以聚四氟乙烯为多。此外，例如，在250℃蒸汽阀门中，用石棉盘根和铅圈交替叠合，漏汽情况就会减轻；有的阀门介质经常变换，如以石棉盘根和聚四氟乙烯生料带配合使用，密封效果便好些。为减轻对阀杆摩擦，有的场所可以加二硫化钼（MOS_2）或其他润滑剂。

③ 发生泄漏时　对新颖填料，正进行着探索。例如用聚丙烯腈纤维经聚四氟乙烯乳液浸渍，又经预氧化后，模具中烧结压制，可以得到密封性能优良的成型填料；又如用不锈钢薄片与石棉制成波形填料，可耐高温、高压与侵蚀。

三、国内外阀门密封等级的选用及分类标准

1. 国内

① 2009年7月1日实施的国家标准GB/T 13927—2008《工业阀门压力试验》是参照欧洲标准ISO 5208制定的。

适用于工业用金属阀门，包括闸阀、截止阀、止回阀、旋塞阀、球阀、蝶阀的检验和压力试验。密封试验的分级和最大允许泄漏量与ISO 5208的规定相同。

该标准是对GB/T 13927—1992《通用阀门压力试验》的修订，与GB/T 13927相比，新增了AA、CC、E、EE、F和G六个等级。新版标准中规定“泄漏率等级的选择应是相关阀门产品标准规定或订货合同要求中要求更严格的一个。若产品标准或订货合同中没有特别规定时，非金属弹性密封副阀门按表4的A级要求，金属密封副阀门按表4的D级要求……”通常D级适用于一般的阀门，比较关键的阀门宜选用D级以上泄漏等级。

② 机械行业标准JB/T 9092《阀门的检验与试验》是对ZB J 16006的修订。

密封试验的最大允许泄漏量是参照美国石油协会标准 API 598—1996 制定的。适用于石油工业用阀门，包括金属密封副、弹性密封副和非金属密封副（如陶瓷）的闸阀、截止阀、旋塞阀、球阀、止回阀和蝶阀的检验和压力试验。目前 GB/T 9092 正在修订中。

③ 工程设计中应注意：国家标准 GB/T 19672《管线阀门技术条件》是参照欧洲标准 ISO 14313 和美国石油协会标准 API 6D 制订的。

国家标准 GB/T 20173《石油天然气工业 管道输送系统 管道阀门》是参照欧洲标准 ISO 14313 制定的。GB/T 19672 和 GB/T 20173 这两个标准对阀门泄漏量的接收准则均同 ISO 5208 A 级和 D 级要求。因此，工程设计中有高于其标准的泄漏量要求时，应在订货合同中给出。

2. 国际

① 前苏联对阀门密封等级分类主要在 20 世纪 50 年代应用，随着苏联的解体，现大多数国家都不选用此密封等级分类，而是选用欧美标准的密封等级分类。

欧洲标准 EN 12266-1 密封等级分类符合国际标准化组织标准 ISO 5208 的规定，但缺 AA、CC 和 EE 三个等级。ISO 5208—2015 与 1999 版相比，新增了 AA、CC、E、EE、F 和 G 六个等级。ISO 5208 标准给出了与 API 598 和 EN 12266 标准几个密封等级的比较。其他公称尺寸密封等级的比较可按口径计算泄漏量得出。

② 美国石油协会标准 API 598 是美标阀门最常用的检验和压力试验标准。

制造商标准 MSS SP61 常做“全开”和“全关”的钢制阀门的检验，但不适用于控制阀门。美标阀门通常不选用 MSS SP61 检验。

API 598 适用于下列 API 标准制造的阀门密封性能试验：

a. 法兰式、凸耳、对夹式和对焊连接止回阀，API 594；

b. 法兰、螺纹和对焊连接的金属旋塞阀，API 599；

c. 石油和天然气工业用 DN100 及以下钢制闸阀截止阀和止回阀，API 602；

d. 法兰和对焊连接的耐腐蚀拴接阀盖闸阀，API 603；

e. 法兰、螺纹和对焊连接的金属球阀，API 608；

f. 双法兰式、凸耳和对夹式蝶阀，API 609。

工程设计中应注意：API 598—2004 与 1996 版相比，取消了对 API 600—2015《石油和天然气工业用螺栓连接阀盖钢制闸阀》的检验和压力试验。API 600—2001（ISO 10434—1998）标准规定阀门的密封性能试验参照 ISO 5208，但标准中表 17 和表 18 的泄漏量却同 API 598—1996 标准的规定，而不是采用 ISO 5208 的密封等级分类法。

2009 年 9 月实施的 API 600 标准中纠正了 2001 版中的这个矛盾，规定阀门的密封性能试验按照 API 598，但没有规定版本，这又与 API 598—2004 相矛盾。因此，工程设计中选用 API 600 和其密封性能试验 API 598 标准时一定要明确标准的版本，确保标准内容的统一性。

③ 美国石油协会标准 API 6D（ISO 14313）《石油和天然气工业—管线输送系统—管线阀门》对阀门泄漏量的接收准则是：

“软密封阀门和油封旋塞阀的泄漏量不得超过 ISO 5208 A 级（不得有可见泄漏），金属阀座阀门的泄漏量不得超过 ISO 5208（1993）D 级，但按 B. 4 所述的密封试验，其泄漏量不能大于 ISO 5208（1993）D 级的二倍，除另有规定。”

标准中注：“特殊的应用可要求泄漏量少于 ISO 5208（1993）D 级¨J。”因此，工程设计中有高于其标准的泄漏量要求时，应在订货合同中给出。

API 6D—2008 附录 B 附加试验要求中规定了在购方规定时制造厂要做的阀fJ 附加试验要求。密封试验分低压和高压气体密封试验，以惰性气体作为试验介质的高压密封试验将取代液体密封试验。

依据阀门的类型、口径和压力级别选择密封试验，可参考 ISO 5208 标准的规定。对于长输管道 GA1、工业管道 GC1 上的阀门建议选用低压密封试验，可以提高阀门的合格率。

选用高压密封试验时应注意弹性密封阀门经高压密封试验后，可能降低其在低压工况的密封性能。应根据介质使用工况实际条件，合理地选用阀门密封试验要求，可以有效地降低阀门的生产成本。

④ 美国国家/流体控制协会标准 ANSI/FCI 70-2—2013（ASME B16.104）适用于控制阀密封等级的规定。

工程设计中应根据介质的特性和阀门的开启频率等因素考虑选择金属弹性密封或金属密封。金属密封控制阀密封等级应在订货合同中规定。根据经验，对于金属密封控制阀，Ⅰ、Ⅱ、Ⅲ级要求较低，工程设计中选用的比较少，通常一般金属密封的控制阀最低选用Ⅳ级，比较关键的控制阀选用Ⅴ或Ⅵ级。某乙烯装置火炬系统的控制阀设计，选用了金属密封Ⅳ级要求，运行良好。

⑤ 另外工程设计中应注意：API 6D 规定奥氏体不锈钢阀门密封试验时所使用的水中氯离子含量不得超过 30μg/g，ISO 5208 和 API 598 均规定奥氏体不锈钢阀门密封试验时所使用的水中氯离子含量不得超过 100μg/g。由于各标准要求不同，建议阀门订货合同中最好能明确密封试验时所使用的水其氯离子含量。

第三节 阀门泄漏的原因及解决方法

管道系统作为流体的载体，需要对流体的流量、压力和流向等进行控制，所使用到的设备就是阀门，阀门作为管道系统中的重要组成部分，其管道内流动的气体、液体、气液混合体或固液混合体具有十分重要的意义。通常情况下阀门由阀盖、阀体、阀座、驱动机构、启闭件、密封件和紧固件等组成，具有很好的密封性能、强度性能、调节性能、动作性能和流通性能。

在各种流体装置中需要有阀门作为控制设备，阀门作为管道类装置中的重要组成部分，有着不可忽视的作用，阀门在制造过程中都需要经过严格的质量控制，从而保证其质量符合使用的标准。但是在阀门的使用过程中，还是无法避免会发生故障，从而导致液体的泄漏，不仅造成设备的损坏，同时因液体的泄漏也加大了成本，影响到了企业的经济效益。文中分析了阀门产生泄漏的原因，并对防止泄漏的发生提出了具体的措施。

在对阀门的长期应用观察中发现，通常阀门发生泄漏的部位集中在填料密封、阀体和法兰上。由于阀门泄漏所造成的危害是十分严重的，当阀门发生泄漏时，容易引发火灾、爆炸和人身伤亡事故，同时导致设备的寿命降低，企业的生产无法正常进行，造成非计划停产事故增多，严重损害了企业的经济效益，所以应针对阀门泄漏的原因进行分析，从而找出具体的解决办法，保证阀门运行时的安全，为企业创造良好的经济效益和社会效益。

一、阀门发生泄漏的原因分析

1. 阀门本身存在质量问题

阀门自身容易发生质量问题的部分有两个，一个为表面，另一个则为内在，阀门因为要控制管道系统中的流体，所以在其密封的部位较多，对于在安装前，如果是阀门外表上有质量的问题，如表面伤痕、破裂、生锈及法兰变形等问题用肉眼都较容易发现，所以也能及时地进行处理。但其内在的质量问题则很难发现，这也是导致阀门泄漏的主要原因，如内部的砂眼、夹渣、气泡、焊接缺陷，或材料选择不当、设计不合理、热处理不当、连接不牢等问题。这些问题的存在，会导致阀门在使用过程中在流体的作用下，导致阀门过早的损坏或发生渗漏。

2. 内部介质的冲蚀引起密封面破坏

阀门在使用过程中，其内部介质在管道内流动时会对阀门的密封面产生冲洗和汽蚀的作用，在介质不停的冲洗和汽蚀下，冷门的密封面很容易发生局部损坏，同时再加上化学的侵蚀作用，综合作用于密封面，从而导致阀门极易在侵蚀作用下发生破坏，使其发生渗漏甚至报废。

3. 选型不当和操纵不良所引起的损坏

在对阀门进行选择时，要根据具体的工况进行选择，一旦选择不当，可能就会存在着封闭不严的情况，从而导致内漏的发生，同时要区分开不同阀门之间的区别和功用，从而减少对密封面的冲蚀和磨损。另外阀门在安装过程中如果操作不规范，安装中质量控制措施不力等也会造成阀门泄漏。维修时要严格预防沙子、焊渣和金属屑等进入到阀腔内，这些杂质一旦进入到阀腔内，就会对阀门的密封效果产生较为严重的影响。

4. 设计和加工质量存在问题

阀门加工制造过程中如果误差太大，阀板和阀座不同心，密封面没完全吻合，就会导致泄漏。而密封面加工不好，主要表现在密封面上有裂纹、气孔和夹渣等缺陷，这是因为堆焊和热处理选用不当或者堆焊和热处理操作不当引起的，选材错误或热处理不当会引起密封面硬度过高或过低，最终导致密封面硬度不匀、不耐侵蚀。阀板、阀座的密封面材质不符合使用要求，加工精度不够，闸阀的阀板、阀座的楔角不匹配，密封面宽窄不一，吻合度差，均会引发阀板不到位、阀门关不死等现象。

二、防止泄漏的主要措施

1. 合理选材，减少腐蚀的发生

阀门作为介质的载体，介质的腐蚀性对阀门发生泄漏具有十分关键的影响，腐蚀性会针对不同的材料而产生化学和物理性质的腐蚀，不管哪种情况下的腐蚀都会导致阀门破坏，从而发生泄漏。所以在阀门使用过程中，首先应该做好防腐工作，针对所承载的介质不同，选择不同的阀门材料，从而增加其耐蚀性。介质对阀门的腐蚀作用是与介质的浓度、温度和压力有直接关系的，介质温度、浓度和压力的升高，则会加快腐蚀性。由于不同介质所产生的腐蚀性各不相同，具有十分复杂的特性，所以在实际对阀门材料的选择过程中，需要根据不同的情况对所产生的腐蚀因素进行分析，从而选择合适的材料。

2. 合适的启闭力，防止密封面的破坏

在实际管道系统中，作为常温常压的手动阀门在使用中较为广泛，这种阀门是根据普通人力来对其手轮和手柄进行设计的，所以在使用过程中只能用手来操作，而不能用扳手来进行操作。因为如果使用扳手来进行操作，极易导致阀杆螺纹破坏，从而导致启闭失灵，引起事故的发生。同时在操作时，还要注意力气的使用，不能用力过大，以免损坏手轮或手柄，另外在手轮或手柄损坏或丢失时，应立即配齐，坚决杜绝使用扳手。

3. 正确启闭阀门，防止阀门损坏

对于高温高压阀门，开启前，应预先加热，并排除凝结水；开启时，应尽量缓慢，以免发生水击现象。当阀门全开后，应将手轮倒转少许，使螺纹之间严紧，以免松动损伤。对于明杆阀门，要记住全开和全闭时的阀杆所处位置，避免全开时撞击上死点。假如阀瓣脱落，或阀芯密封之间嵌入杂物，全闭时的阀杆位置就会发生移动。阀门在刚启用时，管道内存在一定的杂物，可将阀门稍微开启，利用介质的高速流动，将杂质冲走，然后再关闭，再次开启，如此重复多次，冲净杂物。对于常开阀门，密封面上可能粘有杂物，关闭时也应反复多次将其冲刷干净后再关闭。介质在阀门关闭后冷却，会使阀板收缩，操作人员就应在适当时间再重新关闭一次，让密封面不留间隙。

4. 注意阀门介质的流向，防止阀门失效

对于截止阀、节流阀、减压阀和止回阀等类阀门，其介质均有一定的流向，这类阀门在阀体上均会有永久性流向标志。如节流阀，装倒装反都会影响使用效果与寿命；减压阀装倒装反了则根本不起任何作用；对于止回阀，装倒装反了会引发严重的危险。阀门按相关标准要求，均应在阀体上设置方向标志；万一没有，也应根据阀门的基本原理正确识别。

5. 正确安装阀门，延长阀门寿命

对于高温阀门，由于安装时处于常温状态，而正常使用后，随着温度升高，间隙会加大，因此必须再次拧紧，否则容易发生泄漏。阀门在投入使用时，填料时不要压得太紧，以不漏为宜，以免阀杆受压太大，加快磨损，且启闭费劲。闸阀不能倒装，即手轮向下，否则介质会长期留存在阀盖内，容易腐蚀阀杆，同时操作人员在更换填料时也极不方便。阀门在安装施工时，切忌有重力强烈撞击阀门。安装前，应将阀门做一检查，核对规格型号，检查有无损坏，特别是阀杆，有必要转动几下，看是否存在歪斜现象，因为运输过程中，阀杆极易被损坏。安装时应对氧化铁屑、泥沙、焊渣和其他杂物用压缩空气吹净，以免其擦伤阀门的密封面，甚至会堵死通径较小的阀门，使阀门的作用失效。

第六章
泄漏处置与带压堵漏

第一节　泄漏处置

一、泄漏源处置

1. 制止泄漏

在危险化学品的生产、储存和使用过程中，盛装化学品的容器常常发生一些意外的破裂，倒洒等事故，造成危险化学品的外漏，因此需要采取简单、有效的安全技术措施来消除或减少泄漏危险，如果对泄漏控制不住或处理不当，随时有可能转化为燃烧、爆炸、中毒等恶性事故。盛装固体介质的容器或包装泄漏时，应采取堵塞和修补裂口的措施止漏。盛装或输送液态或气态的生产装置或管道发生泄漏，泄漏点处在阀门之后且阀门尚未损坏时，可协助技术人员或在技术人员指导下，使用喷雾水枪掩护，关阀止漏。

漏点处在阀门之前或阀门损坏，不能关阀止漏时，可使用各种针对性的堵漏器具和方法实施封堵泄漏口。

① 容器出入口、管线阀门法兰、输料管连接法兰间隙泄漏量较小时，应调整间隙消除泄漏。

② 阀门阀体、输料管法兰间隙较大时，应采取卡具堵漏。

③ 常压容器本体或输料管线出现洞状泄漏时，应采取塞楔堵漏或用气垫内封、外封堵漏；本体侧面、侧下不规则泄漏应采用磁压堵漏；缝隙泄漏可采用胶黏法或强压注胶堵漏。

④ 压力容器的人孔、安全阀、放散管、液位计、压力表、温度表、液相管、气相管、排污管泄漏口呈规则状时，应用塞楔堵漏；呈不规则状时应用夹具堵漏；需要临时制作卡具时，制作夹具的企业应具备生产资质。

2. 倒罐输转

如果泄漏严重而又无法堵漏时，应及时倒罐放液，将危险品转移至安全地带，尽可能减少泄漏的量。对油罐车的处理要加强保护。在吊起油罐车时，一定与吊车司机紧密配合，用水枪冲击钢丝绳与车体的摩擦部位，防止打出火花，用泡沫覆盖车体的其他部位。在油罐事故车拖离现场时，用泡沫对油罐车进行覆盖，并派消防车跟随，防止拖运中发生问题。

① 装置泄漏宜采用压缩机倒罐；

② 罐区泄漏宜采用烃泵倒罐或压缩气体倒罐；

③ 移动容器泄漏宜采用压力差倒罐；

④ 无法倒罐的液态或固态泄漏介质，可将介质转移到其他容器或人工池中。

3. 放空点燃

放空点燃是在火灾扑救或抢救救援处置过程中，为了防止发生爆炸，而采取的一种灭火救援技术措施。通过主动介入手段，使可燃气体稳定燃烧，达到减少可燃气体、有毒气体排放量或减小容器压力的目的。

无法处理的且能被点燃以降低危险的泄漏气体，可通过临时设置导管，采用自燃方式或用排风机将其送至空旷地方，利用装设适当喷头烧掉。

4. 惰性气体置换

倒罐转移或放空点燃后应向储罐内充入惰性气体，置换残余气体。对无法堵漏的容器，当其泄漏至常压后也可应用惰性气体实施置换。

为保证堵漏和进入设备内作业安全，在堵漏范围内的所有设备和管线中的易燃易爆、有毒有害气体应进行置换。对易燃、有毒气体的置换，大多采用蒸汽、氮气等惰性气体作为置换介质，也可采用注水排气法，将易燃、有毒气体排出。设备经置换后，若需要进入其内部工作，还必须再用新鲜空气置换惰性气体，以防发生缺氧窒息。对置换作业的安全注意事项要求如下：

① 被置换的设备、管道等必须与系统进行可靠隔绝。

② 置换前应制订置换方案，绘制置换流程图，根据置换和被置换介质密度的不同，合理选择置换介质入口、被置换介质排出口及取样部位，防止出现死角。若置换介质的密度大于被置换介质的密度时，应由设备或管道最低点送入置换介质，由最高点排出被置换介质，取样点宜在顶部位置及宜产生死角的部位；反之，置换介质的密度低于被置换介质时，从设备最高点送入置换介质，由最低点排出被置换介质，取样点宜放在设备的底部位置及可能成为死角的位置，确保置换彻底。

③ 置换要求。用水作为置换介质时，一定要保证设备内注满水，且在设备顶部最高处溢流口有水溢出，并持续一段时间，严禁注水未满。用惰性气体作置换介质时，必须保证惰性气体用量（一般为被置换介质容积的3倍以上）。但是，置换是否彻底，置换作业是否已符合安全要求，不能只根据置换时间的长短或置换介质的用量，而应根据取样分析是否合格为准。置换作业排出的气体应引入安

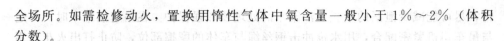

全场所。如需检修动火，置换用惰性气体中氧含量一般小于1%～2%（体积分数）。

④ 按置换流程图规定的取样点取样、分析，并应达到合格。

二、泄漏介质处置

1. 气体泄漏介质的处置

压缩或液化气体总是被储存在不同的容器内，或通过管道输送。其中储存在较小钢瓶内的气体压力较高，受热或受火焰熏烤容易发生爆裂。气体泄漏后遇火源已形成稳定燃烧时，其发生爆炸或再次爆炸的危险性与可燃气体泄漏未燃时相比要小得多。遇压缩或液化气体火灾一般应采取以下基本对策。

① 扑救气体火灾切忌盲目扑灭火势，在没有采取堵漏措施的情况下，必须保持稳定燃烧。否则，大量可燃气体泄漏出来与空气混合，遇着火源就会发生爆炸，后果将不堪设想。

② 首先应扑灭外围被火源引燃的可燃物，切断火势蔓延途径，控制燃烧范围，并积极抢救受伤和被困人员。

③ 如果火势中有压力容器或有受到火焰辐射热威胁的压力容器，能疏散的应尽量在水枪的掩护下疏散到安全地带，不能疏散的应部署足够的水枪进行冷却保护。为防止容器爆裂伤人，进行冷却的人员应尽量采用低姿射水或利用现场坚实的掩蔽体防护。对卧式储罐，冷却人员应选择储罐四侧角作为射水阵地。

④ 如果是输气管道泄漏着火，应设法找到气源阀门。阀门完好时，只要关闭气体的进出阀门，火势就会自动熄灭。

⑤ 储罐或管道泄漏关阀无效时，应根据火势判断气体压力和泄漏口的大小及其形状，准备好相应的堵漏材料（如软木塞、橡皮塞、气囊塞、黏合剂、弯管工具等）。

⑥ 堵漏工作准备就绪后，即可用水扑救火势，也可用干粉、二氧化碳、卤代烷灭火，但仍需用水冷却烧烫的罐或管壁。火扑灭后，应立即用堵漏材料堵漏，同时用雾状水稀释和驱散泄漏出来的气体。如果确认泄漏口非常大，根本无法堵漏，只需冷却着火容器及其周围容器和可燃物品，控制着火范围，直到燃气燃尽，火势自动熄灭。

⑦ 现场指挥应密切注意各种危险征兆，遇有火势熄灭后较长时间未能恢复稳定燃烧或受热辐射的容器安全阀火焰变亮耀眼、尖叫、容器晃动等爆裂征兆时，指挥员必须适时作出准确判断，及时下达撤退命令。现场人员看到或听到事先规定的撤退信号后，应迅速撤退至安全地带。

2. 处置易燃液体泄漏的基本对策

易燃液体通常是储存在容器内或管道输送。与气体不同的是，液体容器有的密闭，有的敞开，一般都是常压，只有反应锅（炉、釜）及输送管道内的液体压力较高。液体不管是否着火，如果发生泄漏或溢出，都将顺着地面（或水面）漂散流淌，而且，易燃液体还有密度和水溶性等涉及能否用水和普通泡沫扑救的问题，以及危险性很大的沸溢和喷溅问题，因此，扑救易燃液体火灾往往也是一场艰难的战斗。遇易燃液体火灾，一般应采用以下基本对策：

① 首先应切断火势蔓延的途径，冷却和疏散受火势威胁的压力及密闭容器和可燃物，控制燃烧范围，并积极抢救受伤和被困人员。如有液体流淌时，应筑堤（或用围油栏）拦截漂散流淌的易燃液体或挖沟导流。

② 及时了解和掌握着火液体的品名、密度、水溶性，以及有无毒害、腐蚀、沸溢、喷溅等危险性，以便采取相应的灭火和防护措施。

③ 对较大的储罐或流淌火灾，应准确判断着火面积。

④ 小面积（一般 $50m^2$ 以内）液体火灾，一般可用雾状水扑灭。用泡沫、干粉、二氧化碳、卤代烷（1211、1301）灭火一般更有效。

⑤ 大面积液体火灾则必须根据其相对密度、水溶性和燃烧面积的大小，选择正确的灭火剂扑救。

⑥ 比水密度小又不溶于水的液体（如汽油、苯等），用直流水、雾状水灭火往往无效。可用普通蛋白泡沫或轻水泡沫灭火。用干粉、卤代烷扑救时，灭火效果要视燃烧面积大小和燃烧条件而定，最好用水冷却罐壁。

⑦ 比水密度大又不溶于水的液体（如二氧化碳）起火时可用水处置，水能覆盖在液面上灭火，用泡沫也有效。干粉、卤代烷扑救，灭火效果要视燃烧面积大小和燃烧条件而定，最好用水冷却罐壁。

⑧ 具有水溶性的液体（如醇类、酮类等），虽然从理论上讲能用水稀释处置，但用此法要使液体闪点消失，水必须在溶液中占很大的比例。这不仅需要大量的水，也容易使液体溢出流淌，而普通泡沫又会受到水溶性液体的破坏（如果普通泡沫强度加大，可以减弱火势），因此，最好用抗溶性泡沫扑救。用干粉或卤代烷扑救时，灭火效果要视燃烧面积大小和燃烧条件而定，也需用水冷却罐壁。

⑨ 处置毒害性、腐蚀性或燃烧产物毒害性较强的易燃液体火灾时，处置人员必须佩戴防护面具，采取防护措施。

⑩ 处置原油和重油等具有沸溢和喷溅危险的液体火灾时，如有条件，可采用取放水、搅拌等防止发生沸溢和喷溅的措施，在灭火同时必须注意计算可能发生沸溢、喷溅的时间和观察是否有沸溢、喷溅的征兆。指挥员发现危险征兆时应迅速作出准确判断，及时下达撤退命令，避免造成人员伤亡和装备损失。扑救人员看到或听到统一撤退信号后，应立即撤至安全地带。

⑪ 遇易燃液体管道或储罐泄漏着火，在切断蔓延把火势控制在一定范围内的同时，对输送管道应设法找到并关闭进、出阀门，如果管道阀门已损坏或是储

罐泄漏，应迅速准备好堵漏材料，然后先用泡沫、干粉、二氧化碳或雾状水等扑灭地上的流淌火焰，为堵漏扫清障碍，然后再扑灭泄漏口的火焰，并迅速采取堵漏措施。与气体堵漏不同的是，液体一次堵漏失败，可连续堵几次，只要用泡沫覆盖地面，并堵住液体流淌和控制好周围着火源，不必点燃泄漏口的液体。

3. 固体泄漏介质的处置

（1）固体泄漏介质的一般处置措施

① 收集。小量泄漏或现场残留的固体介质，可用洁净的铲子将泄漏介质收集到洁净、干燥、有盖的容器中。

② 筑堤收容。如大量泄漏，构筑围堤收容，然后收集、转移、回收或无害化处理后废弃。

③ 覆盖。无法及时回收或回收价值不大的介质，可以用水泥、沥青、热塑性材料固化后废弃。

（2）易燃泄漏介质的处置

① 小量泄漏。避免扬尘，并使用无火花工具将泄漏介质收集于袋中或洁净、有盖的容器中后，转移至安全场所，可在保证安全的情况下，就地焚烧。

② 大量泄漏。构筑围堤或挖坑收容，可用水润湿，或用塑料布、帆布覆盖，减少飞散，然后使用无火花工具将泄漏介质收集转移至槽车或专用收集器内，回收或运至处理场所处置。

4. 遇湿易燃泄漏介质的处置

对于遇湿易燃物品火灾，绝对禁止用水、泡沫、酸碱等湿性灭火剂处置。一般来说，遇湿易燃泄漏介质的处置方法为：

① 小量泄漏。用无火花工具将泄漏介质收集于干燥、洁净、有盖的容器中，对于化学性质特别活泼的物质须保存在煤油或液体石蜡中。

② 大量泄漏。不要直接接触泄漏介质，禁止向泄漏介质直接喷水，可用塑料布、帆布等进行覆盖，在技术人员和专家指导下清除。

5. 爆炸性泄漏介质的处置

对于小量泄漏，使用无火花工具将泄漏介质收集于干燥、洁净、有盖的防爆容器中，转移至安全场所。对于大量泄漏，用水润湿，然后收集、转移、回收或运至废物处理场所处置。

储罐发生泄漏时，应迅速查明情况，判明原因，进行相应的处理。

① 罐体本体、接管根部开裂泄漏：关闭进液阀门，停止一切装卸活动，关闭压缩机和气相进口阀门，开启烃泵抽泄漏罐中的液体，倒向备用罐，用沾水棉被堵住泄漏处减少泄漏量，进一步组织堵漏处置。

② 接管、阀门的密封等部位失效或泄漏：关闭进液阀门，停止一切装卸活

动，必要时开启烃泵抽泄漏罐中的液体，倒向备用罐，用沾水棉被或堵漏夹堵住泄漏处减少泄漏量，进一步组织堵漏处置。

③ 罐车卸液软管泄漏或爆裂：罐车作业人员立即启用罐车上紧急切断装置，关闭罐车上液相阀门。同一时间，操作人员立即关闭卸液管道上液相阀门，关闭压缩机，关闭工艺管线上气相阀门，切断液化石油气气源。严禁用压缩机加压倒罐。

④ 积极冷却、防止爆炸

a. 打开罐区的喷淋装置，对相关储罐进行冷却。组织足够的力量，将火势控制在一定范围内，用消防水冷却着火及邻近罐壁，并保护毗邻建筑物免受火势威胁，控制火势不再扩大蔓延。

b. 从安全距离外，利用带架水枪以开花的形式和固定式喷雾水枪对准罐壁和泄漏点喷射，以降低温度和可燃气体的浓度。

c. 控制蒸气云。如有条件，可以用蒸汽或氮气带对准泄漏点送气，用来冲散可燃气体；用泡沫或干粉覆盖泄漏的液相，减少液化石油气蒸发，用喷雾水（或强制通风）转移液化石油气蒸气云飘逸的方向，使其在安全地方扩散掉。

小火：干粉、二氧化碳灭火；大火：水幕、雾状水灭火。在气源切断、泄漏控制、温度降下之后，向稳定燃烧的火焰喷干粉，覆盖火焰，中止燃烧。

d. 在未切断液化石油气泄漏源的情况下，严禁熄灭已稳定燃烧的火焰。用水直接冲击泄漏物或泄漏源时，应防止泄漏物向下水道、通风系统和密闭性空间扩散。

⑤ 泄漏处置

a. 控制泄漏源。在保证安全的情况下堵漏，避免液体漏出。如管道破裂，可用木楔子、堵漏器堵漏或卡箍法等方法堵漏，随后用专用堵漏胶封堵。堵漏方法一般有：

注胶堵漏法：采用专用夹具、手动液压泵、注胶枪，对接管、法兰等泄漏点进行夹紧注胶堵漏。

注水堵漏法：利用已有或临时安装的管线向罐内注水，将液化石油气界位抬高到泄漏部位以上，使水从泄漏处流出，待罐内新鲜水有一定液面时，冒水快速进行堵漏。

先堵后粘法：堵塞后用黏结剂或金属薄片绑扎。

螺栓紧固法：用有色金属工具带压紧固螺栓。

b. 泄压排空。由安全泄压阀和放空管，经密闭管道泄放至火炬系统焚烧放空或设置应急管线，将物料倒至备用储罐。

6. 腐蚀性泄漏介质的处置

一般要求：对于小量泄漏，将泄漏地面洒上沙土、干燥石灰、煤灰或苏打灰等，然后用大量水冲洗，冲洗水经稀释后放入废水系统。对于大量泄漏，构筑围堤或挖坑收容，可视情况用喷雾状水进行冷却和稀释；然后，用泵或使用工具将泄漏介质转移至槽车或专用收集器内，回收或运至废物处理场所处置。对于管道泄漏腐蚀性介质，则按如下措施进行。

① 当发生易燃易爆介质泄漏时，应迅速通知一切可能危及安全区域的动火作业，应注意避免过猛、过急、敲打等动作，防止电器开停可能引发的火种。

② 分析判断事故管段位置，通知有关场站操作流程，关闭事故管段两端阀门，启动相关场站紧急放空，减少事故段易燃易爆介质泄漏量；场站泄漏可启动越站输气，并通知抢修队伍立即出发进行抢修。

③ 根据现场提供的情况，根据管道泄漏的特点（腐蚀穿孔、应力开裂、爆管或开裂），制订停输或不停输的抢修方案。抢修单位应备有不同条件下管道的事故抢修预备方案。

④ 视火情严重程度和燃烧物质以及可利用的灭火器材，采用冷却、隔离、窒息、抑制等方法灭火。

⑤ 当管线穿孔时，管道压力较低，在能够确保施工人员安全的情况下，直接使用抢修卡具进行封堵和补强焊接。当管线压力较高，施工人员无法进行操作时，管线应作降压处理，直至满足操作条件，再执行上述过程。焊接前用测厚仪测量管线壁厚，避开腐蚀点。焊接时，使用低氢焊条、直流反接，控制好焊接电流及焊接速度。

⑥ 当管线开裂时，先将管道压力降低后，用机械卡具对管线进行临时抢修，根据生产流程的需要进行换管。

⑦ 动火前清理现场易燃物并用易燃易爆介质检测仪检测周围环境，确认安全方可动火。若施工现场易燃易爆介质含量过高，将采用强制通风的方法控制空气中易燃易爆介质含量。动火期间按规定间隔定时检查，并间插不定时检查。动火必须在指定范围内进行，不得擅自扩大动火范围。

⑧ 抢修施工时，抢修后的管道要进行检测和试压。进行惰性气体置换，并要修复管道防腐层，完毕后恢复现场，恢复输送，同时做好记录并整理归档。

三、清理泄漏现场

① 用喷雾水、蒸汽、惰性气体清扫现场内事故罐、管道、低洼、沟渠等处，确保不留残气（液）。

② 少量残液，用干沙土、水泥粉、煤灰等吸附，收集后做无害化处理。

③ 在污染地面上洒上中和剂或洗涤剂浸洗，然后用清水冲洗现场，特别是低洼、沟渠等处，确保不留残物。

④ 少量残留遇湿易燃泄漏介质可用干沙土、水泥粉等覆盖。

四、处置行动

1. 基本要求

① 应选择上风向或侧上风向进入现场，车停在上风或侧上风方向，避开低洼地带，车头朝向撤退方向。

② 严禁人员和车辆在泄漏区域的下水道或地下空间的正上方及其附近、井口以及卧罐两端处停留。

③ 安全员全程观察、监测现场危险区域或部位可能发生的危险迹象。

④ 堵漏操作时，应以泄漏点为中心，在储罐或容器的四周设置水幕、喷雾水枪等对泄漏扩散的气体进行围堵、驱散或稀释降毒。

⑤ 一级处置人员应少而精。采取工艺措施处置时，应掩护和配合事故单位和专业工程技术人员实施。

⑥ 当现场出现爆炸征兆，威胁到处置人员的生命安全时，应当立即命令处置人员撤离到安全地带并清点人数，待条件具备时，再组织处置行动。

⑦ 对易燃易爆介质倒罐时应采取导线接地等防静电措施。

⑧ 洗消污水的处理在环保部门的监测指导下进行。

一般的处置行动如下。

(1) 设置警戒区域、实行交通管制

加强第一出动力量调度，泄漏事故的首批力量以二级火警为标准，调派 4～6 辆水罐、泡沫车，1～2 辆抢险车、支队指挥车到场指挥；同时，根据现场实际情况包括气体是否有毒有害、易燃易爆及是否泄漏，决定事故危险等级，适时调集公安、电业人员、自来水人员、环保人员、煤气人员、厂方技术人员、化工专家人员等，到达现场共同参与处置，必须实行“统一指挥”原则。消防部门到达现场后，根据运输介质了解其危险性，设定相应的警戒区域；迅速熄灭泄漏区周围的一切火源包括一切明火、电火，并注意处置潜在火灾如静电火花、摩擦火花等，以防止意外泄漏引起爆炸；组织泄漏区人员向逆风向疏散，泄漏区除留应急处置所必需的人员外，其他人员应迅速撤离，以防人员中毒及突然爆炸造成不必要的伤亡。

(2) 查明现场情况、实事求是地采取应对措施

把握风向、风速、地形和油气的扩散范围。消防部门第一出动力量到达现场后，不要盲目进入现场，消防车应停在距离事故现场 150m 以外的上风方向；严禁直接驶入现场。如车辆在行驶至事故地，必须在下风方向时，此距离应更远，同时，在实际处置中，应将消防车辆设置在上风或侧风方向，特殊情况下可根据现场地形灵活调整。随车指挥员，应首先向知情人（槽车驾驶员或押运员）了解槽车所运输介质的理化性质、储量、泄漏部位等情况，结合途中所掌握的一些信息资料，初步确定处置方案。如果槽车驾驶员或押运员因发生事故逃跑或已受伤

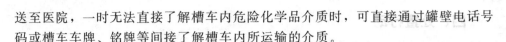

送至医院，一时无法直接了解槽车内危险化学品介质时，可直接通过罐壁电话号码或槽车车牌、铭牌等间接了解槽车内所运输的介质。

（3）侦检

侦检是化学灾害事故处置的首要环节。在处置化学灾害事故时，必须加强侦检这一环节，利用检测仪检测事故现场出事故的物质（大多数槽车也许根本没有携带危险化学品的化学品安全技术说明书，也许根本不知道里面装的是何物质）、气体浓度和扩散范围，并做好动态监测。根据灾害情况不同，派出若干侦察小组，对事故现场进行侦察，侦察小组由2～3人组成（其中1人为单位技术人员）。一是对不明危险化学品，应立即取样，送化验室化验、分析，确定名称、成分，同时根据检测仪，确定泄漏物质种类、浓度、扩散范围；二是对已知性质危险化学品的泄漏，可以用可燃气体检测仪确定危险范围和污染范围；三是对受困人员情况侦察，有无人员被困；四是侦察泄漏情况，确定泄漏位置（容器、管线、阀门、法兰）、泄漏原因、泄漏程度；五是侦察环境，确定攻防路线、阵地；六是测定风向、风速等气象数据。

（4）防护

处置人员刚到现场时，绝不能贸然深入事故源附近区域，必须在对事故现场危险性作出正确判断，并充分做好安全防护措施之后，方可展开全面行动。进入事故现场，都要佩戴隔绝式呼吸器，进入内部执行关阀或堵漏任务的消防员内衣必须是纯棉，外着气密性防化服或其他型号的防化服。指挥员要对事故现场的危险性进行准确评估，全员掌握危险源及危害程度，采取有效控毒、抑爆等措施，要顾及官兵的生命安全，不能盲目进入，付出不必要的代价。

（5）处置

针对不同化学灾害事故，处置方法有：关阀断源、倒罐转移、应急堵漏、冷却防爆、注水排险、喷雾稀释、引火点燃、回收。在处置的同时，坚持先救人，其次是关阀断源、倒罐转移、实施堵漏，遇到易燃易爆的还应引火点燃。对有的毒性较大、无法引燃的介质要进行输转，进行无害化处理。

2. 特殊要求

（1）有毒性泄漏介质

① 泄漏危险区应设有毒品警示标志；

② 需要采取工艺措施处理时，处置人员应掩护和配合事故单位和专业工程技术人员实施；

③ 对参与处置人员的身体状况，应进行跟踪检查。

（2）爆炸性泄漏介质

① 现场应禁绝火源、电源、静电源、机械火花；高热、高能设备应停止工作；若泄漏区有非防爆电器开关存在，则不应改变其工作状态。

② 避免撞击和摩擦泄漏介质。

③ 避免现场的震动和扬尘。

④ 防止泄漏介质进入下水道、排洪沟等狭小空间。

(3) 腐蚀性泄漏介质

① 应采取措施避免处置人员皮肤、眼睛、黏膜接触泄漏介质;

② 禁止泄漏介质与易燃或可燃物、强氧化剂、强还原剂接触;

③ 禁止直接对强酸、强碱泄漏介质和泄漏点喷水。

五、洗消

化学品泄漏事故处置后，事故现场及附近的道路、水源都有可能受到严重污染，若不及时进行洗消，污染会迅速蔓延，造成更大危害。

1. 物理洗消法

主要有利用通风、日晒雨淋等自然条件，使毒物自行蒸发散失及被水解，毒物逐渐降低毒性或被逐渐破坏而失去毒性；用水浸泡蒸煮沸，或直接用大量的水冲洗染毒体。可利用棉纱、纱布等浸以汽油、煤油和酒精等溶剂，将染毒体表面的毒物溶解擦洗掉，对液体及固体污染源采用封闭掩埋或将毒物移走的方法；但掩埋必须添加大量的漂白粉。物理洗消法的优点是处置便利，容易实施。

2. 化学洗消法

化学洗消法是利用洗消剂与毒源或染毒体发生化学反应，生成无毒或毒性很小的产物，它具有消毒彻底、对环境保护较好的特点，然而要注意洗消剂与毒物的化学反应是否产生新的有毒物质，防止再次发生反应，染毒事故化学洗消实施中需借助器材装备，消耗大量的洗消药剂，成本较高。在实际洗消中，化学与物理的方法一般是同时采用的，为了使洗消剂在化学突发事件中能有效地发挥作用，洗消剂的选择必须符合“洗消速度快、洗消效果彻底、洗消剂用量少、价格便宜、洗消剂本身不会对人员设备起腐蚀伤害作用”的洗消原则。化学洗消法主要有中和法、氧化还原法、催化法等。

① 中和法：利用酸碱中和反应的原理消除毒物。强酸（硫酸、盐酸、硝酸）大量泄漏时可以用5%～10%的氢氧化钠、碳酸氢钠、氢氧化钙等作为中和洗消剂，也可用氨水，但氨水本身具有刺激性，使用时要注意浓度的控制。反之，若是大量碱性物质泄漏（如氨的泄漏），用酸性物质进行中和，但同样必须控制洗消剂溶液的浓度，否则会引起危害。中和洗消完成后，对残留物仍然需要用大量的水冲洗。

② 氧化还原法：利用洗消剂与毒物发生氧化还原反应，对毒性大且较持久的油状液体毒物进行洗消。这类洗消剂有漂白粉（有效成分是次氯酸钙）、三合

二（其性质与漂白粉相似），但漂白粉含次氯酸钙少、杂质多、有效氯低，消毒性能不如三合二，可它易制造，价格低廉。如氯气钢瓶泄漏，可将泄漏钢瓶置于石灰水槽中，氯气经反应生成氯化钙，可消除氯对人员的伤害和对环境的污染。也可利用燃烧来破坏毒物的毒性，对价值不大或火烧后仍能使用的设施、物品可采用此法，但可能因毒物挥发造成临近及下风方向空气污染。所以必须注意妥善采取个人防护措施。

③ 催化法：利用在催化剂存在下毒物会加速变化成无毒物或低毒物的化学反应。一些有毒的农药（包括毒性较大的含磷农药），其水解产物是无毒的，但反应速度很慢，加入某些催化剂可促其水解。由于农药加碱性物质可催化水解，因此用碱水或碱溶液可对农药引起的染毒体洗消。

3. 洗消的对象

化学品泄漏事故处置后，最有效的消除灾害影响的方法就是洗消，洗消的范围包括在救援行动情况许可时，对受污染对象进行全面的洗消；对所有从污染区出来的被救人员进行全面的洗消；对所有从污染区出来的参战人员进行全面的洗消；对所有从污染区出来的车辆和器材装备进行全面的洗消；对整个事故区域进行全面的洗消；还须对参战人员的防化服和战斗服和使用的防毒设施、检测仪器、设备进行洗消。

（1）染毒人员和器材洗消

洗消的方式有开设固定洗消站和实施机动洗消两种方式。固定洗消站一般设在便于污染对象到达的非污染地点，并尽可能靠近水源，主要是针对染毒数量大、洗消任务繁重的情况使用；机动洗消主要针对需要紧急处理的人员而采取的洗消方法。如利用洗消帐篷，对需承担灭火救援任务而被严重污染的人员进行及时洗消，它具有灵活方便的优点，一般可用大量清洁的热水，常用公众洗消帐篷、个人洗消帐篷、高压清洗机等专业洗消设备对人员进行洗消。如发生的是严重的化学事故，仅靠普通清水无法达到实施洗消的效果时，可加入消毒剂进行洗消，如果没有消毒剂也可用肥皂擦身；对人员实施洗消的场所必须是密闭的，有专人负责检测；对人员实施洗消时，应依照伤员、妇幼、老年和青壮年的顺序安排。洗消对象是染毒车辆器材包括参战人员的衣服和检测仪器等时，车辆的洗消可用高压清洗机、高压水枪等设施，实施自上而下、由里到外、从前到后的顺序清洗。没有专业设备也可用清水或消毒液擦洗浸泡、冲刷、日光照射等方法实施。洗消完毕的人员和器材装备，须检测合格后方可离开。否则染毒对象需要重新洗消，直到检测合格。

（2）毒源和污染区的洗消

危险化学品灾害事故发生后，要做到及时排除危险物质，不仅要及时组织救援力量对泄漏部位实施堵漏或倒罐转移，而且必须对危险源和污染区实施洗消，对液体泄漏毒物必须在有毒物质泄漏得到控制后才可实施洗消。洗消方法的选择根据毒物性质和现场情况来确定，对事故现场的洗消有时需反复进行多次，通过检测达到消毒标准方可停止洗消作业。

（3）车辆洗消

车辆洗消应包括以下步骤和内容：

① 利用洗消车、消防车或其他洗消装备等架设车辆洗消通道；

② 选择合适的洗消剂，配置适宜的洗消液浓度，调整好水温、水压、流速和喷射角度，对受污染车辆进行洗消；

③ 卸下车辆的车载装备，集中在器材装备洗消区进行洗消；

④ 对于不能到洗消通道洗消的受污染车辆，可利用高压清洗机或水枪就地对其实施由上而下的冲洗，然后对车辆隐蔽部位进行彻底的清洗；

⑤ 被洗消的车辆经检测合格后进入安全区。

对于危险化学品泄漏的处置人员是有资格要求的，不是随便什么人都能进行泄漏处置工作。中华人民共和国公安部颁发的标准《危险化学品泄漏事故处置行动要则》（GA/T 970—2011），给出了处置人员的资质要求，如表6-1所示。

表 6-1 处置人员资质要求

处置人员类别	资质要求
指挥员	承担危险化学品泄漏处置过程中组织指挥职责的处置人员
	达到《公安消防岗位资格考试大纲》要求，应具备与本人职级相对应等级的公安消防岗位资格
	达到《公安消防部队灭火救援业务培训与考核大纲》要求，应通过考核
	应具备一定基础化学知识
	经过相关机构的培训，应取得危险化学品处置资格
	单独指挥现场的指挥员应有三年以上的工作实践
	应具备良好的体力、视力
	应具备分析判断和科学决策的能力，熟悉化学灾害事故处置辅助决策系统
侦检人员	承担对泄漏介质进行检测，辨别危险物种类，测定污染程度和范围等职责的处置人员
	达到《公安消防部队灭火救援业务培训与考核大纲》要求，应通过考核
	应具备一定基础化学知识
	经过相关机构的培训，应取得危险化学品处置资格
	单独操作的指挥员应有三年以上的工作实践
	应具备良好的体力、视力
	应具备辨别危险物种类、熟练使用侦检器材的能力

续表

处置人员类别	资质要求
堵漏人员	承担在带压、带湿或不停车的情况下，采用调整、堵塞或重建密封等方法制止泄漏职责的处置人员
	达到《公安消防部队灭火救援业务培训与考核大纲》要求，应通过考核
	应具备一定基础化学知识
	经过相关机构的培训，应取得危险化学品处置资格
	单独操作的指挥员应有三年以上的工作实践
	应具备良好的体力、视力
	应具备熟练使用堵漏器材以制止泄漏的能力
洗消人员	承担对染毒对象进行洗涤和消毒，降低或消除毒物的污染程度至可以接受的安全水平职责的处置人员
	达到《公安消防部队灭火救援业务培训与考核大纲》要求，应通过考核
	应具备一定基础化学知识
	经过相关机构的培训，应取得危险化学品处置资格
	单独操作的指挥员应有三年以上的工作实践
	应具备良好的体力、视力
	应具备与公众沟通能力和熟练使用洗消器材的能力
消防急救人员	承担处置现场重度受伤人员和先期生命救治职责的处置人员
	达到《公安消防部队灭火救援业务培训与考核大纲》要求，应通过考核
	应具备一定基础化学知识
	经过相关机构的培训，应取得危险化学品处置资格和国际红十字会救生员资格
	单独救生的消防急救人员应有三年以上的工作实践
	应具备良好的体力、视力
	心理素质稳定，具有语言沟通能力和紧急医疗救护能力
现场文书	承担记录现场命令、指示和部队贯彻执行情况，统计汇总情况，编制上报作战信息职责的处置人员
	达到《公安消防部队灭火救援业务培训与考核大纲》要求，应通过考核
	应具备一定基础化学知识
	经过相关危险化学品处置课程培训，应取得合格
	应具备良好的体力、视力
	应具备快速记录、统计数据能力

续表

处置人员类别	资质要求
现场安全员	承担现场险情实时检测、检查安全防护器材，记录进入危险区的作业人员数量和时间及防护能力、保持不间断的联系并及时清点核查职责的处置人员
	应具备一定基础化学知识
	经过相关机构的培训，应取得危险化学品处置资格
	应具备良好的体力、视力
	应具备准确判断突发险情的能力，并熟悉紧急撤离信号
专家	承担判断灾情变化趋势、评估危险程度和影响范围和国家标准、提供技术支持并解决技术难题职责的专业人员
	经过相关机构的培训，应取得危险化学品处置资格
	应熟悉危险化学品安全管理的有关法律、法规、规章和国家标准，掌握危险化学品安全技术、职业危害预防与化学事故应急救援等专业知识
	应具有20年以上从事化工生产、设计、管理、研究、教学工作经历，任高级技术职务
	应具备危险化学品泄漏处置经验和处置能力

第二节　带压堵漏安全技术

一、带压堵漏的概念

带压堵漏（pressure seal）也称“带压密封”，是利用合适的密封件，彻底切断介质泄漏的通道；或者堵塞，或者隔离泄漏介质通道；或者增加泄漏介质通道中流体流动阻力，以便形成一个封闭的空间，达到阻止流体外泄的目的。

带压堵漏全称为“管道容器不动火不停输快速带压堵漏”，今天已经成为带压堵漏行业，该行业主要针对石油、炼油、乙烯、氯碱、燃气、化工、发电厂、造纸厂、舰船、物业和家庭等各类管道和容器罐的腐蚀穿孔、跑冒滴漏，可以有效地在压力30MPa内（施工时要卸压到5MPa内，施工完成后再加压），温度900℃内（施工时要穿戴700℃非燃蒸服）进行堵漏。适用介质：油、水、燃气、蒸汽、各类气体、硫黄、浓酸、碱、苯强腐蚀类和各类化学品。

1. 原理

带压堵漏是指在一个大气压以上任意带着压力的管道和容器罐内部储存或输送介质因腐蚀穿孔跑冒滴漏或人为损坏导致泄漏，采用不停输不倒罐在内部介质飞溅过程中堵住的方法，时常可以使用电焊、电砂轮打磨等产生火花操作，因为在带压堵漏词句上没有不动火的概念。但是在实际施堵时经常会出现易燃易爆类介质，这类介质是不得接触一点火花的，所以后来国内普遍把带压堵漏改成了不动火带压堵漏，这样一来可以更清晰地解释这个行业的内涵，但是人们喜欢简化成带压堵漏，今天说带压堵漏在人们心中已经清楚地理解为“不动火带压堵漏”了。因为带压堵漏行业没有经过规范所以叫法不一，多数人认为带压堵漏是注剂式密封，实际上注剂式密封只是带压堵漏技术里的一项技术工艺，因为注剂式密封技术只能在直管上带压堵漏，很有局限性，如果是三通、弯头、变径、法兰盘根部、大型容器罐等部位就无能为力了。

2. 起源

带压堵漏（在线密封）技术起源于英国，国内从 1984 年开始使用不停车带压堵漏技术，今天此技术已广泛应用于电力、化工企业，成为企业实现长周期、无泄漏的重要手段，同时避免停车的物料排泄不仅给企业带来巨大的经济效益，而且有着很大的环保意义。

带压堵漏通常需要制作和安装卡具，然后通过专门的注胶工具，把专用带压堵漏密封胶注入卡具，形成密实的充填物，形成新的密封。我国在长期的带压堵漏施工中，积累了许多经验，在温度 550℃、压力 16MPa 的条件下，都进行了成功的带压堵漏，并拥有了注剂堵漏、磁压堵漏、胶黏堵漏、顶压堵漏和建筑堵漏多种带压堵漏手段。

危险化学品工厂的泄漏多数为法兰、焊道和阀门。法兰和阀门填料函部位的泄漏，如果没有特殊的形状和障碍物，在十几分钟到四五个小时（卡具加工时间）就可以把泄漏消除掉。而焊道和阀体砂眼的泄漏因卡具加工耗时要多一些。而经带压堵漏的泄漏，一般都能保证半年或几年无泄漏，如果漏点发生泄漏，只需在卡具中再注入少量密封剂即可消除泄漏。

3. 方法

（1）调整消漏法

调整消漏法是采用调整操作、调节密封件预紧力或调整零件间相对位置，无须封堵的一种消除泄漏的方法。其中紧固法是一种最常见的方法，主要是对正在泄漏的密封元件再施加一定的预紧力，这种方法适用于管法兰、垫片等部位的密封面。此外对于紧偏了的零部件可调整相对位置，主要适用于法兰间隙的一致性调整。法兰在运行中发生泄漏的主要原因有：

① 在检修和安装过程中产生偏口，密封面不平行，一边松，一边紧；

② 产生错口，静密封副两轴线不在一条线上；

③ 垫片装得不正，形成偏垫；

④ 密封件预紧力不够和温度变化较大等原因。

金属垫出现泄漏后，能维持一段时间，但非金属垫出现泄漏后，泄漏点容易扩大。因此，一旦发现泄漏应立即调整止漏，防止泄漏点的扩大。调整止漏应在有预紧间隙的前提下进行，首先应认真查找法兰泄漏的原因，然后根据不同的泄漏原因采取不同的对策。充气式管道堵水气囊是管道消漏的好帮手。

① 如果法兰密封副不在一条轴线上，出现错口现象而泄漏，应首先微松一下螺栓，将静密封副的位置校正，使它们在一条轴线上，然后均匀、对称、轮流拧紧螺栓后即可止漏。

② 如果法兰静密封的圆周间隙一边大、一边小，出现偏口现象而泄漏，一般在间隙大的一边产生泄漏。因此，首先拧紧间隙大的一边螺栓，泄漏即可消除。

③ 如果法兰静密封的圆周间隙基本一致，可以在泄漏一边开始，再向两边逐一拧紧螺栓，最后轮流对称地拧紧螺栓即可止漏。

④ 如果螺栓连接处因设计不周，选材不当产生变形，使预紧间隙缩小，甚至两件接触，无法调整止漏。这时可在两件接触缝中用锯条开一条间隙缝，或用錾子削除一层金属，扩大其间隙，然后拧紧螺栓止漏。

⑤ 如果因选用不当，螺栓上的螺纹拧到头、没有预紧间隙，无法继续拧紧螺栓而止漏，或者因螺栓本身损坏、乱扣时，应制作一只G形特殊夹紧器，用夹紧器夹持在需调整或更换的螺栓处，然后松开该处的螺栓，用新螺栓更换损坏、乱扣的螺栓；或者用加垫圈的方法调整无螺纹预紧间隙的螺栓。螺栓拧紧泄漏消除后，可卸下G形特殊夹紧器。

(2) 机械堵漏法

① 支撑法　在管道外边设置支撑架，借助工具和密封垫堵住泄漏处的方法，称为支撑法。这种方法适用于较大管道的堵漏，是因无法在本体上固定而采用的一种方法。

② 顶压法　在管道上固定一螺杆直接或间接堵住设备和管道上的泄漏处的方法，称为顶压法。这种方法适用于中低压管道上的砂眼、小洞等漏点的堵漏。

③ 卡箍法　用卡箍（卡子）将密封垫卡死在泄漏处而达到治漏的方法，称为卡箍法。

④ 压盖法　用螺栓将密封垫和压盖紧压在孔洞内面或外面达到止漏的一种方法，称为压盖法。这种方法适用于低压、便于操作管道的堵漏。

⑤ 打包法　用金属密闭腔包住泄漏处，内填充密封填料或在连接处垫有密封垫的方法，称为打包法。

⑥ 上罩法　用金属罩子盖住泄漏而达到堵漏的方法，称为上罩法。

⑦ 胀紧法　堵漏工具随流体进入管道内，在内漏部位自动胀大堵住泄漏的方法，称为胀紧法。这种方法较复杂，并配有自动控制机构，用于地下管道或一些难以从外面堵漏的场合。

⑧ 加紧法　液压操纵加紧器夹持泄漏处，使其产生变形而致密，或使密封

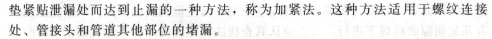

垫紧贴泄漏处而达到止漏的一种方法，称为加紧法。这种方法适用于螺纹连接处、管接头和管道其他部位的堵漏。

(3) 塞孔堵漏法

采用挤瘪、堵塞的简单方法直接固定在泄漏孔洞内，从而达到止漏的一种方法。这种方法实际上是一种简单的机械堵漏法，它特别适用于砂眼和小孔等缺陷的堵漏。

① 捻缝法　用冲子挤压泄漏点周围金属本体而堵住泄漏的方法，称为捻缝法。这种方法适用于合金钢、碳素钢及碳素钢焊缝。不适用于铸铁、合金钢焊缝等硬脆材料以及腐蚀严重而壁薄的本体。

② 塞楔法　用韧性大的金属、木头、塑料等材料制成的圆锥体楔或扁楔敲入泄漏的孔洞里而止漏的方法，称为塞楔法。这种方法适用于压力不高的泄漏部位的堵漏。

③ 螺塞法　在泄漏的孔洞里钻孔、攻螺纹，然后上紧螺塞和密封垫治漏的方法，称为螺塞法。这种方法适用于体积大而孔洞较大的部位的堵漏。

(4) 焊补堵漏法

焊补方法是直接或间接地把泄漏处堵住的一种方法。这种方法适用于焊接性能好，介质温度较高的管道。它不适用于易燃易爆的场合。

① 直焊法　用焊条直接填焊在泄漏处而止漏的方法，称为直焊法。这种方法主要适用于低压管道的堵漏。

② 间焊法　焊缝不直接参与堵漏，而只起着固定压盖和密封件作用的一种方法，称为间焊法。间焊法适用于压力较大、泄漏面广、腐蚀性强、壁薄刚性小等部位的堵漏。

③ 焊包法　把泄漏处包焊在金属腔内而达到止漏的一种方法，称为焊包法。这种方法主要适用于法兰、螺纹处，以及阀门和管道部位的堵漏。

④ 焊罩法　用罩体金属盖在泄漏部位上，采用焊接固定后得以止漏的方法。适用于较大缺陷的堵漏部位。如有必要，可在罩上设置引流装置。

⑤ 逆焊法　利用焊缝收缩的原理，将泄漏裂缝分段逆向逐一焊补，使其裂缝收缩不漏，有利焊道形成的堵漏方法，称为逆焊法，也叫作分段逆向焊法。这种方法适用于低中压管道的堵漏。

(5) 粘补堵漏法

利用胶黏剂直接或间接堵住管道上泄漏处的方法。这种方法适用于不宜动火以及其他方法难以堵漏的部位。胶黏剂堵漏的温度和压力与它的性能、填料及固定形式等因素有关，一般耐温性能较差。

① 粘堵法　用胶黏剂直接填补泄漏处或涂覆在螺纹处进行粘接堵漏的方法，称为粘接法。这种方法适用于压力不高或真空管道上的堵漏。

② 粘贴法　用胶黏剂涂覆的膜、带和薄软板压贴在泄漏部位而治漏的方法，

称为粘贴法。这种方法适用于真空管道和压力很低的部位的堵漏。

③ 粘压法 用顶、压等方法把零件、板料、钉类、楔塞与胶黏剂堵住泄漏处，或让胶黏剂固化后拆卸顶压工具的堵漏方法。这种方法适用于各种粘堵部位，其应用范围受到温度和固化时间的限制。

④ 缠绕法 用胶黏剂涂覆在泄漏部位和缠绕带上而堵住泄漏的方法，称为缠绕法。此方法可用钢带、铁丝加强。它适用于管道的堵漏，特别是松散组织、腐蚀严重的部位。

(6) 胶堵密封法

使用密封胶（广义）堵在泄漏处而形成一层新的密封层的方法。这种方法效果好，适用面广，可用于管道的内外堵漏，适用于高压高温、易燃易爆部位。

① 渗透法 用稀释的密封胶液混入介质中或涂覆表面，借用介质压力或外加压力将其渗透到泄漏部位，达到阻漏效果的方法，称为渗透法。这种方法适用于砂眼、松散组织、夹渣、裂缝等部位的内处堵漏。

② 内涂法 将密封机构放入管内移动，能自动地向漏处射出密封剂，这称为内涂法。这种方法复杂，适用于地下、水下管道等难以从外面堵漏的部位。因为是内涂，所以效果较好，不需夹具。

③ 外涂法 用厌氧密封胶、液体密封胶外涂在缝隙、螺纹、孔洞处密封而止漏的方法，称为外涂法。也可用螺母、玻璃纤维布等物固定，适用于压力不高的场合或真空管道的堵漏。

④ 强注法 在泄漏处预制密封腔或泄漏处本身具备密封腔，将密封胶料强力注入密封腔内，并迅速固化成新的填料而堵住泄漏部位的方法，称为强注法。此方法适用于难以堵漏的高压高温、易燃易爆等部位。

(7) 改道法

在管道或设备上用接管机带压接出一段新管线代替泄漏的、腐蚀严重的、堵塞的旧管线，这种方法称为改道法。此法多用于低压管道。

(8) 其他堵漏法

① 磁压法 利用磁钢的磁力将置于泄漏处的密封胶、胶黏剂、垫片压紧而堵漏的方法，称为磁压法。这种方法适用于表面平坦、压力不大的砂眼、夹渣、松散组织等部位的堵漏。

② 冷冻法 在泄漏处适当降低温度，致使泄漏处内外的介质冻结成固体而堵住泄漏的方法，称为冷冻法。这种方法适用于低压状态下的水溶液以及油介质。

③ 凝固法 利用压入管道中某些物质或利用介质本身，从泄漏处漏出后，遇到空气或某些物质即能凝固而堵住泄漏的一种方法，称为凝固法。某些热介质泄漏后析出晶体或成固体能起到堵漏的作用，同属凝固法的范畴。这种方法适用于低压介质的泄漏。如适当制作收集泄漏介质的密封腔，效果会更好。

（9）综合治漏法

综合以上各种方法，根据工况条件、加工能力、现场情况、合理地组合上述两种或多种堵漏方法，称为综合治漏法。如：先塞楔子，后粘接，最后机械固定；先焊固定架、后用密封胶，最后机械顶压等。

4. 带压堵漏安全操作规程

一般来说，堵漏的工作是在不停工、不电焊、不影响生产正常运行的情况下进行的，因而它具有一定的危险性，故特别需要加强堵漏的安全技术工作。在长期的实践摸索后，我们制订了这一行业的安全操作规程。

① 现场作业履行申请、登记手续。重要施工方案需经有关部门的主管领导签发批准后方可以实施。

② 堵漏现场作业需指定有经验的人员担任现场指挥（现场负责人），做好各种应急方案及事故预想。

③ 作业现场需通知有关运行当班人员，并派遣懂工艺、懂安全的人员监护。

④ 作业现场必须整洁无杂物、道路畅通，遇紧急情况能保证作业人员撤出现场。

⑤ 高空作业必须配有带栏杆的工作平台；有毒有害介质的作业现场必须设置强制通风设施，减轻对施工人员的危害；易燃易爆介质作业现场必须用水、蒸汽或惰性气体保护。

⑥ 作业人员必须配备专用防护用品，并检查其是否完好无损。

⑦ 作业前应完成堵漏工具和密封剂的准备工作。其中卡具应参照泄漏部位的介质和工艺条件来选择材质，并依据泄漏部位的条件来设计堵漏用具的结构，使其具有足够的强度和刚度，不在承受外力时产生变形。

⑧ 作业时必须穿好防护服、防护鞋，戴防护帽、防护手套、防雾眼镜和面罩。

⑨ 带压堵漏作业时应尽量避免泄漏介质直接飞溅喷射到人身上。操作人员应站在上风口；可考虑用压缩空气机或风机将泄漏介质吹散。

⑩ 作业时应迅速平稳，安装堵漏用具时不宜大力敲打；注射阀的导流方向不能对着人和设备及易燃易爆物品。

⑪ 在可燃气体泄漏严重现场，要关闭手机，穿上防静电服和防静电鞋、靴，用喷雾器把头发喷湿并把喷雾器带到现场，夏天 25～40℃时每隔 5min 喷一次，春秋季节每隔 30min 喷一次，冬天佩戴防静电帽并把头发包扎在防静电帽内，取出防静电服口袋内的一切物品。

二、风险控制

由于危险化学品企业的设备是由泵、压缩机等动态设备和罐、塔、管道、阀门等静态设备组成，密封点很多；其工艺特点是高温、高压、连续生产。运行中往往由于设备的腐蚀和检修过程中存在的质量问题、停车过程中压力或温度的波动而造成泄漏。而一方面是设备的泄漏不可避免；另一方面是生产的连续性。因此不停车带压堵漏就成为设备维修的关键措施。本书将在维修中对工作人员可能出现的伤害形式和安全隐患进行了分类，制订出相应安全的应急措施，真正达到既保证维修人员的安全又可以连续生产的目的。

带压堵漏是一种对破损运输管道的应急修补方法，它的特点是能在保持运输管道正常工作的前提下来进行相应的修补工作。通常来说，带压堵漏主要都是针对一些表面温度较高或者压力大的装置进行相关的施工操作。因此对于已经进行过热紧固作业的管道再进行此操作就显得尤为困难，在进行此项作业时，如果工作人员由于疏忽大意或者没有按要求穿戴防护用品，就很容易带来严重的安全隐患。所以这类操作对操作人员的技能和身体素质都有较高的要求。此外在进行堵漏工作时，由于组合部件的温差很大，因而容易使相关的器具热胀不均，也可能会发生扩大破损的现象。

1. 危害因素

（1）泄漏现场的化学性危险因素

易燃气体、易爆气体、有毒气体、易燃液体、有毒液体、有毒性粉尘与气溶胶、腐蚀性气体、腐蚀性液体等泄漏介质，会在现场形成各种化学性危害因素。

（2）泄漏现场的物理性危害因素

高温液体、高温气体、低温介质、噪声、振动、静电、物体打击、坠落、恶劣的作业环境、粉尘与气溶胶，会在现场形成各种物理性危害因素。

2. 危害分类

生产中泄漏的有蒸汽、水、原料气及氨、甲氨、氢气、氧气、氮气等多种介质，压力从0.2～15MPa，温度从常温到500℃。因为危害的种类各不相同，所以相应的应急措施也不同。

① 压力喷射　这类伤害不论介质是什么、温度如何，其伤害是机械性的。随着压力的增高，发生伤害的可能性及程度也愈大，几乎所有的漏点都存在这种伤害。

② 烫伤及冻伤　这种伤害存在于高温介质或低温及挥发性强的介质中，以及来自周围环境其他设备的烫伤。

③ 中毒　发生这类伤害的介质有原料气、一氧化碳、甲氨、氮气、二氧化碳、硫化氢等。

④ 燃烧及爆炸　发生这类伤害的介质有原料气、一氧化碳、氢气、氨气、甲醇、硫化氢等。

⑤ 高空坠落及其他伤害。

3. 应急措施

（1）压力喷射的应急措施

① 操作时应戴好防护用品，包括防护面罩等；

② 为了防止崩开，操作前应测厚度，对腐蚀情况进行评估；

③ 操作人员站位也很重要，应避开气流冲击方向，并设置遮挡以及逃逸路线等；

④ 如果操作前经过评估，发生事故的可能性增大时，就应派救护车，由医务人员等候接诊。

（2）烫伤及冻伤的应急措施

① 操作者穿戴专门的隔热服和防烫手套，尽量减少作业时间；

② 注意周围高温环境中的高温管道及设备。

（3）中毒应急措施

根据外泄介质的性质以及浓度的大小，分别采取不同措施：

① 佩戴长管呼吸器以及背负式氧气呼吸器；

② 用空气机吹散有毒气体，降低有毒气体的浓度；

③ 操作人员间隔轮换吸氧并派救护车，由医务人员现场出诊。

（4）燃烧及爆炸的应急措施

① 使用防毒工具，操作时轻拿轻放，穿防静电服；

② 夹具涂油脂以防碰出火花；

③ 消防车到现场出警，现场准备灭火器材，设置逃生路线。

（5）高空坠落的应急措施

① 作业现场搭设架板、围栏等，尽量选择白天作业；

② 佩戴安全带，严格遵守操作规程。

由于环境的复杂性和漏点情况的不可预见性，往往各种伤害是交织在一起的，如漏点在高处，同时又是原料气、一氧化碳、氢气、氨气等多种介质泄漏，既有喷射伤害，也有烫伤、中毒、爆炸等多种伤害并存的情况，所以，制订的应急措施应该是综合性的。

三、带压堵漏密封作业安全注意事项

① 为保证带压堵漏过程中设备、管道、阀门和人身安全，加强管理，防止发生各种事故，特制订带压堵漏安全管理制度。

② 带压堵漏现场施工操作人员，按照国家的相关规定，必须经带压堵漏专业技术培训，理论和实际操作考核合格，取得技术培训合格证书后，才能上岗进行带压堵漏作业。

③ 带压堵漏施工单位，根据带压堵漏的特点，制订各个环节条件下带压堵

漏安全操作规程和防护要求、应急措施等，并监督现场带压堵漏施工操作人员全面贯彻执行。

④ 带压堵漏的专用工具和施工工具必须满足耐温耐压和国家规定的其他安全要求，不允许在现场使用不合格的产品。

⑤ 带压堵漏的防护用品必须是符合国家安全规定的合格产品。

⑥ 为了保证带压堵漏过程中的安全，有下列情况之一者，不能进行带压堵漏或者需采取其他补救措施后，才能进行带压堵漏。

a. 管道及设备器壁等主要受压元器件，因裂纹泄漏又没有防止裂纹扩大的措施时，不能进行带压堵漏。否则会因为堵漏掩盖了裂纹的继续扩大而发生严重的破坏性事故。

b. 透镜垫法兰泄漏时，不能用通常的在法兰付间隙中设计夹具注入密封剂的办法消除泄漏。否则会使法兰的密封由线密封变成面密封，极大地增加了螺栓力，以致破坏了原来的密封结构，这是非常危险的。

c. 管道腐蚀、冲刷减薄状况（厚薄和面积大小）不清楚的泄漏点。如果管壁很薄且面积较大、设计的夹具不能有效覆盖减薄部位，轻则堵漏不容易成功，这边堵好那边漏，重则会使泄漏加重、甚至会出现断裂的事故。

d. 泄漏是剧毒介质时，例如光气等，不能带压堵漏。主要考虑是安全防护问题。

e. 强氧化剂的泄漏，例如浓硝酸、温度很高的纯氧等，需特别慎重考虑是否进行带压堵漏。因为它们与周围的化合物，包括某些密封剂会起剧烈的化学反应。

⑦ 带压堵漏前，施工操作人员根据现场泄漏的具体情况，制订切合实际的安全操作和防护措施实施细则，严格按安全操作法施工。

⑧ 带压堵漏施工操作人员要严格执行带压堵漏相关的国家劳动安全技术标准。遵守施工所在单位（公司、厂矿）的纪律和规定。每次作业都必须取得所在单位的同意后，才能进行施工。

⑨ 带压堵漏的施工操作人员必须按照规定穿戴好安全防护用品才能进入堵漏现场。

⑩ 防爆等级特别高和泄漏特别严重的带压堵漏现场，要有专人监控，制订严密详细的防范措施，现场应有必要的消防器材、急救车辆和急救人员。

⑪ 在生产装置区封堵易燃易爆泄漏介质需要钻孔时，必须从下面操作法中选择一种以上的操作法。

a. 冷却液降温法。在钻孔过程中，冷却液连续不断地浇在钻孔表面上，降低温度，使之无法出现火花。

b. 隔绝空气法。在注剂阀或 G 形卡具的通道内充填满密封注剂，钻孔时钻头在孔道内旋转，空隙被密封注剂包围堵塞，空气不能进入钻孔内。

c. 惰性气体保护法。设计一个可以通入惰性气体的注剂阀，钻头通过注剂阀与泄漏介质接通时，惰性气体可以起到保护作用。

⑫ 带压密封作业时施工操作人员要站在泄漏处的上风口，或者用压缩空气或水蒸气把泄漏介质吹向一边。避免泄漏介质直接喷射到作业人员身上，保证操作安全。

⑬ 带压密封现场需用电或特殊情况下需动火时，必须按企业《安全防火操作规程》办理用电证、动火证，严禁无任何手续的情况下用电或动火。

⑭ 必须按照操作规程进行作业，严格控制注射压力和注射密封注剂的数量，防止密封注剂进入流体介质内部。

⑮ 必须对带压堵漏作业的人员进行经常性安全教育，用本行业的事故案例进行教育更具针对性，能起到更有说服力的效果。

第七章

危险化学品泄漏应急措施

第一节　危险化学品泄漏的一般处置程序

化学灾害事故情况复杂，波及范围广，极易造成环境污染。掌握其处置程序及方法，对于减少灾害损失以及由此引起的次生灾害至关重要。

一、侦检

侦检是化学灾害事故处置的首要环节，不论是已知还是未知的危险化学品，都是必不可少的。侦检的方法通常有三种：仪器检测、试管检测、仪器和试管同时检测。

二、警戒

警戒是根据危险化学品波及的范围，为减少人员伤亡或其他次生灾害而划定的一个区域。这个区域的设置，既要考虑危险化学品的性质、数量，还要考虑事故现场的地理、气象情况。对于易燃易爆危险化学品，其警戒半径一般定为500～100m；对于核放射性物品，警戒半径一般定为300m。大型或者复杂的化学灾害事故现场应应用公安部消防局研发的《化学灾害事故应急处置辅助决策系统》软件。

警戒区设置要根据危险化学品的不同种类，设置不同的警戒标志，在警戒区外围适当位置（上风、侧风便于观察事故现场处）设置进出口、停放车辆区域、存放器材装备区域、洗消检测区、着装登记处等。

三、处置

针对不同化学灾害事故，其处置的手段主要有关阀断源、堵漏、稀释、回收、取样等，在有人员被困或需要进行人员疏散时，应在处置的同时，坚持先救人的原则。

担负处置任务的人员（化学救援小分队、化学救援小组），通常在其他人员

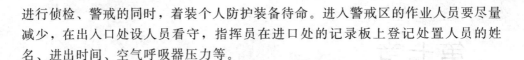

进行侦检、警戒的同时，着装个人防护装备待命。进入警戒区的作业人员要尽量减少，在出入口处设人员看守，指挥员在进口处的记录板上登记处置人员的姓名、进出时间、空气呼吸器压力等。

四、洗消

洗消主要是对警戒区作业人员、器材装备进行清洗，消除危险化学品对人体和器材装备的侵害。洗消必须在出口处设置的洗消间或洗消帐篷内进行。洗消残液要集中回收，避免二次污染。洗消过程是重复进行的，直到检测确认无污染为止。

五、输转

主要是对回收的危险化学品通过输转工具送到环保部门进行无害化处理。输转分为管道运输、铁路运输、水路运输、航空运输和公路运输。但是，不管是用哪种方法运输，都要执行运输单位资质认定；加强现场监督检查；严格剧毒品运输的管理；实行从业人员培训制度。

第二节 危险化学品泄漏处置方法

所谓的“采取工艺措施”即关阀断料、开阀导流、排料泄压、火炬放空、紧急停车等措施。这些技术措施是根据化工（危险化学品）生产装置、设备、储罐由管道连接，即通常所说的“管道式连续化”的特点提出的。如“关阀断料”，就是中断泄漏设备物料的供应，从而控制灾情的发展；“开阀导流”就是对泄漏或着火的设备或受到火势严重威胁的邻近设备内的物料进行输转的方法。不过，使用开阀导流的方式，会因物料状态（气态、液态）、密度、水溶性的不同而有所不同。特别是对于生产设备的开阀导流，要防止被导流设备内出现负压而吸入空气发生回火爆炸，故应严格控制导流的速度，使被导流设备内的压力不低于0.1MPa，有条件的，也可向被导流设备（储罐）输入等气体，以防止设备（储罐）内形成负压。“火炬放空”，即通过与设备上的安全阀、通气口、排气管等相连的火炬放空总管，将部分或全部物料烧掉的办法，从而积极地控制灾情，防止爆炸的发生。应该说，工艺措施是具有不可替代的科学、有效地处置化工火灾和危险化学品泄漏事故的技术手段。但工艺措施必须由专家、技术人员和岗位有经验的工人共同研究提出方案，并由技术人员和熟练的操作工人具体操作实施。在对受火势或爆炸威胁的设备、管道实施关、开阀门时，消防部队应出水枪，以直流或开花或喷雾射流掩护。

一、关阀断源

关阀断源，即当输送危险化学品的管道发生泄漏后，泄漏点处在阀门以后且阀门尚未损坏，可采取关闭输送物料管道阀门的方法，断绝物料源。

化工企业火灾的着火部位，通常在储存输送易燃、可燃液体或可燃气体的容器、设备、管道以及管道的阀门处。由于化工生产的连续性，易燃、可燃液体或可燃气体的不断输送，使着火部位不间断地得到燃料而持续燃烧。关闭进料阀门或关闭阻火闸门后，切断了燃料的来源，就能从根本上控制火势，这样，设备或管道中剩余的燃料燃尽后便会自行中止燃烧；流动而有压力的着火部位，变为不流动、无压力的部位，从而为灭火创造了先决条件。

实施关阀断源灭火措施，必须事前与有关技术人员研究，制订完整的操作方案，要考虑到关阀后是否会造成前一道工序的高温高压设备出现超温超压而爆炸；是否会导致设备由正压变为负压；是否会导致加热设备温度失控等事故。因此，在关阀断料的同时，应依据具体情况采取相应的断电、停泵、断输送、断热以及泄压、导流、放空等措施。

二、开阀导流

开阀导流，是将着火储罐、设备的可燃物料导出，以缩短燃烧时间或使燃烧中止的工艺灭火措施。

易燃可燃液体储罐、设备火灾的导流灭火储罐、设备的着火位置，一般均在上部。可关闭进料阀门，打开出料阀门，将着火储罐、设备内的可燃物料导向其他的储罐、设备，随着着火储罐、设备内残留物料的减少，燃尽后火将自然熄灭。

对有安全水封装置的储罐、设备，可采取临时措施，用泵抽出储罐、设备中的可燃、易燃液体，装入空桶中，并疏散到安全地点。

储存可燃气体的压力储罐、设备着火时，关闭进气阀，打开出气阀，将气体导入安全储罐、设备。导流后，压力储罐、设备的压力降低，可以防止爆炸；残余气体燃尽后，火即可熄灭。

三、堵漏

堵漏是处置危险化学品泄漏的重要方法，主要用于装有危险化学品的密闭容器、管道或装置，因密封性被破坏而出现的向外泄放或渗漏。常用的堵漏方法主要有以下几种。

1. 机械堵漏法

机械堵漏法是指利用密封件的机械变形力压堵。目前公安消防部队都配备有塞楔材料，用于常压或低压设备本体小孔、裂缝的危险化学品泄漏事故的堵漏处理。塞楔材料常见的为木制，选用塞楔材料进行堵漏时，必须根据泄漏危险化学品的性质进行灵活选用。

另外就是选用卡箍或者捆绑式堵漏器具进行堵漏。捆绑式堵漏带用于密封50～480mm直径管道以及圆形容器裂缝。外封式堵漏带用于堵塞直径480mm以上管道、容器、罐车、槽车和储罐的裂缝。

2. 气垫堵漏法

利用充气气垫或气袋的膨胀力，将泄漏口压住而堵漏。堵漏气垫是根据中空橡胶垫充气后的变形产生膨胀力来堵漏的，将橡胶密封面对准泄漏部位并固定牢固，然后充气使其膨胀，变形膨胀的橡胶体由于外部的位移限制，从而紧紧地贴住泄漏部位，最终达到堵漏目的。

3. 胶堵密封法

利用密封胶在泄漏口处形成的密封层进行堵漏。密封剂在外力作用下，被强行注入到泄漏部位与卡具所形成的密封空腔，在注胶压力远远大于泄漏介质压力的条件下，泄漏被强迫止住。

4. 磁压法

利用磁铁的强大磁力，将密封垫或密封胶压在设备的泄漏口而堵漏。磁压堵漏器，包括外壳和装在外壳内的磁铁，其特征在于在外壳内有上磁铁和下磁铁形成的磁铁组，所述的上磁铁和下磁铁在外壳内至少有一个可以转动，通过改变转动磁铁N极和S极的位置形成工作磁场，上磁铁与下磁铁之间有隔磁板，上磁铁固定在隔磁板的上方或下磁铁固定在隔磁板的下方，在堵漏器的下面为可更换的铁靴，所述的铁靴对应的下磁铁的部位为隔磁板，铁靴的其他部位为导磁板。该发明使用简单、可靠，没有其他的附属设备，是中低压设备理想的堵漏工具。

四、洗消

洗消就是对染毒对象进行洗涤、消毒、去除毒物所采取的措施。洗消能降低事故现场的毒性，减少事故现场的人员伤亡；洗消能提高事故现场的能见度，提高化学事故的处置效率；洗消能简化化学事故的处置程序；洗消能缩小警戒区域，便于警戒和居民的防护或撤离。

在洗消过程中要严格遵守危险化学品泄漏事故的处置操作规程，防止造成不必要的伤害，救援人员应注意以下事项：

① 洗消过程中，只有确保消防指战员的自身安全，才能顺利地完成救援行动。救援人员一定要加强个人防护，进入重危险区的消防人员必须穿戴全身专用防护服，佩戴正压式空气呼吸器；中危区人员可穿简单防化服或普通战斗服，但必须将衣口、袖口用胶带封死，佩戴隔绝式呼吸器或过滤式防毒面具；另外应立即把中毒人员转移出污染区，防止中毒者受污染的皮肤或衣服二次污染救援人员。

② 事故现场的氰化物应尽量抢出，转移到安全地带，防止包装破损，引起环境污染；实施洗消作业时，必须选用恰当的洗消方法、洗消剂，不能盲目作业，否则可能造成不应有的副作用。

③ 发挥社会联动机制，当涉及人数多、污染面积大的时候，必须要动用公安、防化、医疗等其他社会力量共同参与。

④ 在夜间以及天气恶劣的情况下，对于长时间连续作战的复杂事故现场，为防止人员疲劳，要从给养、器材装备、洗消药剂等方面给予后勤充分保障。

⑤ 洗消工作结束后，要对救援人员及洗消装备进行彻底洗消，并经反复检测确认染毒体全部洗消完毕后，警戒人员方可撤离岗位。

1. 化学消毒法

化学消毒法即用化学消毒剂与有毒物质作用，改变化学毒物的化学性质，使之成为无毒或低毒物质。

(1) 中和消毒法

中和消毒法即利用酸碱中和反应原理来实施消毒的方法。病毒悬液定量法中和剂鉴定试验操作程序如下：

根据试验分组，准备足量有关器材，依次摆放，进行编号。各组分别用适宜大小容量的无菌定量吸管按以下程序吸取或添加试剂和试验样本。各组每吸一次试剂或样本，即应更换一次吸管或微量移液器吸头，以防相互污染。

① 预备试验第 1 组。将试验用细胞，分别加入不同稀释度的中和剂溶液，作用 3～4h 后，吸去液体，另加细胞维持培养液，置 37℃二氧化碳培养箱中培养。

② 预备试验第 2 组。将试验用细胞，分别加入不同稀释度中和产物溶液，作用 3～4h 后，吸去中和产物溶液，另加细胞基础培养液，置 37℃二氧化碳培养箱中培养。

③ 预备试验第 3 组。将试验用细胞，分别加入不同稀释度的消毒剂，作用 3～4h 后，吸去消毒剂，另加细胞维持培养液，置 37℃二氧化碳培养箱中培养。

④ 正式试验第 1 组。吸取双倍浓度消毒剂溶液 0.5mL 于试管内，置 20℃±1℃水浴中 5min 后，吸加 0.5mL 病毒悬液，混匀。待作用至试验预定的灭活病毒时间，加入 1.0mL 去离子水，根据试验规定量，吸取该最终样液（或以对病毒无害的稀释液做系列稀释），进行随后的病毒滴度测定。

⑤ 正式试验第 2 组。吸取双倍浓度消毒剂溶液 0.5mL 于试管内，置 20℃±1℃水浴中 5min 后，再吸加 0.5mL 病毒悬液，混匀。待作用至试验规定的灭活病毒时间，加入 1.0mL 中和剂溶液，混匀，作用 10min。进行随后的病毒滴度测定。

⑥ 正式试验第 3 组。吸取 0.5mL 去离子水于试管内，置 20℃±1℃水浴中

5min 后，再吸加 0.5mL 病毒悬液，混匀。待作用 10min 后，加入 1.0mL 中和剂溶液，混匀。进行随后的病毒滴度测定。

⑦ 正式试验第 4 组。吸取双倍浓度消毒剂 0.5mL 于试管内，置 20℃±1℃水浴中 5min 后，加入 1.0mL 中和剂，再吸加 0.5mL 病毒悬液，混匀，作用 10min。进行随后的病毒滴度测定。

⑧ 正式试验第 5 组。吸取去离子水 1.5mL 于试管内，置 20℃±1℃水浴中 5min 后，再吸加 0.5mL 病毒悬液，混匀。进行随后的病毒滴度测定。

⑨ 正式试验第 6 组。将试验用细胞，加细胞维持培养液后，置 37℃二氧化碳培养箱中培养。

⑩ 对各种病毒的接种和检测操作技术，若无特殊要求，按病毒学中各种病毒的常规培养和检测方法进行即可。

(2) 氧化还原消毒法

氧化还原消毒法即利用氧化-还原反应原理，通过氧化还原反应将废水中的溶解性污染物质去除的方法，从而达到消毒的目的。化学反应中，失去电子的过程叫氧化，失去电子的物质叫还原剂，在反应中被氧化；得到电子的过程叫还原，而得到电子的物质叫氧化剂，在反应中被还原。每个物质都有各自的氧化态和还原态，其氧化还原电位的高低决定了该物质的氧化还原能力。

(3) 催化消毒法

催化消毒法即利用催化原理，使催化剂与化学毒物发生作用，使化学毒物加速生成低毒或无毒的化学物质，从而达到消毒的目的。以下几种方法值得借鉴。

① 过氧化氢催化氧化　催化氧化法的种类很多，最常用的是过氧化氢氧化法。过氧化氢在氧化消毒试剂中具有特殊的地位，因为它除了强的氧化作用外也具有还原性，而且在水溶液中形成过氧羟基可使许多污染物迅速水解。过氧化氢可用于有毒废弃物的氧化破坏、废水的消毒、除味，可以满意地解决许多废液问题。过氧化氢的特点是在较宽的 pH 值范围内具有高的反应活性，不产生有毒的反应产物，另外它比其他氧化剂稳定的多。

过氧化氢与亚铁离子结合形成的 Fenton 试剂，具有极强的氧化能力，对于许多种类的有机物都是一种有效的氧化剂。开发 Fenton 试剂在工业废水处理中的应用，国内外已进行了广泛的研究。Fenton 试剂特别适用于生物难降解或一般化学氧化难以奏效的有机废水的氧化处理。

Fenton 试剂之所以具有非常强的氧化能力，是由于过氧化氢在催化剂铁等存在时，能生成氢氧自由基（·OH）。氢氧自由基比其他一些常用的氧化剂具有更高的氧化电极电位，因此·OH 是一种很强的氧化剂，另外·OH 具有很高的电负性或亲电子性，其电子亲和力为 569.3kJ，容易进攻高电子云密度点，这就决定了·OH 的进攻具有一定的选择性。

② 二氧化氯催化氧化　化工行业的生产废水性质复杂，普遍具有“三高一

差”的特点，即COD高，含盐量高，色度高，可生化性差。许多废水具有较强的毒性，是典型的有毒性难降解有机废水。由于其对微生物具有高毒性，所以难以采用传统的生物处理技术，其他如Fenton试剂、光化学催化氧化等方法，对废水的COD有一定的处理效果，但也由于经济和技术原因，难以达到工业应用的水平。因此急需寻找一条处理的新途径。

二氧化氯催化氧化法是近年来发展起来的水处理高级氧化技术之一，它是在化学氧化法的基础上改进、发展起来的，并逐渐成为研究的一个热点。常用的氧化剂有 O_3、H_2O_2、$NaClO_3$ 及 ClO_2 等，其中，二氧化氯是一种新型高效氧化剂。

二氧化氯催化氧化的原理就是在表面催化剂存在的条件下，利用强氧化剂——二氧化氯，在常温常压下催化氧化废水中的有机污染物，或直接将有机污染物氧化成二氧化碳和水，或将大分子有机污染物氧化成小分子有机污染物，提高废水的可生化性，能较好地去除有机污染物。在降解COD的过程中，打断有机分子中的双键发色团，如偶氮基，硝基，硫化羟基，碳亚氨基等，达到脱色的目的，同时有效地提高BOD/COD值，使之易于生化降解。这样，二氧化氯催化氧化反应在高浓度、高毒性、高含盐量废水中充当常规物化预处理和生化处理之间的桥梁。

本反应的核心为三相催化氧化。这三相分别是：由风机送入塔内的压缩空气（气相），药剂发生器产生的高效氧化剂（液相）和固定在载体上的催化剂（固相）。其中催化剂为复合型贵金属化合物，正是该催化剂的作用，使空气中的氧气也作为氧化剂参与反应，从而减少了液相氧化剂的耗量，降低了处理成本，提高了处理效率，又能使反应速度大大加快，缩短了废水在塔内的停留时间。废水经预处理除去水中杂物后，进入催化氧化塔，水中有机污染物在催化剂的作用下被氧化剂分解，苯环、杂环类有机物被开环、断链，大分子变成小分子，小分子再进一步被氧化为二氧化碳和水，从而使废水中的COD值大幅度降低，色泽基本褪尽，同时提高了BOD/COD的值，降低了废水的毒性，提高了废水的可生化性，为后续生化处理创造条件，使废水处理后达标排放。

此反应的适用范围：含芳香族类化工废水；染料类化工废水；农药、医药、兽药类化工废水；含氟、氰类化工废水；焦化废水。

特点：投资省，效果好，工艺流程短，操作简便易行，常温常压，可间断运行也可连续运行。无沉渣沉泥产生，对环境无二次污染。

③ 催化臭氧化　催化臭氧化技术是近年发展起来的一种新型的在常温常压下将那些难以用臭氧单独氧化或降解的有机物氧化的方法，同其他高级氧化技术[如 O_3/H_2O_2、UV/O_3、UV/H_2O_2、$UV/H_2O_2/O_3$、TiO_2/UV 和 CWAO（催化湿式氧化）等]一样，也是利用反应过程中产生的大量强氧化性自由基（羟基自由基）来氧化分解水中的有机物从而达到水质净化的目的。羟基自由基

非常活泼，与大多数有机物反应时速率常数通常为106～109L/(mol·s)。

可作为催化剂的有：铜系列催化剂、三氧化二铝基催化剂、锐钛矿和绿坡缕石基催化剂、金属钌负载在二氧化铈（$200m^2/g$）上作催化剂、过渡金属。

催化臭氧化对水中有机物去除率较单独吸附和单独臭氧化之和还要高，而且消耗的臭氧量也大为减少；氯化消毒处理时，催化臭氧化比同样条件下单独臭氧化或臭氧过氧化氢氧化所需的氯量减少；此外，即使在氯化消毒工艺加同样的氯量，催化臭氧化作为氯化预处理工艺所产生的三卤甲烷量较预臭氧化和预氯化工艺所形成的三卤甲烷量少。

④ 光催化氧化　光催化氧化以N型半导体为催化剂，各种催化剂活性顺序为 TiO_2＞ZnO＞WO_3。TiO_2 是常用的催化剂。TiO_2 的性质，光化学性十分稳定，无毒价廉，货源充足。

光催化氧化法是近20年才出现的水处理技术，在足够的反应时间内通常可以将有机物完全矿化为 CO_2 和 H_2O 等简单无机物，避免了二次污染，简单高效而有发展前途。由于以二氧化钛粉末为催化剂的光催化氧化法存在催化剂分离回收的问题，影响了该技术在实际中的应用，最新研制了一种复合催化剂膜，是将粉末活性炭和 TiO_2 联合固定的一种膜，其催化剂的附着性和去除效果均优于纯 TiO_2 膜，为光催化氧化技术找到了更加理想的复合催化剂及其工程应用的方法。

2. 燃烧消毒法

通过燃烧来破坏有毒物质，使其毒性降低或消除。

3. 物理消毒法

通过物质吸附或者强制排风的方法进行，以下几种方法是常见的方法。

(1) 干烤

利用干烤箱，160～180℃加热2h，可杀死一切微生物，包括芽孢菌。主要用于玻璃器皿、瓷器等的灭菌。

(2) 烧灼和焚烧

烧灼是直接用火焰杀死微生物，适用于微生物实验室的接种针等不怕热的金属器材的灭菌。焚烧是彻底的消毒方法，但只限于处理废弃的污染物品，如无用的衣物、纸张、垃圾等。焚烧应在专用的焚烧炉内进行。

(3) 红外线

红外线辐射是一种波长0.77～1000μm的电磁波，有较好的热效应，尤以波长1～10μm的热效应最强，亦被认为一种干热灭菌。红外线由红外线灯泡产生，不需要经空气传导，所以加热速度快，但热效应只能在照射到的表面产生，因此不能使一个物体的前后左右均匀加热。红外线的杀菌作用与干热相似，利用红外线烤箱灭菌所需的温度和时间亦同于干烤，多用于医疗器械的灭菌。但是，人受红外线较长照射会感觉眼睛疲劳及头疼；长期照射会造成眼内损伤。因此，工作人员至少应该戴上能防红外线伤害的防护镜。

(4) 微波

微波是一种波长为1mm～1m左右的电磁波，频率较高，可穿透玻璃、塑料薄膜与陶瓷等物质，但不能穿透金属表面。微波能使介质内杂乱无章的极性分子在微波场的作用下，按波的频率往返运动，互相冲撞和摩擦而产生热，介质的温度可随之升高，因而在较低的温度下能起到消毒作用。一般认为其杀菌机理除热效应以外，还有电磁共振效应，场致力效应等的作用。消毒中常用的微波有2450MHz与915MHz两种。微波照射多用于食品加工。在医院中可用于检验室用品、非金属器械、无菌病室的食品食具、药杯及其他用品的消毒。但微波长期照射可引起眼睛的晶状混浊、睾丸损伤和神经功能紊乱等全身性反应，因此必须关好门后才开始操作。

五、灭火剂灭火

危险化学品泄漏导致火灾，除从外部喷射灭火剂灭火外，还可向设备、管道内输入灭火剂灭火。这是扑救高大设备、架空管道及死角部位的可燃气体火灾的重要灭火措施。

当高大设备、管道内可燃气体着火时，可在生产工艺允许的条件下，关闭进料总阀，然后从管道下部的旁通管道或临时选择一个与着火部位管道相近而又安全的部位钻孔输入干粉、1211、二氧化碳或工业蒸汽、氮气等惰性气体，顺管道内部输入至着火孔洞处，即可灭火。

1. 几种常用灭火剂

(1) 水

水是自然界中分布最广、最廉价的灭火剂，由于水具有较高的比热容[4.186J/(g·℃)]和潜化热（2260J/g)，因此在灭火中其冷却作用十分明显，其灭火机理主要依靠冷却和窒息作用进行灭火。水灭火剂的主要缺点是产生水渍损失和造成污染、不能用于带电火灾的扑救。

(2) 泡沫灭火剂

泡沫灭火剂是通过与水混溶、采用机械或化学反应的方法产生泡沫的灭火剂。一般由化学物质、水解蛋白或由表面活性剂和其他添加剂的水溶液组成。通常有化学泡沫灭火剂、空气机械脘基泡沫灭火剂、洗涤剂泡沫灭火剂。泡沫灭火剂的灭火机理主要是冷却、窒息作用，即在着火的燃烧物表面上形成一个连续的泡沫层，通过泡沫本身和所析出的混合液对燃烧物表面进行冷却，以及通过泡沫层的覆盖作用使燃烧物与氧隔绝而灭火。泡沫灭火剂的主要缺点是水渍损失和污染、不能用于带电火灾的扑救。

目前，在灭火系统中使用的泡沫主要是空气机械脘基泡沫。按发泡倍数可分为三种：发泡倍数在20倍以下的称为低倍数泡沫；在21～200倍的称为中倍数泡沫；在 201～1000 倍的称为高倍数泡沫。

(3) 干粉灭火剂

干粉灭火剂是用于灭火的干燥、易于流动的微细粉末，由具有灭火效能的无机盐和少量的添加剂经干燥、粉碎、混合而成的微细固体粉末组成。主要是化学抑制和窒息作用灭火。除扑救金属火灾的专用干粉灭火剂外，常用干粉灭火剂一般分为 BC 干粉灭火剂和 ABC 干粉灭火剂两大类，如碳酸氢钠干粉、改性钠盐干粉、磷酸二氢铵干粉、磷酸氢二铵干粉、磷酸干粉等。

干粉灭火剂主要通过在加压气体的作用下喷出的粉雾与火焰接触、混合时发生的物理、化学作用灭火。一是靠干粉中的无机盐的挥发性分解物与燃烧过程中燃烧物质所产生的自由基或活性基发生化学抑制和负化学催化作用，使燃烧的链式反应中断而灭火；二是靠干粉的粉末落到可燃物表面上，发生化学反应，并在高温作用下形成一层覆盖层，从而隔绝氧窒息灭火。干粉灭火剂的主要缺点是对于精密仪器火灾易造成污染。

(4) 二氧化碳

二氧化碳是一种气体灭火剂，在自然界中存在也较为广泛，价格低、获取容易，其灭火主要依靠窒息作用和部分冷却作用。主要缺点是灭火需要浓度高，会使人员受到窒息毒害。

(5) 卤代烷灭火剂

其灭火机理是卤代烷接触高温表面或火焰时，分解产生的活性自由基，通过溴和氟等卤素氢化物的负化学催化作用和化学净化作用，大量捕捉、消耗燃烧链式反应中产生的自由基，破坏和抑制燃烧的链式反应，而迅速将火焰扑灭；靠化学抑制作用灭火。另外，还有部分稀释氧和冷却作用。

2. 注意事项

① 在对管道底部采取钻孔措施时，要用水枪喷水掩护，将水流不间断地冲到钻孔处，防止钻孔产生的火花引燃可燃气体。

② 灭火后，要使用喷雾水或水蒸气驱散残余可燃气体，防止造成二次火灾。

③ 钻孔的位置选择，必须与本单位安全技术人员商量决定。

第三节 各种危险品泄漏事故的处置

一、爆炸品

1. 爆炸品的定义

爆炸品指在外界作用下（如受热、受摩擦、撞击等），能发生剧烈的化学反应，瞬时产生大量的气体和热量，使周围压力急骤上升，发生爆炸，对周围环境造成破坏的物品，也包括无整体爆炸危险，但具有燃烧、抛射及较小爆炸危险的物品。

2. 爆炸品泄漏的一般处置程序

爆炸品着火可用水、泡沫（高倍数泡沫较好）、二氧化碳、干粉等灭火剂施救，但最好的灭火剂是水。因为水能够渗透到炸药内部，在炸药的结晶表面形成一层可塑性的柔软薄膜，将结晶包围起来使其钝化。由于炸药本身既含有可燃物，又含有氧化剂，着火后不需要空气中氧的作用就可持续燃烧，而且在一定条件下会由着火转为爆炸，所以炸药着火不可用窒息法灭火，首要的就是用大量的水进行冷却，禁止用砂土覆盖，也不可用蒸汽和酸碱泡沫灭火剂灭火。

在房间内或在车厢、船舱内着火时，要迅速将门窗、舱盖打开，向内射水，但万万不可关闭门窗、舱盖窒息灭火；要注意利用掩体，在火场中，墙体、低洼处、树干等均可利用。

由于有些爆炸品不但本身有毒，而且燃烧产物也有毒，所以灭火时应注意防毒。有毒爆炸品着火时应佩戴隔绝式氧气或空气呼吸器，以防中毒。

二、压缩气体和液化气体

1. 压缩气体和液化气体的定义

压缩气体和液化气体是指压缩、液化或加压溶解的气体，当受热、撞击或强烈震动时，容器内压力会急剧增大，致使容器破裂爆炸，或导致气瓶阀门松动漏气，造成火灾或中毒事故。

2. 压缩气体和液化气体泄漏的一般处置程序

(1) 漏气处理

钢瓶漏气应及时设法拧紧气嘴，罐体或槽车泄漏实施堵漏，氨瓶漏气应浸入水中，其他剧毒气体漏气应浸入石灰水或水中，操作人员应佩戴防毒面具。

(2) 着火处理

当漏出的气体着火时，如有可能，应将毗邻的气瓶移至安全距离以外，并设法阻止泄漏。必须注意，若漏出的气体已着火，不得在气体停止逸漏之前将火扑灭，否则可燃气体就会聚集，从而形成爆炸性或毒性和窒息性混合气体，因此，在停止泄漏之前应先对容器进行冷却，在能够设法停止逸漏时将火扑灭。

当泄漏着火的气瓶是在地面上，且有利于气体的安全消散时，可用正常的方法将火扑灭；否则，应大量喷水冷却，防止气瓶的内压力升高。

当其他物质着火威胁气瓶的安全时，应用大量水喷洒气瓶，使其保持冷却，如有可能，应将气瓶从火场或危险区移走；对已受热的乙炔瓶，即使在冷却之后，也有可能发生爆炸，故应长时间冷却至环境温度时的允许压力，且不再升高时为止。

三、易燃液体

1. 易燃液体的定义

易燃液体指闭杯闪点等于或低于 61℃的液体、液体混合物或含有固体物质的液体，但不包括由于其危险性已列入其他类别的液体。本类物质在常温下易挥发，其蒸气与空气混合能形成爆炸性混合物。

2. 易燃液体的一般处置程序

易燃液体泄漏时应实施堵漏，消除危险源。易燃液体一旦着火，发展迅速而猛烈，有时甚至发生爆炸且不易扑救。

① 对于比水轻且不溶于水或微溶于水的烃基化合物，如石油、汽油、煤油、柴油、苯、乙醚、石油醚等液体的火灾，可用泡沫、干粉和卤代烷等灭火剂扑救。

② 对于不溶于水，且相对密度大于水的易燃液体如二硫化碳等着火时，可用水扑救，因为水能覆盖在这些易燃液体的表面上使之与空气隔绝，但水层必须要有一定的厚度。

③ 对于能溶于水或部分溶于水的易燃液体，如醇类、酯类、酮类液体着火时，可用雾状水或抗溶性泡沫、干粉和卤代烷等灭火剂进行扑救，或用水稀释。

四、易燃固体、自燃物品和遇湿易燃物品

1. 易燃固体、自燃物品和遇湿易燃物品的定义

易燃固体指燃点低，对热、撞击、摩擦敏感，易被外部火源点燃，燃烧迅速，并可能散发出有毒烟雾或有毒气体的固体。

自燃物品指自燃点低，在空气中易于发生氧化反应，放出热量，而自行燃烧的物品。

遇湿易燃物品指遇水或受潮时，发生剧烈化学反应，放出大量的易燃气体和热量的物品。有些不需明火，即能燃烧或爆炸。

2. 易燃固体、自燃物品和遇湿易燃物品泄漏的一般处置程序

(1) 易燃固体着火

绝大多数可以用水扑救，尤其是湿的爆炸品和通过摩擦可能起火灾造成起火的固体以及丙类易燃固体等均可用水扑救，对就近可取的泡沫灭火器、二氧化碳灭火器、干粉灭火器等也可用来应急。

亚硝基类化合物和重氮盐类化合物等自反应物质着火时，不可用窒息法灭火，最好用大量的水冷却灭火。因为此类物质燃烧时，不需要外部空气中氧的参与。

镁粉、铝粉、钛粉等金属元素粉末类火灾，不可用水施救，也不可用二氧化碳等施救。因为这类物质着火时，可产生相当高的温度，高温可使水分子或二氧化碳分子分解，从而引起爆炸或使燃烧更加猛烈。由于三硫化四磷、五硫化二磷等硫的磷化物遇水或潮湿空气，可分解产生易燃有毒的硫化氢气体，所以也不可用水施救。

（2）自燃物品着火

黄磷等可用水施救，且最好浸于水中；潮湿的棉花、油纸、油绸、油布、赛璐珞碎屑等有积热自燃危险的物品着火时一般都可用水扑救。有遇湿易燃危险的自燃物品着火时，不可用二氧化碳、水或含水的任何物质施救（如泡沫等）。

（3）遇湿自燃物品着火

从目前研究成果看，遇湿易燃物品着火的最佳灭火剂是偏硼酸三甲酯（即7150灭火剂），也可用干砂、黄土、干粉、石粉等。对于金属钾、钠火灾，用干燥的食盐、碱面、石墨、铁粉等效果也很好。

五、氧化剂和有机过氧化物

1. 氧化剂和有机过氧化物的定义

氧化剂是指处于高氧化态，具有强氧化性，易分解并放出氧和热量的物质。包括含有过氧基的无机物。其本身不一定可燃，但能导致可燃物的燃烧。与粉末状可燃物能组成爆炸性混合物，对热、震动或摩擦较为敏感。

有机过氧化物是指分子组成中含有过氧键的有机物，其本身易燃易爆、极易分解，对热、震动和摩擦极为敏感。

2. 氧化剂和有机过氧化物泄漏的一般处置程序

（1）溢漏处理

氧化剂和有机过氧化物如有溢漏，应小心地收集起来，或使用惰性材料作为吸收剂将其吸收起来，然后在尽可能远的地方以大量的水冲洗残留物。严禁使用锯末、废棉纱等可燃材料作为吸收材料，以免发生氧化反应而着火。

（2）着火处理

氧化剂着火或被卷入火中时，会放出氧而加剧火势，即使在惰性气体中，火仍然会自行延烧；无论是将货舱、容器、仓房封死，还是用蒸汽、二氧化碳及其他惰性气体灭火都是无效的；如果用少量的水灭火，还会引起物品中过氧化物的剧烈反应。因此，应使用大量的水或用水淹浸的方法灭火，这是控制氧化剂火灾最为有效的方法。

有机过氧化物着火或被卷入火中时，可能导致爆炸。所以，应迅速将这些包件从火场中移开，人员应尽可能远离火场，并在有防护的位置用大量的水来灭火。

六、有毒品

1. 有毒品的定义

有毒品是指进入肌体后，累积达一定的量，能与体液和组织发生生物化学作用或生物物理作用，扰乱或破坏肌体的正常生理功能，引起暂时性或持久性的病理改变，甚至危及生命的物品。

2. 有毒品泄漏的一般处置程序

毒害物泄漏时应及时处置，一定要做好防护工作及疏散工作。因为绝大多数有机毒害物都是可燃物，且燃烧时能产生大量的有毒或极毒的气体，所以，做好毒害品着火时的应急灭火措施是十分重要的。

液体毒害品着火，可根据液体的性质（有无水溶性和相对密度的大小）选用泡沫灭火，或用砂土、干粉、石粉等扑救。

固体毒害品着火可用水或雾状水扑救。

无机毒害品中的氰、磷、砷或硒的化合物遇酸或水后能产生极毒的易燃气体氰化氢、磷化氢、砷化氢、硒化氢等，因此着火时，不可使用二氧化碳灭火剂，也不宜用水扑救，可用干粉、石粉、砂土等进行扑救。

七、放射性物品

1. 放射性物品的定义

放射性物品是指放射性比活度大于 $7.4\times10^{4}Bq/kg$ 的物品。按照其放射性大小细分为一级放射性物品、二级放射性物品、三级放射性物品。

2. 放射性物品的一般处置程序

当放射性物品的内容器受到破坏，使放射性物质可能扩散到外面，或剂量较大的放射性物品的外容器受到严重破坏时，必须立即通知当地公安部门和卫生、科学技术管理部门协助处理，并在事故地点划出适当的安全区，悬挂警告牌，设置警戒线等。

当放射性物品着火时，可用雾状水扑救；灭火人员应穿戴防护用具，并站在上风处，向包件上洒水，这样有助于防止辐射和屏蔽材料（如铅）的熔化，但注意不能使用消防用水过多，以免造成大面积污染。

放射性物品沾染人体时，应迅速用肥皂水洗刷至少 3 次；灭火结束时要很好地淋浴冲洗，使用过的防护用品应在防疫部门的监督下进行清洗。

八、腐蚀品

1. 腐蚀品的定义

腐蚀品是指能灼伤人体组织并对金属等物品造成损坏的固体或液体。与皮肤接触在4h内出现可见坏死现象，或温度在55℃时，对20钢的表面均匀腐蚀率超过6.25mm/a的固体或液体。

2. 腐蚀品泄漏的一般处置程序

腐蚀品着火，一般可用雾状水或干砂、泡沫、干粉等扑救，不宜用高压水，以防酸液四溅，伤害扑救人员。

硫酸、卤化物、强碱等遇水发热、分解或遇水产生酸性烟雾的物品泄漏或着火时，不能用水扑救，可用干砂、泡沫、干粉扑救或矿砂吸附。

灭火人员应注意防腐蚀、防毒气，应戴防毒口罩、防护眼镜或防毒面具，穿橡胶雨衣和长筒胶鞋，戴防腐蚀手套等。灭火时人应站在上风处，发现中毒者，应立即送往医院抢救，并说明中毒物品的品名，以便医生救治。

第四节　危险化学品泄漏安全事故抢险应急

危险化学品泄漏事故是指人们在危险化学品生产、运输、储存、使用过程中，由于设计缺陷、违章操作或设备故障等原因，而引起的危险化学品外泄，造成人员较大伤亡等严重后果的事故。当前，随着化工工业的飞速发展，相当数量的危险化学品正在生产或储存在各地化工企业的仓库中，每天有相当数量的氯气、氨气、氟化氢、甲醛及其他化学危险品使用在化学合成和生产流程中，运输在铁路罐车内和输送在管道干线内，再加上战争、人为破坏和自然灾害等因素，就构成了城市化学毒物突发性泄漏事故的潜在威胁。《中华人民共和国消防法》明确规定了危险品化学抢险救援任务由公安消防部队承担。因此，认真研究探讨化学毒物泄漏事故的特点和规律，弄清它对应急救援工作的影响和要求，是消防部队完成救援任务的当务之急，并具有重要的理论意义和实践意义。

一、危险化学品泄漏的特点

1. 危险化学品泄漏、毒害、易燃、易爆

化学泄漏物质有毒害性强的特点。如氨气、煤气、二氧化硫、苯及同系物等是有毒物质，光气、氰氢酸、氟化氢、氯气、甲醛、二氧化氮等是剧毒物质，空气中最高允许浓度均在30μL/L以下，其中光气、氰氢酸仍被很多国家的军队列为制式军用毒剂。它们毒性强烈，人们吸入一口高浓度染毒空气就会造成中毒，甚至死亡。化学工业毒物中大部分还具有沸点低、燃点低、闪点低、易燃易爆的特点。如：苯、甲苯、乙苯、氢氰酸、甲醇等其闪点低于28℃；煤气、液化石油气、甲醛、乙炔等与空气混合的爆炸下限小于10%，属于甲级类别火灾危险性物质。由此可见，化学毒物泄漏事故的现场环境将是毒气与火灾同在、爆炸与燃烧共存的险恶环境。应急救援工作面对这险恶的环境，救援人员面对这生与死的严峻考验，当务之急是要解决“冲得上”的问题。如果冲不上，连泄漏部位都接近不了，谈何救援。要“冲得上”，必须解决六个问题：一是队伍要精干。即救援队伍编制要精干，每市公安消防支队至少要建立一支30人左右为宜的特勤消防中队。二是品质和技术要过硬。即队员具有赴汤蹈火、勇往直前的献身精神，人人懂理论、会防护，能够熟练掌握对付各种毒物的特勤救援本领。三是装备要齐全。即个人防毒器材（空气呼吸器、防毒面具、全封闭的防护服和阻燃服等）齐全；救援装备（化学危险品救援车、排毒排烟器材、快速检测化验器材等）齐全。四是指挥要得当。即各级指挥机构和指挥人员要靠前指挥、及时指挥、正确指挥。五是行动节奏要得体。即到达现场后侦察、警戒、掩护进攻步骤要明确、得体等。六是保障要充足。施救人员的生活待遇、人身保险要跟上。只有这样，才能适应化学泄漏事故救援毒害、易燃、易爆的特点。

2. 危险化学品事故救援需对泄漏部位进行堵漏

“泄漏”是化学事故的基本特征。泄漏的原因主要有操作失误、设备故障、设计缺陷等。据对多年化学事故调查统计表明，泄漏多发生在压力容器、阀门以及超期服役的管道等部位，国内外几次较大的化学事故也证明了这一点。例如西安市大型液化气罐爆炸事故就是因输排液阀门疲劳破裂所致；抚顺市洗涤剂化工厂铁路罐车液氯泄漏。堵漏主要有以下二大途径。

① 迅速关闭与泄漏部位相通的阀门，防止有毒物质继续沿相应的管道从原泄漏部位外泄，这是最快捷、最有效的堵漏途径。要想实现这一堵漏途径，“功夫”不在战时而在平时。这就要求在事故发生前，施救人员必须对事故灾害源目标进行认真细致的现场勘察，从原料、生产环节到成品，全流程的查清每个重点部位及重点部位发生泄漏时的堵漏控制阀门，进而制订切实可行的目标应急救援预案。如果不勘察，不制订预案，发生泄漏事故时现场勘察是根本来不及的；同时，在现场毒气笼罩、秩序混乱、事故所在单位的技术人员不一定在场的情况下，施救人员也难以查清。

② 使用专用工具、器材堵漏。所谓专用堵漏工具、器材，是指以压力、固定、黏合、封堵等原理实施临时快速堵漏的专用工具，如：我国目前使用的由江西上饶慰诺集团生产的注脱器和金属磁力吸盘和进口的压力顶堵袋，此外还有根据泄漏部位外形几何特征和内部压力大小，专门研究制作的法兰和管道卡子木塞等。这当然有一个科研试验和制造问题。这类专用工具器材研究试制工作，应在市救援指挥部的领导下，由救援队伍和化学事故灾害源所在单位来完成，如果没有这些专用工具、器材，若遇到特殊泄漏事故是难以完成救援任务的。例如西安市1998年发生的大型石油液化气罐爆炸事故，就是因为阀门泄漏时无专用工具，

泄漏堵不住，再加上石油液化气燃点低、混合爆炸下限低，最后发生着火爆炸的。

3. 危险化学品泄漏事故突发性强、气雾团传播速度快

由于人们对化工生产安全的普遍重视，在化工生产安全上制订了不少规章制度，初步掌握了事故发生的一些规律。但是，化学泄漏事故触发因素比较多，事故具有突发的特点。首先表现在事故发生地点（部位）上具有突发性，例如有毒化学物质在铁（公）路运输中，不论是行进在城镇还是乡村，事故随时可能发生，其具体地点随机性很大。其次表现在事故发生的时间上具有突发性。

泄漏的化学毒物，由于沸点低、挥发性大，有的在常温常压下就是气体，所以，泄漏后很快形成高浓度的有毒或剧毒气雾团。在有风的情况下，这个气雾团会快速向下风方向传播，其传播速度是由当地的风速决定的。据有关资料查明，在平原或小起伏低植物层地区，气雾团头部的运动速度等于离地 2m 高风速的 2 倍；近似于地方气象台站天气预报风速（离地 10m 左右）。这样我们可以得到一个风速、云雾团到达时间和传播距离关系的公式：时间（s）＝距离（m）/风速（m/s）。如用上述公式计算：天气预报风级为 3 级（约 5m/s）时，有毒云雾团传播到下风方向 100m 距离时，只需要约 200s 的时间。由此可见传播速度之快。

针对上述突发性强、传播速度快的特点，应急救援必须以快制快。力争做到以下几点：一是接警出警快。即 119 调度指挥中心必须常备不懈，24h 值班，同时值班员必须熟悉出警程序。二是出动快。即救援指挥员和救援队伍要快速召集、快速集中、快速行动、快速投入救援。三是通信器材要适应以快制快的要求。达到有线与无线结合、固定与移动结合、消防专线与市话结合和连得上、听得清、不间断的要求。四是指挥决策要适应以快制快的要求。实现救援决策微机化、自动化。五是群众疏散警报信号保障要适应以快制快的要求。四周应布设专用救援警报器，向受威胁的居民报警并明确撤离方向。

4. 有毒云雾团传播易受气象和地形条件影响

（1）有毒云雾团的传播易受气象的影响

影响有毒云雾团传播的气象条件有风、降水、气温、空气垂直稳定等。其影响的情况与对有毒云团的影响相似，根据我军防化兵多次试验，其影响特点如下。

① 风的影响　风的因素包括风向、风向的稳定性、风速。三者的共同作用，决定着有毒云雾团传播的地域范围和浓度。风向决定有毒云雾团的传播方向，风向稳定性决定有毒云雾团的传播宽度。在没有突出地形地物影响的情况下，有毒云雾团顺风向下风方向传播。风速决定有毒云雾团的传播速度。风速大，传播速度快，传播距离远，传播地域范围大，但浓度降低。若风速过大，大部分地域的浓度会降低到该毒物允许浓度以下，又会使危害地域范围相对缩小。无风时，有

毒云雾团会向泄漏点的四周扩散，泄漏点附近地域浓度会很高，可能会加重中毒人员中毒程度。

② 降水的影响　降水包括雨雪等。大雨会不同程度的降低空气中有毒云雾团的浓度，一部分毒物与雨水溶合或水解。例如氨气与水溶合成氨水，光气遇到水迅速失效。但小雨、降雪对降低浓度的作用不明显。

(2) 有毒云雾团的传播易受地形条件的影响

影响有毒云雾团传播的地形条件有山地、丘陵地和城镇居民地。根据某部队防化兵提供的资料，地形条件的影响有以下特点：

① 山地丘陵地的影响特点：山地丘陵地地形起伏较大，位于这类地区城市的局部微气象条件多变，对有毒云雾团的传播影响比较复杂。例如：对于较独立的小山，有毒云雾团在系统的作用下，一般从山两侧通过，不会到山顶，救援时疏散群众到山顶是相当安全的。群山（丘）使有毒云雾团产生绕流，局部浓度可能增高，但总体上染毒空气扩散加快，传播纵深会大大缩短，山谷与系统风一致或夹角不大于30°时，有毒云雾团会沿山谷传播，增大传播纵深；山谷与系统风垂直时有毒云雾团会在山谷里长时间滞留。

② 城镇居民地的影响特点：城镇居民地对有毒云雾团的传播和扩散的影响也很复杂，城镇居民地的街道形状、方向、宽窄不同，建筑物的高低、大小不同，影响风向、风速的程度也不同。有毒云雾团流经城镇居民地时，部分超过，部分滞留。对流时有毒云雾团能够沿阳面楼壁“上爬”，逆温时楼上就比较安全。逆温时有毒云雾团能够流入地下建筑，并沿地下通道或管道扩散。有风时，街道的方向对有毒云雾团的传播方向有决定性的影响，当街道较宽且方向与风向一致，或者夹角不大于30°，风速在4～8m/s时，有毒云雾团在街道流通无阻；风向与街道夹角为30°～60°，有毒云雾团流动速度减慢；风向与街道夹角为60°～90°，若房层不高时有毒云雾可横过街道，若房屋较高时也可能被挡；死胡同、小巷、庭院及背风处有毒云雾团易滞留。总之，风速越大，街道建筑越矮，有毒云雾团越易流动。

根据有毒云雾团易受气象、地形条件影响的上述特点，应急救援工作怎样适应呢？一是指挥机构和救援队伍要加强对气象知识特别是微气象知识的学习和研究，掌握其影响特点和规律；二是119指挥中心要把对天气资料的收集作为一项重要工作内容；三是要对事故灾害源周围地区进行详细的微气象勘察，特别是位于山区的城市更应把此项工作作为应急救援现场勘察的一项重要内容，从而为微机快速决策系统提供准确数据。

二、危险化学品泄漏事故抢险应急

随着国家经济建设的快速发展，作为化工生产的原料、中间体及产品的危险化学品种类不断增加，在生产、经营、储存、运输和使用过程中发生的危险化学品（包括爆炸品、压缩气体和液化气体、易燃液体、易燃固体、自燃物品和遇湿易燃物品、氧化剂和有机过氧化物、有毒品和腐蚀品等）泄漏事故也不断增多，给国家和人民群众生命财产以及生态环境都造成了极大的危害。那么，如何对危险化学品泄漏事故进行有效处置呢？

1. 建立专（兼）职处置危险化学品泄漏事故队伍

危险化学品生产、经营、储存、运输和使用单位，都应当根据本企业单位的生产、经营规模，建立相应的专（兼）职处置队伍，购置处置危险化学品泄漏事故的相关设备、器材［如安全防护服、空（氧）气呼吸器或可靠的防毒面具、检测仪器、堵漏器材、工具等］，经常组织应急处置人员熟悉本岗位、本工段、本车间、本企业单位危险化学品的种类、理化性质和生产工艺流程，定期组织开展训练，使其掌握预防危险化学品泄漏事故发生的知识和处置初期泄漏事故的技能。

2. 制订切实可行的抢险应急预案

“凡事预则立，不预则废。”危险化学品泄漏事故处置预案是事故处置的基本依据。这就要求预案必须具有较强的科学性、针对性、指导性和可操作性。第一，危险化学品各生产、经营岗位、班组要制订好危险化学品初期泄漏的处置预案。实践一再告诫我们：危险化学品发生泄漏后，第一时间的快速有效处置至关重要，处置得好，就可以把事故消灭在萌芽状态。岗位、班组预案的每一项任务和处置程序、要求都必须落实到人头。第二，车间的预案。在泄漏量加大，岗位、班组难以迅速处置的情况下，就应启动车间的处置预案，力求把泄漏事故控制、消灭在车间范围内。第三，危险化学品生产、经营、储存、运输、使用单位要制订好本企业单位的泄漏处置预案（运输单位的预案还应针对每一辆运输车辆可能发生的泄漏情况制订）。内容应包括：组织指挥人员及其职责、任务；专（兼）职处置队伍的处置任务、程序及要求；各相关部门、车间（单位）的职责及协同配合要求，保障措施及怎样确保落实。第四，行业（上级）主管部门的处置预案。即本行业、系统的协同配合和指导性预案。第五，当地人民政府的处置预案。政府的预案必须强调统一组织指挥和综合协调配合，必须明确在发生重、特大危险化学品泄漏事故，事故单位不能及时控制和消除事态，并已威胁到周边地区时，各有关部门、单位参与处置泄漏事故的职责、任务，确保通信联络畅通的措施以及密切协同配合的要求等。

需要强调的是，不管是哪一个层面的处置预案，都应当从最复杂、最不利的情况来制订，都必须定期组织模拟实战的演练，以增强参与处置人员的心理素质，使其做到临危不乱，处变不惊，处置工作有条不紊。并通过实战演练发现的问题及时修订预案，使预案更贴近实际。还要运用现代计算机技术，编制危险化学品泄漏处置辅助决策系统，使事故处置更科学、高效。

3. 充分发挥公安消防部队的作用

根据我们国家的基本国情，各地、各级政府不可能都建立危险化学品泄漏事故处置的专业队伍。因此，应充分发挥公安消防部队的作用。因为，公安消防部队有“三大优势”：一是体制优势。公安消防部队既是中国人民武装警察部队序列的一支现役部队，又是公安机关的一个重要警种，省、自治区、直辖市有总队，市、地、州、盟有支队，县、市、区、旗有大队，大多数县城都有中队，点多面广，分布全国。这支队伍实行昼夜值勤，时时刻刻都处于战备执勤状态，且机动性强，能做到快速反应。尤其是在日本东京地铁“沙林毒气事件”发生后，在党中央、国务院的亲切关怀下，我国公安消防部队开始组建消防特勤队伍，专门承担各类火灾扑救中的急、难、险、重任务和其他灾害或者事故的突击攻坚任务。美国“9·11”恐怖袭击事件发生后，国家又增加了经费和编制，启动了第二期消防特勤部队的建设工作。目前，我国已初步形成消防特勤力量网络体系。二是装备优势。由于党中央、国务院和地方各级党委、政府对消防安全工作的高度重视，近年来，各地政府都逐步加大了对消防部队装备建设的投入。就以处置危险化学品泄漏事故的装备而言，各地消防特勤大（中）队基本都购置了化学灾害事故抢险救援车，随车配置了消防员个人防护装备（空气呼吸器、防化服、防化靴等）、侦检仪器设备、堵漏器材、洗消药剂、输转设备，还配有洗消车等。三是技能优势。各地公安消防部队，特别是消防特勤部队都针对危险化学品泄漏事故，开展了相应的处置技术、战术训练，又在每年近千次的危险化学品泄漏事故处置中积累了一定的实战经验。只要适当地给公安消防部队增加编制名额和装备投入，这支队伍完全可以更多地承担诸如危险化学品泄漏之类火灾以外的其他灾害事故的抢险救援任务。这样，就可以避免重复建设，是符合我国国情的利国利民之举。

4. 切实加强危险化学品安全管理宣传、教育和培训工作

危险化学品生产经营、储存、运输和使用单位都应当坚持不懈地对从业人员开展安全宣传、教育和培训，严格实行从业人员资格和持证上岗制度，促使其提高安全防范意识，掌握预防和处置危险化学品初期泄漏事故的技能。同时，各级人民政府还应当加强对社会公众的危险化学品泄漏事故防护的应急知识教育、训练。

5. 认真贯彻落实并不断完善有关法规、制度

各地、各有关部门和单位都应该充分认识做好危险化学品泄漏预防和处置工作的重要性，认真贯彻落实《中华人民共和国安全生产法》《中华人民共和国消防法》和《危险化学品安全管理条例》（国务院令第 591 号）等法律、法规。同时，还要不断地健全完善危险化学品安全管理的法规体系。严格依法履行相关职责，要建立健全安全生产责任制，把安全生产责任落实到岗位和人头。切实加强安全生产制度建设，严格实施安全生产许可证等制度，逐步形成按制度办事、靠制度管人的机制，使人人都在制度的约束之内，事事都在制度的规范之中。要逐级健全安全生产监管机构，保障资金的投入。执法监管部门、行业主管部门和有关单位都要定期组织安全检查，及时消除事故隐患，强化对重大危险源的监控。要加强安全生产行政执法工作，依法严肃查处事故，严格追究事故责任，同时着力提高安全生产行政执法人员的素质。要通过示范和引导，推广安全生产新技术、新设备、新工艺和新材料，鼓励支持企业结合技术改造淘汰落后、安全性能差的设备、工艺和技术，推动危险化学品生产、经营、储存、运输、使用领域的科技创新和管理创新，并探索建立危险化学品安全管理的长效机制。

6. 危险化学品泄漏事故处置中应注意的几个技术问题

（1）着力搞好现场检测

应不间断地对泄漏区域进行定点与不定点的检测，以便及时掌握泄漏物质的种类、浓度和扩散范围，恰当地划定警戒区（如果泄漏物是易燃易爆物质，警戒区内应禁绝烟火，而且不能使用非防爆电器，也不准使用手机、对讲机），并为现场指挥部的处置决策提供科学的依据。为了保证现场检测的准确性，泄漏事故发生地政府应迅速调集环保、卫生部门和消防特勤部队的检测人员和设备共同搞好现场检测工作。若有必要，还可按程序请调防化部队增援。

（2）一定要切实做好参与处置人员的安全防护

危险化学品泄漏事故处置必须挑选业务技术熟练、思想作风过硬、身体素质良好，并有较丰富实践经验的人员，组成精干的处置小组（既要保证任务的完成，人员又要尽量少），应针对泄漏物质的理化性质，穿（佩）戴全套防护装备，并认真对防护装备的安全性能进行仔细检查，还要安排专人对空（氧）气呼吸器的压力等参数以及每位进入、撤出泄漏现场的人员姓名和时间进行详细记载。对执行关阀堵漏任务的人员还应使用喷雾或开花水流进行掩护。现场还应准备特效急救解毒药物，有医护人员待命。对中毒的人员应从上风方向抢救或引导撤出。

（3）把握好灭火时机

当危险化学品大量泄漏，并在泄漏处稳定燃烧，在没有制止泄漏绝对把握的情况下，不能盲目灭火，一般应在制止泄漏成功后再灭火。否则，极易引起再次爆炸、起火，造成更加严重的后果。

（4）努力减轻泄漏危险化学品的毒害

参加危险化学品泄漏事故处置的车辆应停于上风方向，消防车、洗消车、洒水车应在保障供水的前提下，从上风方向喷射开花或喷雾水流对泄漏出的有毒有害气体进行稀释、驱散；对泄漏的液体有害物质可用沙袋或泥土筑堤拦截，或开挖沟坑导流、蓄积，还可向沟、坑内投入中和（消毒）剂，使其与有毒物直接起氧化、氯化作用，从而使有毒物改变性质，成为低毒或无毒的物质。对某些毒性

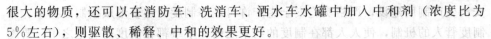

很大的物质，还可以在消防车、洗消车、洒水车水罐中加入中和剂（浓度比为5%左右），则驱散、稀释、中和的效果更好。

(5) 后续措施及要求

制止泄漏并灭火后，应对泄漏（尤其是破损）装置内的残液实施输转作业。然后，还需对泄漏现场（包括在污染区工作的人和车辆装备器材）进行彻底的洗消，处置和洗消的污水也需回收消毒处理。对损坏的装置应彻底清洗、置换，并使用仪器检测，达到安全标准后，方可按程序和安全管理规定进行检修或废弃。

总之，危险化学品泄漏的处置危险性大，难度也大，必须周密计划，精心组织，科学指挥，严密实施，确保万无一失。

三、危险化学品泄漏应急防护

在危险化学品的生产、储存和使用过程中，盛装危险化学品的容器常常发生一些意外的破裂、倒洒等事故，造成危险化学品的外漏，因此需要采取简单、有效的安全技术措施来消除或减少泄漏危险。下面介绍一下化学品泄漏必须采取的应急处理措施。

1. 疏散与隔离

在化学品生产、储存和使用过程中一旦发生泄漏，首先要疏散无关人员，隔离泄漏污染区。如果是易燃易爆化学品大量泄漏，这时一定要打“119”报警，请求消防专业人员救援，同时要保护、控制好现场。

2. 切断火源

切断火源对化学品的泄漏处理特别重要，如果泄漏物品是易燃品，必须立即消除泄漏污染区域的各种火源。

3. 个人防护

参加泄漏处理人员应对泄漏品的化学性质和反应特征有充分的了解，要于高处和上风处进行处理，严禁单独行动，要有监护人。必要时要用水枪（雾状水）掩护。要根据泄漏品的性质和毒物接触形式，选择适当的防护用品，防止事故处理过程中发生伤亡、中毒事故。

(1) 呼吸系统防护

为了防止有毒有害物质通过呼吸系统侵入人体，应根据不同场合选择不同的防护器具。

对于泄漏化学品毒性大、浓度较高且缺氧的情况，必须采用氧气呼吸器、空气呼吸器、送风式长管面具等。

对于泄漏中氧气浓度不低于18%，毒物浓度在一定范围内的场合，可以采用防毒面具（毒物浓度在2%以下的采用隔离式防毒面具，浓度在1%以下采用直接式防毒面具，浓度在0.1%以下采取防毒口罩）。在粉尘环境中可采用防尘口罩。

（2）眼睛防护

为防止眼睛受到伤害，可采用化学安全防护眼镜、安全防护面罩等。

（3）身体防护

为了避免皮肤受到损伤，可以采用面罩式胶布防毒衣、连衣式胶布防毒衣、橡胶工作服、防毒物渗透工作服、透气型防毒服等。

（4）手防护

为了保护手不受损害，可以采用橡胶手套、乳胶手套、耐酸碱手套、防化学品手套等。

4. 泄漏物处置

如果在生产使用过程中发生泄漏，要在统一指挥下，通过关闭有关阀门，切断与之相连的设备、管线，停止作业或改变工艺流程等方法来控制化学品的泄漏。

如果是窗口发生泄漏，应根据实际情况，采取措施堵塞和修补裂口，制止进一步泄漏。

另外，要防止泄漏物扩散，殃及周围的建筑物、车辆及人群。万一控制不住泄漏，要及时处置泄漏物，严密监视，以防火灾、爆炸，防止二次事故的发生。地面上泄漏物处置主要有以下方法：

如果化学品为液体，泄漏到地面上时会四处蔓延扩散，难以收集处理。为此需要筑堤堵截或者引流到安全地点。对于储罐区发生液体泄漏时，要及时关闭雨水阀，防止物料沿明沟外流。

对于液体泄漏，为降低物料向大气中的蒸发速度，可用泡沫或其他覆盖物品覆盖外泄的物料，在其表面形成覆盖层，抑制其蒸发。或者采用低温冷却来降低泄漏物的蒸发。

为减少大气污染，通常是采用水枪或消防水带向有害蒸气云喷射雾状水，加速气体向高空扩散，使其在安全地带扩散。在使用这一技术时，将产生大量的被污染水，因此应疏通污水排放系统。对于可燃物，也可以在现场施放大量水蒸气或氮气，破坏燃烧条件。

对于大型液体泄漏，可选择用隔膜泵将泄漏出的物料抽入容器内或槽车内；当泄漏量小时，可用沙子、吸附材料、中和材料等吸收中和，或者用固化法处理泄漏物。

四、危险化学品泄漏事故专项应急预案（范本）

1. 事故类型和危害程度分析

（1）危险化学品（含剧毒品）事故

危险化学品（含剧毒品）事故是指发生危险化学品（含剧毒品）泄漏、中毒等事故。

（2）分级

① 1级（集团级事故）

a. 一次事故造成重伤2～9人。

b. 一次事故造成死亡1～2人。

c. 一次事故造成直接经济损失10万元以上、100万元以下（不含100万元）。

② 2级（企业级事故）

a. 一次造成重伤1人或2人以上轻伤（含2人）。

b. 一次事故造成直接经济损失在3万元以上、10万元以下（不含10万元）。

c. 一次事故造成跑冒油料5～10t（不含10t）。

③ 3级（厂级事故）

a. 一次事故造成1人轻伤。

b. 一次事故造成直接经济损失在3万元以下（不含3万元）。

c. 一次事故造成跑冒油料5t以下。

d. 由于污染造成直接经济损失1千元～1万元（不含1万元）。

2. 应急处置基本原则

按照国家和行业标准、规范制订的危险化学品（含剧毒品）事故应急方案，在实施过程中，坚持“以人为本”的指导思想，同时应符合以下要求。

(1) 事故现场区域划分

根据危险化学品事故的危害范围、危害程度与危险化学品事故源的位置划分为事故中心区域、事故波及区域及可能受影响区域。

① 事故中心区域。中心区即为距事故中心点0～500m范围的区域。此区域危险化学品浓度最高，危险化学品大量扩散，并可能伴有发生爆炸、火灾、建筑物设施及设备损坏、人员急性中毒等事故。事故中心区的救援人员需要全身防护，并佩戴隔绝式面具。救援工作包括切断事故源、抢救伤员、保护和转移其他危险化学品、清楚渗漏液态毒物、进行局部空间洗消及封闭现场等。非抢险人员撤离到中心区域外后应清点人数，并进行登记。事故中心区域边界应有明显的警戒标志。

② 事故波及区域。事故波及区即为距事故中心点500～1000m范围的区域。该区域空气中危险化学品浓度较高，作用时间较长，有可能会发生人员的伤害或物品的损坏。

该区域的救援工作主要是指导防护、监测污染情况、控制交通、组织排除滞留危险化学品气体。视事故实际情况组织人员疏散转移。事故波及区域人员撤离到该区域以外后应清点人数，并进行登记。事故波及区域边界应有明显警戒标志。

③ 受影响区域。受影响区域是指事故波及区外可能受影响的区域，该区可能存在从中心区和波及区扩散的小剂量危险化学品的危害。该区救援工作重点放在及时指导员工和相关人员进行防护，对相关人员进行有关知识的宣传，稳定思想情绪，并及时做好人员、物资应急疏散等各项准备工作。

（2）危险化学品（含剧毒品）泄漏

① 隔离、疏散：设定初始隔离区，封闭事故现场，紧急疏散转移隔离区内所有无关人员，实行交通管制。

② 工程抢险：以控制泄漏源、防止次生灾害发生为处置原则，应急人员应佩戴个人防护用品进入事故现场，实时监测空气中有毒物质的浓度，及时调整隔离区的范围，转移受伤人员，控制泄漏源，实施堵漏，回收或处理泄漏物质。

③ 泄漏物处理：

a. 围堤堵截：筑堤堵截泄漏液体或者引流到安全地点。储罐区发生液体泄漏时，要及时关闭雨水阀，防止物料沿明沟外流。

b. 稀释与覆盖：向有害蒸气云喷射雾状水，减少气体向周围扩散程度。对于可燃物，也可以在现场施放大量水蒸气或氮气，破坏燃烧条件。对于液体泄漏，为降低物料向大气中的蒸发速度，可用泡沫或其他覆盖物品覆盖外泄的物料，在其表面形成覆盖层，抑制其蒸发。

c. 收容（集）：对于大量泄漏，可选择用隔膜泵将泄漏出的物料抽入容器或槽车内；当泄漏量小时，可用木屑、吸附材料、中和材料等吸收中和，并收集到密闭容器中。

d. 废弃：将收集的泄漏物按照国家有关危险废弃物的处理法规处置。用消防水冲洗剩下的少量物料，冲洗水排入污水系统处理。

④ 医疗救护：应急救援人员必须佩戴个人防护用品迅速进入现场危险区，沿逆风方向将患者转移至空气新鲜处，根据受伤情况进行现场急救，并视实际情况迅速将受伤、中毒人员送往医院抢救，组织有可能受到危险化学品（含剧毒品）伤害的周边群众进行体检。

⑤ 洗消：设立洗消站，对中毒人员、现场医务人员、抢险应急人员、抢险器材等进行洗消，严格控制洗消污水排放，防止次生灾害。

⑥ 危害信息宣传：宣传中毒化学品的危害信息和应急急救措施。

⑦ 防火防爆：对于易燃易爆物质泄漏，应使用防爆工具，及时分散和稀释泄漏物，防止形成爆炸空间，引发次生灾害。

⑧ 紧急点火：当易燃易爆物质在人口密集处或密闭空间泄漏，并得不到有效控制，可能造成重大次生灾害时，现场指挥部要果断适时下达点火指令。

⑨ 水体泄漏：对于危险化学品尤其是剧毒品发生水体泄漏时，要及时通知沿岸居民和省、市政府，严禁下游人畜取水，对水体进行监测，采取打捞收集泄漏物、拦河筑坝、中和等方法严控污染扩大。

⑩ 火灾爆炸：当泄漏事故发生火灾爆炸次生灾害后，同时启动企业火灾爆炸应急预案。

⑪ 油气泄漏：当发生油品、天然气（含 LNG、CNG）管线油气泄漏事故时，按照企业应急指挥中心指令进行处置。

（3）危险化学品（含剧毒品）中毒

① 隔离、疏散：设定初始隔离区，封闭事故现场，紧急疏散转移隔离区内所有无关人员，实行交通管制。

② 现场急救：应急救援人员必须佩戴个人防护用品迅速进入现场危险区，沿逆风方向将患者转移至空气新鲜处，根据受伤情况进行现场急救，并视实际情况迅速将受伤、中毒人员送往医院抢救。

③ 医院治疗：迅速将受伤、中毒人员送往医院抢救；组织医疗专家，保障治疗药物和器材的供应，组织有可能受到危险化学品（含剧毒品）伤害的周边群众进行体检。

④ 危害信息告知：宣传中毒化学品的危害信息和应急预防措施。

3. 组织机构及职责

（1）应急组织体系

有关组织情况各单位有各自的情况，但必须有应急指挥中心、应急响应中心和现场应急救援指挥部以及专家组等。

（2）指挥机构及职责

① 企业应急指挥中心及职责　企业发生危险化学品安全生产事故时，应参照综合预案的指挥机构设置，及时有效地处理事故。企业应急指挥中心总指挥由厂长担任，副总指挥由副厂长担任，成员由厂长办公、HSE 部、机动部、技术运行部等相关部门负责人担任。

企业发生危险化学品安全生产事故后，厂长、副厂长和其他领导必须立即赶到救灾指挥现场，组织抢救，厂长是负责处理灾害事故的全权指挥者。在厂长未到之前，由值班副厂长负责指挥。

② 企业应急响应程序及职责　应急响应中心是企业应急指挥中心的日常办事机构，职责如下：

a. 在企业应急指挥中心的领导下，负责企业应急指挥中心的日常应急指挥工作。

b. 负责企业应急响应中心的应急值班。

c. 事故发生时，组织、指导、协助和协调进行应急处理和应急救援。

d. 掌握事故的发展情况，及时向企业应急指挥中心领导汇报，确定应急处理对策。

e. 企业应急力量的调配、应急物资的准备。

f. 负责企业级安全生产事故总体应急预案和专项应急预案的演练方案的策划，并组织实施和演练总结。

g. 事故发生时负责判断并启动响应的应急预案。

h. 按照企业应急指挥中心指令，及时通知企业各职能部门、二级单位和相关单位。

i. 按照企业应急指挥中心指令，向上级公司应急指挥中心办公室和地方政府应急管理办公室报告和求援。

j. 负责上报材料的起草工作。

k. 负责应急值班记录和录音、应急资料的归档以及组织编写现场应急处置的总结。

l. 负责组织企业级应急预案的修订，负责企业二级单位应急预案的备案工作。

m. 负责对应急工作的日常费用作出预算。

③ 现场应急指挥部及职责　结合危险化学品的实际情况，现场指挥部可设五个救灾小组：

a. 危险化学品管理组职责　组织、指挥、协调危险化学品应急处置工作，在应急处置过程中负责向公司应急指挥中心和厂应急指挥中心报告事故的发生情况并请上级有关部门给予应急救援。

结合具体的危险化学品可能发生的事故情况，进行针对的安全抢险措施，确保事故发生造成的损失最小，并及时向上级部门要求必要的抢险救灾工具和危险化学品的事故救灾专家。

b. 安全撤退组职责　负责按指挥部要求有序撤到安全地点，清点汇总人数，并及时汇报。

要求各车间部门在安全撤退之前将所有导致危险化学品事故扩大的一切动力仪器关闭，使危险化学品事故在一定的范围内不再继续向更大的范围内延伸和扩展。

c. 后勤保障组职责

（a）协助制订应急反应物资资源的储备计划，按已制订的生产厂的应急反应物资储备计划，检查、监督、落实应急反应物资的储备数量，收集和建立并归档；

（b）定期检查、监督、落实应急反应物资资源管理人员的到位和变更情况，及时调整应急反应物资资源的更新和达标；

（c）定期收集和整理企业的应急反应物资资源信息、建立档案并归档，为应急反应行动的启动做好物资资源数据储备；

（d）应急预案启动后，按应急总指挥的部署，有效地组织应急反应物资资源到事故现场，并及时对事故现场进行增援，同时提供后勤服务。

d. 安全保卫组职责　参加抢险救灾的全过程，根据批准的处理事故的作战计划，调配检查人员，对作战计划的各环节、措施的实施过程进行检查，确保作战计划安全顺利完成，发现不安全因素有权制止并提出安全可靠的补救措施，及时向指挥部汇报，听取指令。

负责事故抢救和处理过程中的治安保卫工作，维持发生危险化学品事故现场区域的正常秩序，不准闲杂人员进入警戒区域，并在发生事故附近设专人警戒，严禁闲杂人员逗留、围观。

e. 危险化学品事故专家组职责　针对企业所存在的危险化学品的实际情况，对危险化学品可能造成的事故进行预测和判断，以及对影响的范围进行估计和判断，综合进行考虑，使事故在一定的时间和范围内得到控制，会同企业危险化学品管理组作出一系列的技术支持决策。

4. 预防与预警

（1）危险源监控

建立健全危险源信息监控方法与程序，完善危险源辨识工作，对危险源进行识别和评估。在技术和管理措施上加强重大事故危险源的监控，防止重特大事故发生。对危险设备和危险区域予以明显标识，实现规范化、标准化管理。

（2）预警行动

企业应急指挥中心根据预测结果，应进行以下预警：

① 符合本预案启动条件时，立即发出启动本预案的指令。

② 启动本单位应急程序，并通知厂职能科室进入预警状态。

③ 指令二级单位采取防范措施，并连续跟踪事态发展。

5. 信息报告程序

（1）报告程序

① 发生厂级危险化学品事故时，立即启动本专项预案的同时，迅速向企业总部应急指挥中心报告，最多不超过 1h。

② 立即拨打企业总部应急指挥中心电话进行报告。

（2）报告内容

所属单位发生 3 级、4 级事故应立即报告，报告应包括但不限于以下内容：事故单位名称；发生时间、地点和部位；危险化学品（含剧毒品）名称、数量；人员伤亡情况；事故简要情况；已采取的措施。

在处理过程中，事故单位应尽快了解事态进展情况，并随时向企业应急指挥中心报告。

6. 应急处置

（1）响应分级

危险化学品安全事故首先进行事故分级，并分为三级应急响应：

① 1级应急响应：发生1级危险化学品安全事故，由国家或省级应急管理部门统一指挥，应急指挥中心配合政府应急管理部门开展应急救援工作。

② 3级应急响应：发生3级危险化学品安全事故，由应急指挥中心统一指挥，协调处理。

③ 4级应急响应：发生4级危险化学品安全事故，危险化学品安全事故发生单位（部门）启动本单位（部门）应急预案进行处置。

（2）响应程序

① 当事件达到四级（厂级）危险化学品事故启动条件时，应急指挥部立即下令启动本专项预案，开展应急处置工作。

② 根据事故情况，启动其他的相关应急预案。

③ 在应急处理的同时，应急指挥部应立即向企业应急指挥中心报告。

（3）处置措施

具体处置措施有以下几个方面：

① 进入泄漏现场进行处理时，应注意安全防护，救援人员必须配备必要的防护工具。应急处理时严禁单独行动，要有监护人，必要时用水枪、水炮掩护。

② 泄漏危险化学品是易燃易爆的，应严禁火种、切断电源、禁止车辆进入，设定隔离区，封闭事故现场，根据事故发展情况，紧急疏散转移隔离区内所有无关人员；当危险化学品泄漏事故发生火灾爆炸次生灾害时，同时启动火灾爆炸应急预案。

③ 泄漏危险化学品是有毒的，应使用专用防护服装、空气呼吸器。根据有毒物监测情况，设定隔离区，封闭事故现场。尤其是硫化氢、液化气发生泄漏时，现场报警仪发出声光报警，大量泄漏，人员应紧急疏散，根据风向，撤离至指定的安全地点后清点人数。

④ 当泄漏物因压力高、温度高而形成蒸气云，立即喷射雾状水，加速气体向高空扩散。对于易燃物，可以在现场喷射大量的水蒸气或氮气，破坏燃烧条件。对于液体泄漏，为降低有毒物料向大气的蒸发速度，可用泡沫覆盖外泄的物料，在其表面形成覆盖层，抑制其蒸发。

⑤ 控制泄漏源，防止次生灾害发生。关闭阀门、停止作业或改变工艺流程等，实时监测空气中有毒物质的浓度，及时调整隔离区的范围。采用合适的材料和技术手段堵住泄漏处。

⑥ 严防水体污染，危险化学品小量泄漏，采用吸油棉等材料进行吸收。大量泄漏，立即用消防泡沫液覆盖。尤其三苯（苯、甲苯、二甲苯）类危险化学品发生大量泄漏时，必要时启动环境污染应急预案，构筑围墙，封堵清净下水井，严控污染进一步扩大。

⑦ 对于大量泄漏，可选择隔膜泵将泄漏物抽入容器或槽车内；当泄漏量小时，可用吸油棉、沙子等吸附材料吸收。

⑧ 将收集的泄漏物运至废物处理厂处置。用消防水冲洗剩下的少量物料，冲洗水排入污水系统处理。

⑨ 如发生危险化学品中毒时，应急救援人员必须佩戴空气呼吸器进入现场危险区，沿逆风方向将患者转移至空气新鲜处，保持患者呼吸道通畅，根据受伤情况进行现场急救，并拨打电话120，直至医务救援人员赶到，视实际情况将受伤、中毒人员送往医院抢救。

7. 应急保障

围绕“明确一个机制，建立一个数据库”的目标，建立科学规划、统一建设、平时分开管理、用时统一调度的应急物资储备保障体系。企业总部各二级单位负责做好本单位的应急物资储备的综合管理工作。

附　录

附录一　危险化学品泄漏初始隔离和防护距离一览表

UN号	危险化学品名称	小量泄漏			大量泄漏		
		初始隔离距离/m	下风向防护距离/m		初始隔离距离/m	下风向防护距离/m	
			白天	夜晚		白天	夜晚
1005	氨,无水的	30	0.1	0.2	150	0.8	2.3
	无水氨	30	0.1	0.2	150	0.8	2.3
1008	三氟化硼	30	0.1	0.6	300	1.9	4.8
	三氟化硼,压缩气体	30	0.1	0.6	300	1.9	4.8
1016	一氧化碳	30	0.1	0.1	150	0.7	2.7
	一氧化碳,压缩气体	30	0.1	0.1	150	0.7	2.7
1017	氯	60	0.4	1.6	600	3.5	8.0
1023	煤气	30	0.1	0.1	60	0.3	0.4
	煤气,压缩气体	30	0.1	0.1	60	0.3	0.4
1026	氰	30	0.2	0.9	150	1.0	3.5
	氰气	30	0.2	0.9	150	1.0	3.5
1040	环氧乙烷	30	0.1	0.2	150	0.8	2.5
	环氧乙烷,含氮的	30	0.1	0.2	150	0.8	2.5
1045	氟	30	0.1	0.3	150	0.8	3.1
	氟,压缩气体	30	0.1	0.3	150	0.8	3.1
1048	溴化氢,无水的	30	0.1	0.4	300	1.5	4.5
1050	氯化氢,无水的	30	0.1	0.4	60	0.3	1.4
1051	氰化氢	100	0.3	1.1	1000	3.8	7.2
	氢氰酸水溶液,含氰化氢大于20%	60	0.2	0.6	400	1.6	4.1
	氰化氢,无水,稳定的	60	0.2	0.6	400	1.6	4.1
	氰化氢,稳定的	60	0.2	0.6	400	1.6	4.1

续表

UN号	危险化学品名称	小量泄漏			大量泄漏		
		初始隔离距离/m	下风向防护距离/m		初始隔离距离/m	下风向防护距离/m	
			白天	夜晚		白天	夜晚
1052	氟化氢,无水的	30	0.1	0.5	300	1.7	3.6
1053	硫化氢	30	0.1	0.4	300	2.0	6.2
1062	甲基溴	30	0.1	0.2	150	0.7	2.2
1064	甲硫醇	30	0.1	0.3	200	1.3	4.1
1067	四氧化二氮	30	0.1	0.4	400	1.1	3.0
	二氧化氮	30	0.1	0.4	400	1.1	3.0
1069	氯化亚硝酰	30	0.2	1.1	800	4.2	11.0+
1071	油气	30	0.1	0.1	60	0.3	0.4
	石油气,压缩的	30	0.1	0.1	60	0.3	0.4
1076	光气(战争毒剂)	200	1.1	4.0	1000	7.5	11.0+
	双光气	30	0.2	0.2	30	0.4	0.5
	双光气(战争毒剂)	30	0.2	0.7	200	1.1	2.6
	光气	100	0.7	2.6	500	3.3	9.7
1079	二氧化硫	60	0.3	1.2	400	2.1	5.7
1082	三氟氯乙烯,稳定的	30	0.1	0.2	60	0.4	1.0
1092	丙烯醛,稳定的	100	1.1	3.3	1000	11.0+	11.0+
1098	烯丙醇	30	0.1	0.2	60	0.6	1.1
1135	2-氯乙醇	30	0.2	0.3	60	0.7	1.2
1143	丁烯醛	30	0.1	0.1	60	0.4	0.7
	丁烯醛,稳定的	30	0.1	0.1	60	0.4	0.7
1162	二甲基二氯丙烷(当泄漏到水里时)	30	0.1	0.3	60	0.6	2.0
1163	1,1-二甲肼	30	0.2	0.5	100	1.3	2.4
	不对称二甲肼	30	0.2	0.5	100	1.3	2.4
1182	氯甲酸乙酯	30	0.1	0.2	60	0.4	0.7
1183	乙基二氯硅烷(当泄漏到水里时)	30	0.1	0.3	60	0.7	2.2
1185	吖丙啶,稳定的	30	0.2	0.5	100	1.1	2.2
1196	乙基三氯硅烷(当泄漏到水里时)	30	0.1	0.3	300	1.2	2.5

续表

UN号	危险化学品名称	小量泄漏			大量泄漏		
		初始隔离距离/m	下风向防护距离/m		初始隔离距离/m	下风向防护距离/m	
			白天	夜晚		白天	夜晚
1238	氯甲酸甲酯	30	0.2	0.6	150	1.2	2.5
1239	甲基·氯甲基醚	30	0.3	1.1	200	2.5	5.1
1242	甲基二氯硅烷(当泄漏到水里时)	30	0.1	0.3	60	0.8	2.5
1244	甲基肼	30	0.3	0.7	150	1.5	2.5
1250	甲基三氯硅烷(当泄漏到水里时)	30	0.1	0.2	60	0.6	2.0
1251	甲基·乙烯基酮,稳定的	150	1.6	3.6	1000	11.0+	11.0+
1259	羰基镍	150	1.4	4.9	1000	11.0+	11.0+
1295	三氯硅烷(当泄漏到水里时)	30	0.1	0.3	60	0.7	2.3
1298	三甲基氯硅烷(当泄漏到水里时)	30	0.1	0.1	30	0.4	1.2
1305	乙烯基三氯硅烷(当泄漏到水里时)	30	0.1	0.2	60	0.6	2.0
	乙烯基三氯硅烷,稳定的(当泄漏到水里时)	30	0.1	0.2	60	0.6	2.0
1340	五硫化二磷,不含黄磷和白磷(当泄漏到水里时)	30	0.1	0.2	60	0.4	1.5
1360	磷化钙(当泄漏到水里时)	60	0.4	1.5	500	4.4	11.0+
1380	戊硼烷	60	0.7	2.3	400	4.6	8.9
1384	亚硫酸氢钠(当泄漏到水里时)	30	0.1	0.2	30	0.3	1.2
	连二亚硫酸钠(当泄漏到水里时)	30	0.1	0.2	30	0.3	1.2
1397	磷化铝(当泄漏到水里时)	60	0.5	1.9	600	5.7	11.0+
1412	氨基化锂(当泄漏到水里时)	30	0.1	0.1	30	0.3	1.0
1419	磷化铝镁(当泄漏到水里时)	60	0.4	1.7	600	5.3	11.0+
1431	磷化钠(当泄漏到水里时)	30	0.3	1.2	400	3.5	10.6
1510	四硝基甲烷	30	0.2	0.4	60	0.6	1.0
1541	丙酮氰醇,稳定的(当泄漏到水里时)	30	0.1	0.1	100	0.3	1.0

续表

UN号	危险化学品名称	小量泄漏			大量泄漏		
		初始隔离距离/m	下风向防护距离/m		初始隔离距离/m	下风向防护距离/m	
			白天	夜晚		白天	夜晚
1556	甲基二氯胂(战争毒剂)	30	0.2	0.5	150	0.7	2.2
1556	甲基二氯胂	30	0.2	0.2	60	0.5	0.8
1556	苯基二氯胂(战争毒剂)	30	0.1	0.1	30	0.2	0.2
1560	三氯化砷	30	0.2	0.3	100	1.1	1.8
1560	五氯化砷	30	0.2	0.3	100	1.1	1.8
1569	溴丙酮	30	0.2	0.8	100	1.1	2.3
1580	三氯硝基甲烷	30	0.4	1.0	150	1.9	3.3
1581	三氯硝基甲烷和溴甲烷化合物	30	0.1	0.6	300	2.1	5.9
1582	三氯硝基甲烷和氯甲烷混合物	30	0.1	0.4	60	0.4	1.7
1583	氯化氰(战争毒剂)	60	0.4	1.5	600	4.1	8.0
1589	氯化氰,稳定的	100	0.4	1.5	400	3.1	6.8
1595	硫酸二甲酯	30	0.1	0.2	60	0.5	0.7
1605	二溴化乙烯	30	0.1	0.1	30	0.3	0.5
1612	四磷酸六乙酯和压缩气体混合物	100	0.8	2.7	400	3.5	8.1
1613	氢氰酸水溶液,含氰化氢不大于20%	30	0.1	0.1	100	0.5	1.1
1614	氰化氢,稳定的(被吸收的)	60	0.2	0.6	150	0.6	1.7
1647	二溴化乙烯和溴甲烷混合物,液体	30	0.1	0.2	150	0.7	2.2
1660	一氧化氮,压缩的	30	0.1	0.6	100	0.6	2.2
1660	一氧化氮	30	0.1	0.6	100	0.6	2.2
1670	全氯甲硫醇	30	0.2	0.4	100	0.8	1.4
1680	氰化钾(当泄漏到水里时)	30	0.1	0.2	100	0.3	1.2
1680	氰化钾,固体(当泄漏到水里时)	30	0.1	0.2	100	0.3	1.2

续表

UN 号	危险化学品名称	小量泄漏			大量泄漏		
		初始隔离距离/m	下风向防护距离/m		初始隔离距离/m	下风向防护距离/m	
			白天	夜晚		白天	夜晚
1689	氰化钠(当泄漏到水里时)	30	0.1	0.2	100	0.4	1.4
	氰化钠,固体(当泄漏到水里时)	30	0.1	0.2	100	0.4	1.4
1694	溴苄基氰(战争毒剂)	30	0.1	0.4	100	0.6	2.7
1695	氯丙酮,稳定的	30	0.2	0.3	60	0.6	1.1
1697	氯乙酰苯(战争毒剂)	30	0.1	0.2	60	0.3	1.4
1698	亚当氏剂(战争毒剂)	30	0.1	0.3	60	0.3	1.4
	二苯胺氯胂(战争毒剂)	30	0.1	0.3	60	0.3	1.4
1699	二苯氯胂(战争毒剂)	30	0.1	0.6	200	1.0	3.8
1716	乙酸溴(当泄漏到水里时)	30	0.1	0.3	60	0.6	1.7
1717	乙酸氯(当泄漏到水里时)	30	0.1	0.3	100	0.9	2.8
1722	氯碳酸烯丙酯	100	1.2	2.8	600	7.8	11.0+
	氯甲酸烯丙酯	100	1.2	2.8	600	7.8	11.0+
1724	烯丙基三氯硅烷,稳定的(当泄漏到水里时)	30	0.1	0.2	60	0.6	1.9
1725	溴化铝,无水的(当泄漏到水里时)	30	0.1	0.3	30	0.4	1.2
1726	氯化铝,无水的(当泄漏到水里时)	30	0.1	0.3	60	0.6	2.1
1728	戊基三氯硅烷(当泄漏到水里时)	30	0.1	0.2	60	0.6	1.9
1732	五氟化锑(当泄漏到水里时)	30	0.1	0.5	150	1.2	4.0
1741	三氯化硼(当泄漏到陆地上时)	30	0.1	0.3	100	0.6	1.5
	三氯化硼(当泄漏到水里时)	30	0.1	0.5	100	1.3	3.9
1744	溴	60	0.6	1.8	300	3.1	6.6
	溴溶液	60	0.6	1.8	300	3.1	6.6
1745	五氟化溴(当泄漏到陆地上时)	30	0.2	0.9	150	1.5	3.2
	五氟化溴(当泄漏到水里时)	300	0.1	0.5	150	1.3	4.2

续表

UN号	危险化学品名称	小量泄漏			大量泄漏		
		初始隔离距离/m	下风向防护距离/m		初始隔离距离/m	下风向防护距离/m	
			白天	夜晚		白天	夜晚
1746	三氟化溴(当泄漏到陆地上时)	30	0.1	0.1	30	0.3	0.5
	三氟化溴(当泄漏到水里时)	30	0.1	0.5	100	1.1	3.9
1747	丁基三氯硅烷(当泄漏到水里时)	30	0.1	0.1	30	0.4	1.2
1749	三氟化氯	60	0.4	1.8	400	2.7	7.2
1752	氯乙酰氯(当泄漏到陆地上时)	30	0.3	0.7	150	1.4	2.3
	氯乙酰氯(当泄漏到水里时)	30	0.3	0.7	150	0.3	0.9
1753	氯苯基三氯硅烷(当泄漏到水里时)	30	0.1	0.1	30	0.3	1.0
1754	氯磺酸(当泄漏到陆地上时)	30	0.1	0.1	30	0.3	0.4
	氯磺酸(当泄漏到水里时)	30	0.1	0.5	60	1.0	2.9
	氯磺酸和三氧化硫混合物(当泄漏到陆地上时)	60	0.4	1.0	300	2.9	5.7
	氯磺酸和三氧化硫混合物(当泄漏到水里时)	30	0.1	0.5	60	1.0	2.9
1758	铝氧化铬(当泄漏到水里时)	30	0.1	0.1	30	0.4	1.4
1762	环己烯三氯硅烷(当泄漏到水里时)	30	0.1	0.2	30	0.4	1.4
1763	环乙基三氯硅烷(当泄漏到水里时)	30	0.1	0.2	30	0.4	1.4
1765	二氯乙烯氯(当泄漏到水里时)	30	0.1	0.1	30	0.3	1.0
1766	二氯苯基三氯硅烷(当泄漏到水里时)	30	0.1	0.1	60	0.7	2.2
1767	二乙基二氯硅烷(当泄漏到水里时)	30	0.1	0.1	30	0.4	1.1
1769	二苯基二氯硅烷(当泄漏到水里时)	30	0.1	0.1	30	0.2	0.6

续表

UN号	危险化学品名称	小量泄漏			大量泄漏		
		初始隔离距离/m	下风向防护距离/m		初始隔离距离/m	下风向防护距离/m	
			白天	夜晚		白天	夜晚
1771	十二烷基三氯硅烷(当泄漏到水里时)	30	0.1	0.2	60	0.5	1.4
1777	氟磺酸十六烷基三氯硅烷(当泄漏到水里时)	30	0.1	0.1	30	0.2	0.8
1781	十六烷基三氯硅烷(当泄漏到水里时)	30	0.1	0.1	30	0.2	0.7
1784	己基三氯硅烷(当泄漏到水里时)	30	0.1	0.2	60	0.5	1.5
1799	壬基三氯硅烷(当泄漏到水里时)	30	0.1	0.2	60	0.5	1.6
1800	十八烷基三氯硅烷(当泄漏到水里时)	30	0.1	0.2	30	0.4	1.4
1801	辛基三氯硅烷(当泄漏到水里时)	30	0.1	0.2	60	0.5	1.6
1804	苯基三氯硅烷(当泄漏到水里时)	30	0.1	0.2	60	0.5	1.6
1806	五氯化磷(当泄漏到水里时)	30	0.1	0.2	30	0.4	1.6
1808	三溴化磷(当泄漏到水里时)	30	0.1	0.3	60	0.6	2.0
1809	三氯化磷(当泄漏到陆地上时)	30	0.2	0.7	150	1.5	3.0
1810	三氯氧化磷(当泄漏到陆地上时)	30	0.3	0.5	100	1.1	2.0
	三氯氧化磷(当泄漏到水里时)	30	0.1	0.3	60	0.7	2.3
1815	丙酰氯(当泄漏到水里时)	30	0.1	0.1	30	0.3	0.8
1816	丙基三氯硅烷(当泄漏到水里时)	30	0.1	0.2	60	0.6	2.0
1818	四氯化硅(当泄漏到水里时)	30	0.1	0.3	100	0.9	2.9
1828	氯化硫(当泄漏到陆地上时)	30	0.1	0.2	60	0.7	1.2
	氯化硫(当泄漏到水里时)	30	0.1	0.2	30	0.4	1.2

续表

UN号	危险化学品名称	小量泄漏			大量泄漏		
		初始隔离距离/m	下风向防护距离/m		初始隔离距离/m	下风向防护距离/m	
			白天	夜晚		白天	夜晚
1829	三氧化溴,稳定的	60	0.4	1.0	300	2.9	5.7
	三氧化硫,未加抑制剂的	60	0.4	1.0	300	2.9	5.7
1831	硫酸,发烟的	60	0.4	1.0	300	2.9	5.7
	硫酸,发烟的,含游离三氧化硫不少于30%	60	0.4	1.0	300	2.9	5.7
1834	硫酰氯(当泄漏到陆地上时)	30	0.2	0.5	100	1.0	2.1
	硫酰氯(当泄漏到水里时)	30	0.1	0.2	60	0.5	1.8
1836	亚硫酰氯(当泄漏到陆地上时)	30	0.3	0.7	100	0.9	1.9
	亚硫酰氯(当泄漏到水里时)	30	0.3	1.4	300	3.3	7.5
1838	四氯化钛(当泄漏到陆地上时)	30	0.1	0.2	60	0.5	0.8
	四氯化钛(当泄漏到水里时)	30	0.1	0.2	60	0.6	1.9
1859	四氟化硅	30	0.1	0.5	100	0.5	1.9
	四氟化硅,压缩的	30	0.1	0.5	100	0.5	1.9
1892	乙基二氯胂(战争毒剂)	30	0.1	0.3	150	0.8	1.9
	乙基二氯胂	30	0.2	0.3	60	0.6	0.9
1898	乙酰碘(当泄漏到水里时)	30	0.1	0.3	60	0.5	1.4
1911	乙硼烷	60	0.3	1.2	300	1.7	4.3
	乙硼烷,压缩的	60	0.3	1.2	300	1.7	4.3
1923	连二亚硫酸钙(当泄漏到水里时)	30	0.1	0.2	30	0.3	1.2
	亚硫酸氢钙(当泄漏到水里时)	30	0.1	0.2	30	0.3	1.2
1929	连二亚硫酸钾(当泄漏到水里时)	30	0.1	0.2	30	0.3	1.1
	亚硫酸氢钾(当泄漏到水里时)	30	0.1	0.2	30	0.3	1.1
1931	连二亚硫酸锌(当泄漏到水里时)	30	0.1	0.2	30	0.3	1.1
	亚硫酸氢锌(当泄漏到水里时)	30	0.1	0.2	30	0.3	1.1

续表

UN号	危险化学品名称	小量泄漏			大量泄漏		
		初始隔离距离/m	下风向防护距离/m		初始隔离距离/m	下风向防护距离/m	
			白天	夜晚		白天	夜晚
1953	压缩气体，有毒，易燃，未另作规定的	100	0.6	2.5	800	4.4	8.9
1955	压缩气体，有毒，未另作规定的	100	0.5	2.1	800	4.4	8.9
	混有压缩气体的有机磷酸盐	100	1.0	3.4	500	4.4	9.6
	混有压缩气体的有机磷化合物	100	1.0	3.4	500	4.4	9.6
1967	气体杀虫剂，有毒，未另作规定的	100	1.0	3.4	500	4.4	9.6
	对硫磷和压缩气体混合物	100	1.0	3.4	500	4.4	9.6
1975	四氧化二氮和一氧化氮混合物	30	0.1	0.6	100	0.6	2.2
	一氧化氮和二氧化氮混合物	30	0.1	0.6	100	0.6	2.2
1994	五羰铁	100	0.9	2.1	500	5.5	8.9
2004	二氨基镁(当泄漏到水里时)	30	0.1	0.4	60	0.6	2.3
2011	二磷化三镁(当泄漏到水里时)	60	0.4	1.6	500	4.8	11.0+
2012	磷化钾(当泄漏到水里时)	30	0.3	1.2	400	3.1	9.4
2013	磷化锶(当泄漏到水里时)	30	0.3	1.1	400	3.0	9.4
2032	硝酸，发烟的	30	0.1	0.3	150	0.6	1.1
	硝酸，发红烟的	30	0.1	0.3	150	0.6	1.1
2186	氯化氢，冷冻液体	30	0.1	0.4	500	2.8	10.2
2188	胂	200	1.1	4.0	1000	7.0	11.0+
	胂(战争毒剂)	400	2.0	5.5	1000	9.2	11.0+
2189	二氯硅烷	30	0.2	1.0	800	4.2	10.3
2190	二氟化氧	800	5.3	11.0+	1000	11.0+	11.0+
	二氟化氧，压缩的	800	5.3	11.0+	1000	11.0+	11.0+
2191	硫酰氟	30	0.1	0.5	300	1.7	4.9
2192	锗烷	30	0.2	0.8	150	0.9	2.8
2194	六氟化硒	60	0.4	1.9	500	2.9	6.4

续表

UN号	危险化学品名称	小量泄漏			大量泄漏		
		初始隔离距离/m	下风向防护距离/m		初始隔离距离/m	下风向防护距离/m	
			白天	夜晚		白天	夜晚
2195	六氟化碲	200	1.2	4.2	1000	9.4	11.0+
2196	六氟化钨	30	0.2	0.8	150	1.0	2.9
2197	碘化氢,无水的	30	0.1	0.4	150	1.0	3.2
2198	五氟化磷	30	0.2	1.1	200	1.3	3.8
	五氟化磷,压缩的	30	0.2	1.1	200	1.3	3.8
2199	磷化氢	100	0.6	2.5	800	4.4	8.9
2202	硒化氢,无水的	200	1.3	4.6	1000	8.7	11.0+
2204	硫化羰	30	0.2	0.7	500	3.3	8.7
2232	氯乙醛	30	0.2	0.4	100	0.9	1.5
	2-氯乙醛	30	0.2	0.4	100	0.9	1.5
2308	亚硝基硫酸(当泄漏到水里时)	30	0.1	0.4	300	0.8	2.5
	亚硝基硫酸,液体(当泄漏到水里时)	30	0.1	0.4	300	0.8	2.5
	亚硝基硫酸,固体(当泄漏到水里时)	30	0.1	0.4	300	0.8	2.5
2334	烯丙胺	30	0.2	0.6	150	1.7	3.0
2337	苯硫醇	30	0.1	0.1	30	0.3	0.5
2353	丁酰氯(当泄漏到水里时)	30	0.1	0.1	30	0.3	1.0
2382	1,2-二甲肼	30	0.2	0.4	100	1.0	1.7
	对称二甲肼	30	0.2	0.4	100	1.0	1.7
2395	异丁酰氯(当泄漏到水里时)	30	0.1	0.1	30	0.2	0.6
2407	氯甲酸异丙酯	30	0.2	0.3	60	0.7	1.4
2417	碳酰氟	30	0.2	0.8	150	0.9	3.0
	碳酰氟,压缩的	30	0.2	0.8	150	0.9	3.0
2418	四氟化硫	100	0.6	2.6	800	4.7	10.3
2420	六氟丙酮	60	0.3	1.5	1000	8.4	11.0+
2421	三氧化二氮	30	0.1	0.3	100	0.3	1.2
2434	二苄基二氯硅烷(当泄漏到水里时)	30	0.1	0.1	30	0.2	0.6

续表

UN号	危险化学品名称	小量泄漏			大量泄漏		
		初始隔离距离/m	下风向防护距离/m		初始隔离距离/m	下风向防护距离/m	
			白天	夜晚		白天	夜晚
2435	乙基苯基二氯硅烷(当泄漏到水里时)	30	0.1	0.1	30	0.4	1.1
2437	甲基苯基二氯硅烷(当泄漏到水里时)	30	0.1	0.1	30	0.2	0.6
2438	三甲基乙酰氯	30	0.1	0.3	60	0.6	1.1
2442	三氯乙酰氯	30	0.2	0.3	60	0.7	1.3
2474	硫光气	60	0.7	2.0	300	3.1	5.3
2477	异硫氰酸甲酯	30	0.1	0.2	60	0.5	0.8
2480	异氰酸甲酯	150	1.8	5.3	1000	11.0+	11.0+
2481	异氰酸乙酯	150	1.5	3.8	1000	11.0+	11.0+
2482	异氰酸正丙酯	100	1.2	2.8	800	9.6	11.0+
2483	异氰酸异丙酯	100	1.3	3.0	1000	11.0	11.0+
2484	异氰酸叔丁酯	100	1.1	2.6	800	9.3	11.0+
2485	异氰酸正丁酯	60	0.8	1.7	100	4.8	6.9
2486	异氰酸异丁酯	60	0.8	1.8	400	4.8	7.4
2487	异氰酸苯酯	30	0.4	0.6	150	1.6	2.5
2488	异氰酸环己酯	30	0.3	0.4	100	1.0	1.4
2495	五氟化碘(当泄漏到水里时)	30	0.1	0.5	150	1.2	4.2
2521	双烯酮,稳定的	30	0.1	0.1	30	0.3	0.5
2534	甲基氯硅烷	30	0.2	0.7	300	1.6	4.3
2548	五氟化氯	60	0.3	1.4	400	2.3	6.5
2600	一氧化碳和氢混合物	30	0.1	0.1	150	0.7	2.7
	一氧化碳和氢混合物,压缩的	30	0.1	0.1	150	0.7	2.7
2605	异氰酸甲氧基甲酯	30	0.4	0.6	150	1.6	2.5
2606	原硅酸甲酯	30	0.1	0.1	30	0.3	0.5
2644	甲基碘	30	0.1	0.2	100	0.3	0.8
2646	六氯环戊二烯	30	0.1	0.1	30	0.4	0.5
2668	氯乙腈	30	0.1	0.1	30	0.3	0.5
2676	锑化氢	60	0.4	1.7	500	2.8	7.2

续表

UN号	危险化学品名称	小量泄漏			大量泄漏		
		初始隔离距离/m	下风向防护距离/m		初始隔离距离/m	下风向防护距离/m	
			白天	夜晚		白天	夜晚
2691	五溴化磷(当泄漏到水里时)	30	0.1	0.4	30	0.4	1.5
2692	三溴化硼(当泄漏到陆地上时)	30	0.1	0.4	60	0.5	1.0
	三溴化硼(当泄漏到水里时)	30	0.1	0.6	100	1.0	3.0
2740	氯甲酸正丙酯	30	0.2	0.3	60	0.7	1.3
2742	氯甲酸仲丁酯	30	0.1	0.1	30	0.4	0.6
	氯甲酸异丁酯	30	0.1	0.1	30	0.3	0.5
2743	氯甲酸正丁酯	30	0.1	0.1	30	0.3	0.5
2806	氮化锂(当泄漏到水里时)	30	0.1	0.4	60	0.6	2.2
2810	二苯羟乙酸(战争毒剂)	30	0.1	0.1	30	0.1	0.5
	毕兹(战争毒剂)	30	0.1	0.1	30	0.1	0.5
	西埃斯(战争毒剂)	30	0.2	0.7	100	0.5	2.1
	二氯(2-氯乙烯)胂(战争毒剂)	30	0.1	0.6	100	0.5	2.0
	塔崩(战争毒剂)	30	0.2	0.2	100	0.6	0.7
	沙林(战争毒剂)	60	0.4	1.2	800	2.3	4.5
	索曼(战争毒剂)	60	0.4	0.8	400	1.7	2.4
	GF毒气(战争毒剂)	60	0.2	0.3	150	0.9	1.1
	芥子气(战争毒剂)	30	0.1	0.1	60	0.4	0.4
	芥子气-路易斯气(用于冷冻)(战争毒剂)	30	0.1	0.1	60	0.4	0.4
	芥子气纯品(战争毒剂)	30	0.2	0.3	100	0.5	1.0
	氮芥,氮芥-1(战争毒剂)	30	0.1	0.1	60	0.4	0.5
	氮芥,氮芥-2(战争毒剂)	30	0.1	0.1	60	0.3	0.5
	氮芥,氮芥-3(战争毒剂)	30	0.1	0.1	30	0.1	0.1
	路易斯(毒)气(战争毒剂)	30	0.2	0.3	100	0.5	1.0
	芥末路易斯(毒)气(战争毒剂)	30	0.2	0.3	100	0.5	1.0
	有毒液体,未另作规定的	60	0.8	1.8	300	2.9	5.7
	有毒液体,未另作规定的(呼吸危险区B)	30	0.1	0.2	60	0.5	0.8

续表

UN号	危险化学品名称	小量泄漏			大量泄漏		
		初始隔离距离/m	下风向防护距离/m		初始隔离距离/m	下风向防护距离/m	
			白天	夜晚		白天	夜晚
2810	二甲氨基氰磷酸乙酯(战争毒剂)	30	0.2	0.2	100	0.6	0.7
	塔崩(战争毒剂)	60	0.4	0.8	400	1.7	2.4
	有毒液体,有机物,未另作规定的	60	0.8	1.8	400	4.8	7.2
2810	维埃克斯(战争毒剂)	30	0.1	0.1	60	0.4	0.4
2811	CX(战争毒剂)	30	0.1	0.7	100	0.5	2.3
2826	硫酸代甲酸乙酯	30	0.1	0.2	60	0.5	0.7
2845	乙基磷二氯,无水的	30	0.3	0.8	150	1.6	2.9
	甲基磷二氯	30	0.4	1.2	200	2.6	4.5
2901	氯化溴	30	0.2	1.0	400	2.4	6.5
2927	乙基硫代磷酰二氯,无水的	30	0.1	0.1	30	0.2	0.2
	二氯磷酸乙酯	30	0.1	0.1	30	0.2	0.3
	有毒液体,腐蚀性,未另作规定的	60	0.8	1.8	300	2.9	5.7
	有毒液体,腐蚀性,有机物,未另作规定的	100	1.2	2.8	600	7.8	11.0+
2929	有毒液体,易燃,未另作规定的	60	0.7	2.3	400	4.6	8.9
	有毒液体,易燃,有机物,未另作规定的	100	1.1	2.6	600	7.8	11.0+
2977	放射性物质,六氟化铀,裂变的(当泄漏到水里时)	30	0.1	0.4	60	0.5	2.3
	放射性物质,六氟化铀,裂变的,含铀235大于1%(当泄漏到水里时)	30	0.1	0.4	60	0.5	2.3
2978	放射性物质,六氟化铀(当泄漏到水里时)	30	0.1	0.4	60	0.5	2.2
	六氟化铀(当泄漏到水里时)	30	0.1	0.4	60	0.5	2.2
	六氟化铀,不裂变(当泄漏到水里时)	30	0.1	0.4	60	0.5	2.2

续表

UN号	危险化学品名称	小量泄漏			大量泄漏		
		初始隔离距离/m	下风向防护距离/m		初始隔离距离/m	下风向防护距离/m	
			白天	夜晚		白天	夜晚
2985	氯硅烷，易燃，腐蚀性，未另作规定的	30	0.1	0.2	100	0.5	1.6
2986	氯硅烷，腐蚀性，易燃，未另作规定的(当泄漏到水里时)	30	0.1	0.2	100	0.5	1.6
2988	氯硅烷，遇水反应，易燃，腐蚀性，未另作规定的(当泄漏到水里时)	30	0.1	0.2	100	0.5	1.6
3023	2-甲基-2-庚硫醇	30	0.1	0.2	60	0.5	0.7
3048	磷化铝农药(当泄漏到水里时)	60	0.5	1.9	600	5.8	11.0+
3049	卤化烷基金属，未另作规定的(当泄漏到水里时)	30	0.1	0.2	60	0.4	1.3
	卤化烷基金属，遇水反应，未另作规定的(当泄漏到水里时)	30	0.1	0.2	60	0.4	1.3
	卤化芳基金属，遇水反应，未另作规定的(当泄漏到水里时)	30	0.1	0.2	60	0.4	1.3
3052	卤化烷基铝(当泄漏到水里时)	30	0.1	0.2	60	0.4	1.3
	卤化烷基铝，液体(当泄漏到水里时)	30	0.1	0.2	60	0.4	1.3
	卤化烷基铝，固体(当泄漏到水里时)	30	0.1	0.2	60	0.4	1.3
3057	三氟乙烯铝	30	0.2	1.0	800	14.6	11.0+
3079	甲基丙烯腈，稳定的	30	0.2	1.0	800	4.6	11.0+
3083	高氯酰氟	30	0.2	0.7	500	3.1	8.4
3122	有毒液体，氧化性，未另作规定的	60	0.8	1.8	300	2.9	5.7
3123	有毒液体，遇水反应，未另作规定的	60	0.8	1.8	300	2.9	5.7
	有毒液体，遇水反应放出易燃液体，未另作规定的	60	0.8	1.8	300	2.9	5.7

续表

UN号	危险化学品名称	小量泄漏			大量泄漏		
		初始隔离距离/m	下风向防护距离/m		初始隔离距离/m	下风向防护距离/m	
			白天	夜晚		白天	夜晚
3160	液化气体，有毒，易燃，未另作规定的	100	0.6	2.5	800	4.4	8.9
3162	液化气体，有毒，未另作规定的	100	0.5	2.1	800	4.4	8.9
3246	甲磺酰氯	30	0.1	0.1	30	0.2	0.2
3275	腈类，有毒，易燃，未另作规定的	30	0.1	0.2	60	0.5	0.9
3276	腈类，有毒，液体，未另作规定的	30	0.1	0.2	60	0.5	0.9
	腈类，有毒，未另作规定的	30	0.1	0.2	60	0.5	0.9
3278	有机磷化合物，有毒，液体，未另作规定的	30	0.4	1.2	200	2.6	4.5
	有机磷化合物，有毒，未另作规定的	30	0.4	1.2	200	2.6	4.5
3279	有机磷化合物，有毒，易燃，未另作规定的	30	0.4	1.2	200	2.6	4.5
3280	有机砷化合物，液体未另作规定的	30	0.2	0.8	150	2.0	4.8
	有机砷化合物，未另作规定的	30	0.2	0.8	150	2.0	4.8
3281	羰基金属，液体，未另作规定的	150	1.4	4.9	1000	11.0+	11.0+
	羰基金属，未另作规定的	150	1.4	4.9	1000	11.0+	11.0+
3287	有毒液体，无机物，未另作规定的	60	0.8	1.8	300	2.9	5.7
3289	有毒液体，无机物，腐蚀性，未另作规定的	60	0.8	1.8	300	2.9	5.7
3294	氰化氢，乙醇溶液，含氰化氢不大于45%	30	0.1	0.3	300	0.5	1.9

续表

UN号	危险化学品名称	小量泄漏			大量泄漏		
		初始隔离距离/m	下风向防护距离/m		初始隔离距离/m	下风向防护距离/m	
			白天	夜晚		白天	夜晚
3300	二氧化碳和环氧乙烷混合物,含环氧乙烷不大于87%	30	0.1	0.2	150	0.8	2.5
3300	环氧乙烷和二氧化碳混合物,含环氧乙烷不大于87%	30	0.1	0.2	150	0.8	2.5
3303	压缩气体,有毒,氧化性,未另作规定的	100	0.5	2.1	800	4.7	10.3
3304	压缩气体,有毒,腐蚀性,未另作规定的	150	0.7	2.5	800	4.7	10.3
3305	压缩气体,有毒,易燃,腐蚀性,未另作规定的	100	0.7	2.5	800	4.7	10.3
3306	压缩气体,有毒,氧化性,腐蚀性,未另作规定的	100	0.6	2.5	800	4.4	8.9
3307	液体气体,有毒,氧化性,未另作规定的	100	0.5	2.1	800	4.4	8.9
3308	液体气体,有毒,腐蚀性,未另作规定的	150	0.7	2.5	800	4.7	10.3
3309	液化气体,有毒,易燃,腐蚀性,未另作规定的	100	0.7	2.5	800	4.7	10.3
3310	液化气体,有毒,氧化性,腐蚀性,未另作规定的	100	0.6	2.5	800	4.4	8.9
3318	氨溶液,含氨大于50%	30	0.1	0.2	150	0.8	2.3
3355	气体杀虫剂,有毒,易燃,未另作规定的	100	0.6	2.5	800	4.4	8.9
3361	氯硅烷,有毒,腐蚀性,未另作规定的	30	0.1	0.2	100	0.5	1.6
3362	氯硅烷,毒性,腐蚀性,易燃,未另作规定的	30	0.1	0.2	100	0.5	1.6
3456	亚硝基硫酸,固体(当泄漏到水里时)	30	0.1	0.5	200	0.7	2.5
3461	烷基铝氢化物,固体(当泄漏到水里时)	30	0.1	0.2	60	0.4	1.3

续表

UN号	危险化学品名称	小量泄漏			大量泄漏		
		初始隔离距离/m	下风向防护距离/m		初始隔离距离/m	下风向防护距离/m	
			白天	夜晚		白天	夜晚
9191	二氧化氯,水合物,冷冻的(当泄漏到水里时)	30	0.1	0.1	30	0.2	0.6
9192	氟,冷冻液体(低温液体)	30	0.1	0.3	150	0.8	3.1
9202	一氧化碳,冷冻液体(低温液体)	30	0.1	0.1	150	0.7	2.7
9206	二氯化甲基磷酸	30	0.1	0.2	60	0.5	0.7
9263	氯新戊酰氯	30	0.1	0.1	30	0.3	0.4
9264	3,5-二氯-2,4,6-三氯嘧啶	30	0.1	0.1	30	0.3	0.4
9269	三甲氧基硅烷	30	0.2	0.5	150	1.0	2.0

注:此表是按照UN号顺序列出吸入毒性危害(TIH)物质,包括某些化学试剂以及遇水反应产生有毒气体的物质。对于小量泄漏(液体泄漏量不大于200L,或泄漏到水中的固体不大于200kg),提供"初始隔离距离"和"防护距离",进一步细分为白天和夜晚两种情况。由于气象条件的活跃、变动对危害区的范围有很大影响,这样细分很有必要。白天和夜晚由于在空气中不同的混合和扩散使距离改变。在夜晚,空气平静,化学物质扩散减弱,因此造成的中毒区会大于白天。在白天,因大气运动而引起化学物质较大范围的扩散,形成较低的浓度,实际达到中毒浓度的范围会比较小。

附录二　与水反应产生有毒气体的物质一览表

UN号	处置方案编号	中文名称	英文名称	产生的TIH气体
1162	155	二甲基二氯硅烷	dimethyldichlorosilane	HCl
1183	139	乙基二氯硅烷	ethyldichlorosilane	HCl
1196	155	乙基三氯硅烷	ethyltrichlorosilane	HCl
1242	139	甲基二氯硅烷	methyldichlorosilane	HCl
1250	155	甲基三氯硅烷	methyltrichlorosilane	HCl
1295	139	三氯硅烷	trichlorosilane	HCl
1298	155	三甲基氯硅烷	trimethylchlorosilane	HCl
1305	155p	乙烯基三氯硅烷	vinyltrichlorosilane	HCl
	155p	乙烯基三氯硅烷,稳定的	vinyltrichlorosilane,stabilized	HCl

续表

UN号	处置方案编号	中文名称	英文名称	产生的TIH气体
1340	139	五硫化二磷，不含黄磷和白磷	phosphorus pentasulfide, free from yellow and white phosphorus	H_2S
1360	139	磷化钙	calcium phosphide	PH_3
1384	135	连二亚硫酸钠	sodium dithionite	H_2S,SO_2
	135	亚硫酸氢钠	sodium dithionite	H_2S,SO_2
1397	139	磷化铝	aluminum phosphide	PH_3
1412	139	氨基化锂	lithium amide	NH_3
1419	139	磷化铝镁	magnesium aluminum phosphide	PH_3
1432	139	磷化钠	sodium phosphide	PH_3
1541	155	丙酮氰醇，稳定的	acetone cyanohydrin ,stabilized	HCN
1680	157	氰化钾	potassium cyanide	HCN
	157	氰化钾，固体	potassium cyanide,solid	HCN
1689	157	氰化钠	sodium cyanide	HCN
	157	氰化钠，固体	sodium cyanide , solid	HCN
1716	156	乙酸溴	acetyl bromide	HBr
1717	155	乙酸氯	acetyl chloride	HCl
1724	155	烯丙基三氯硅烷，稳定的	allyltrichlorosilane,stabilized	HCl
1725	137	溴化铝，无水的	aluminum bromide,anhydrous	HBr
1726	137	氯化铝，无水的	aluminum chloride,anhydrous	HF
1728	155	戊基三氯硅烷	amyltrichlorosilane	HCl
1732	157	五氟化锑	antimony pentafluoride	HF
1741	125	三氯化硼	boron trifluoride	HCl
1745	144	五氟化溴	bromine pentafluoride	HF,Br_2
1746	144	三氟化溴	bromine trifluoride	HF,Br_2
1747	155	丁基三氯硅烷	butyltrichlorosilane	HCl
1752	156	氯乙酰氯	chloroacetyl chloride	HCl
1753	156	氯苯基三氯硅烷	chloroacetyltrichlorosilane	HCl
1754	137	氯磺酸	chlorosulfonic acid	HCl
	137	氯磺酸和三氧化硫混合物	chlorosulfonic acid and sulfur trioxide mixture	HCl
	137	三氧化硫和氯磺酸混合物	sulfur trioxide and chlorosulfonic acid	HCl

续表

UN号	处置方案编号	中文名称	英文名称	产生的TIH气体
1758	137	铝氧化铬	chromium oxychloride	HCl
1762	156	环己烯基三氯硅烷	cyclohexenyltrichlorosilane	HCl
1763	156	环己基三氯硅烷	cyclohexyltrichlorosilane	HCl
1765	156	二氯乙酰氯	dichloroacetyl chloride	HCl
1766	156	二氯苯基三氯硅烷	dichlorophenyltrichlorosilane	HCl
1767	155	二乙基二氯硅烷	diethyldichlorosilane	HCl
1769	156	二苯基二氯硅烷	diphenyldichlorosilane	HCl
1771	156	十二烷基三氯硅烷	dodecyltrichlorosilane	HCl
1777	137	氟磺酸	fluorosulfonic acid	HF
1781	156	十六烷基三氯硅烷	hexadecyltrichlorosilane	HCl
1784	156	己基三氯硅烷	hexadecyltrichlorosilane	HCl
1799	156	壬基三氯硅烷	nonyltrichlorosilane	HCl
1800	156	十八烷基三氯硅烷	octadecyltrichlorosilane	HCl
1801	156	辛基三氯硅烷	octyltrichlorosilane	HCl
1804	156	苯基三氯硅烷	phenyltrichlorosilane	HCl
1806	137	五氯化磷	phosphorus pentachloride	HCl
1808	137	三溴化磷	phosphorus tribromide	HBr
1809	137	三氯化磷	phosphorus trichloride	HCl
1810	137	三氯氧化磷	phosphorus oxychloride	HCl
1815	132	丙酰氯	propionyl chloride	HCl
1816	155	丙基三氯硅烷	propyltrichlorosilane	HCl
1818	157	四氯化硅	silicon tetrachchloride	HCl
1828	137	氯化硫	sulfur chlorides	HCl,SO_2,H_2S
1834	137	磺酰氯	sulfuryl chloride	HCl
1836	137	亚硫酰氯	thionyl chloride	HCl,SO_2
1838	137	四氯化钛	titanium tetrachloride	HCl
1898	156	乙酰碘	acetyl iodide	HI
1923	135	连二亚硫酸钙	calcium dithionite	H_2S,SO_2
	135	亚硫酸氢钙	calcium hydrosulfite	H_2S,SO_2
1929	135	连二亚硫酸钾	potassium dithionite	H_2S,SO_2
	135	亚硫酸氢钾	potassium hydrosulfite	H_2S,SO_2

续表

UN 号	处置方案编号	中文名称	英文名称	产生的 TIH 气体
1931	171	连二亚硫酸锌	zinc dithionite	H_2S,SO_2
	171	亚硫酸氢锌	zinc hydrosulfite	H_2S,SO_2
2004	135	二氨基镁	magnesium diamide	NH_3
2011	139	二磷化三镁	magnesium phosphide	PH_3
2012	139	磷化钾	potassium phosphide	PH_3
2013	139	磷化锶	strontium phosphide	PH_3
2308	157	亚硝基硫酸	nitrosylsulfuric acid	NO_2
	157	亚硝基硫酸,液体	nitrosylsulfuric acid,liquid	NO_2
	157	亚硝基硫酸,固体	nitrosylsulfuric acid,solid	NO_2
2353	132	丁酰氯	butyryl chloride	HCl
2395	132	异丁酰氯	isobutyryl chloride	HCl
2434	156	二苄基二氯硅烷	dibenzyldichlorosilane	HCl
2435	156	乙基苯基二氯硅烷	ethylphenyldichlorosilane	HCl
2437	156	甲基苯基二氯硅烷	methylphenyldichlorosilane	HCl
2495	144	五氟化碘	iodine pentafluoride	HF
2691	137	五溴化磷	phosphorus pentabromide	HBr
2692	157	三溴化硼	boron tribromide	HBr
2806	138	氮化锂	lithium nitride	NH_3
2977	166	放射性物质,六氟化铀,裂变的	radioactive material, uranium hexafluoride,fissile	HF
	166	放射性物质,六氟化铀,裂变的,含铀 235 大于 1%	uranium hexafluoride, fissile containing more than 1% uranium235	HF
2978	166	放射性物质,六氟化铀	radioactive material, uranium hexafluoride	HF
	166	六氟化铀	uranium hexafluoride	HF
	166	六氟化铀,不裂变或特殊情况下裂变的	uranium hexafluoride non fissile or fissile-excepted	HF
2985	155	氯硅烷,易燃,腐蚀性,未另作规定的	chlorosilanes, flammable, corrosive, n. o. s.	HCl
	155	氯硅烷,未另作规定的	chlorosilanes, n. o. s.	HCl

续表

UN 号	处置方案编号	中文名称	英文名称	产生的 TIH 气体
2986	155	氯硅烷，腐蚀性，易燃，为另作规定的	chlorosilanes，corrosive，flammable，n. o. s.	HCl
	155	氯硅烷，未另作规定的	chlorosilanes，n. o. s.	HCl
2987	156	氯硅烷，腐蚀性，未另作规定的	chlorosilanes，corrosive，n. o. s.	HCl
	156	氯硅烷，未另作规定的	chlorosilanes，n. o. s.	HCl
2988	139	氯硅烷，未另作规定的	chlorosilanes，n. o. s.	HCl
	139	氯硅烷，遇水反应，易燃，腐蚀性，未另作规定的	chlorosilanes，waterreactive，falmmable，corrosive，n. o. s.	HCl
3048	157	磷化铝农药	aluminum phosphide peaticide	PH_3
3049	138	卤化烷基金属，未另作规定的	metal alkyl halides，n. o. s.	HCl
	138	卤化烷基金属，遇水反应，未另作规定的	metal alkyl halides，waterreactive，n. o. s.	HCl
	138	卤化芳基金属，未另作规定的	metal alkyl halides，n. o. s.	HCl
	138	卤化芳基金属，遇水反应未另作规定的	metal alkyl halides，waterreactive，n. o. s.	HCl
3052	135	卤化烷基铝	aluminum alkyl halides	HCl
	135	卤化烷基铝，液体	aluminum alkyl halides，liquid	HCl
	135	卤化烷基铝，固体	aluminum alkyl halides，solid	HCl
3361	156	氯硅烷，毒性，腐蚀性，未另作规定的	chlorosilanes，toxic，corrosive，n. o. s.	HCl
3362	155	氯硅烷，毒性，腐蚀性，易燃，未另作规定的	chlorosilanes，toxic，corrosive，flammable，n. o. s.	HCl
3456	157	亚硝基硫酸，固体	nitrosylsulfuric acid，solid	NO_2
3461	135	烷基铝氰化物	aluminum alkyl halides，solid	HCl
9191	143	二氧化氯，水合物，冷冻的	chlorine dioxide，hydrate，frozen	Cl_2

注：此表按照 UN 号顺序列出物质，当这些物质泄漏到水里时会产生大量吸入性危害（TIH）气体，表中列出了所产生气体的名称。这些与水反应物质在附录一中很易辨认，因为在名称后面带有“当泄漏到水里时”的注解。请注意，如果该物质不是泄漏到水里，附录一和附录二不适用，其防护距离应在相应的处置方案中寻找。

参考文献

[1] 国务院.危险化学品安全管理条例.2013.

[2] 国家安全生产监督管理总局.国家安全监管总局关于加强化工企业泄漏管理的指导意见（安监总管三〔2014〕94号）.2014.

[3] GA/T 907—2011.危险化学品泄漏事故处置行动要则.

[4] 国家安全生产应急救援指挥中心，国家安全监管总局化学品登记中心.危险化学品应急处置手册.北京：中国石化出版社，2015.

[5] 胡忆为.危险化学品应急处置.北京：化学工业出版社，2009.

[6] 崔克清等.化工安全设计.北京：化学工业出版社，2004.

[7] 崔政斌，周礼庆.危险化学品企业安全管理指南.北京：化学工业出版社，2016.

[8] 周礼庆，崔政斌.危险化学品企业工艺安全管理.北京：化学工业出版社，2016.

[9] 崔政斌，赵海波.危险化学品企业隐患排查治理.北京：化学工业出版社，2016.

[10] 崔政斌，范拴红.危险化学品企业安全标准化.北京：化学工业出版社，2017.

[11] 崔政斌，石方惠.危险化学品企业应急救援.北京：化学工业出版社，2018.

[12] 崔政斌，崔佳.危险化学品安全技术.北京：化学工业出版社，2010.

[13] 崔政斌.图解化工安全生产禁令.北京：化学工业出版社，2010.

[14] 崔政斌.图解《化学品生产单位特殊作业安全规范》.北京：化学工业出版社，2016.

[15] 崔克清.化工单元运行安全技术.北京：化学工业出版社，2007.

[16] 周忠元，陈桂琴.化工安全技术与管理.北京：化学工业出版社，2002.